移动应用开发基础与实践

Basics and Practice of Mobile Application Development

王忠润　钱亮于　周艳萍　　主 编

復旦大學出版社

内容提要

本书面向中高职计算机相关专业学生，讲授移动应用开发的基础知识、基本过程和方法，通过学习使学生们掌握移动应用开发的技术基础，扩展学生们的专业知识和技能，尤其是了解移动网络应用开发技术领域的新发展。

本书包含16个项目单元、40个教学任务。每个任务都是围绕移动应用开发的单项基础知识与技能，结合大唐电信科技集团公司下属企业的实习实训岗位展开的。知识技能的展开主线是结合移动应用开发的过程及安卓系统的结构体系，充分考虑学生实际，从基础界面设计制作开始，再到基本功能模块的具体应用，最后到高级的应用技术方案，由浅入深、层层递进、分级展开的。

本书可作为中职计算机网络技术、软件应用专业学习移动网络应用开发基础，实施讲练结合的专业课教材，也可作为高职相关专业学习移动应用开发的基础性教材。

前 言

本书数字资源

第三次信息化浪潮的到来，极大地推动了互联网＋在各行业、各领域的迅猛发展，也极大地激发了智能手机的快速普及和移动网络的持续演进，对人类未来的学习、工作、生活乃至整个经济模式、社会进步产生深远影响。

学习移动网络基础知识、掌握移动应用开发技术成为新一代计算机相关专业，尤其是网络技术、软件应用等专业的必备知识和技能。培养具有移动网络应用开发技术和知识的专业人才，已经成为当前经济社会发展的迫切需求。

本书针对中高职学生的认知及双元制职业教育的特点，在总结多年教学和科研实践经验的基础上，针对重点专业精品课程的发展建设需要而设计，实行操作实施在先，理论归纳在后的教学顺序，尽可能减少理论难度，突出实践操作，深化教学改革，强化技能培养。

全书在结构设计上围绕移动网络开发的基础应知应会，按照安卓操作系统的体系，结合企业岗位培训的基本情况，详细讲授了实现移动应用开发的思路和方法。

整本教材结构清晰、层次分明、深入浅出、贴近生活，突出手脑并用，具有鲜明的技能性和实操性的特点。

全书共分 16 个项目，40 个任务，其中每一项目均以实际应用为目标，以解决问题为核心，辅助于基础理论的讲解，突出现代职教理论中建构学派的观点。

本书的编排特点：

(1) 采用面向岗位需求的导向，项目化驱动、任务化教学，坚持了以“技能为核心”的职业教育原则。

(2) 充分体现了“任务引领，技能优先”的职业教育理念，强调以直接经验的形式促使学生通过实践和行动来掌握相关的知识和技能，方便学生自主训练。

(3) 大部分项目以大唐科技集团公司下属企业的培训要求为依据，简化、后置理论，以相关的任务匹配岗位技能需求，激发学生探索实现任务功能的学习兴趣。

(4) 结合具体实例，介绍、讲解科技发展历史，培养学生的爱国思想，帮助学生树立努力学习，为国家做贡献的崇高理想和热情。

本书设计了16个教学单元，全面而系统地介绍了移动应用开发的关键技术，使用本书建议安排64～72学时，其中讲授18～26学时，实训46学时，每个单元及任务具体学时建议安排如下：

学时分配表

单元内容	学时分配		
	讲授	实训	学时
项目一　移动应用开发须知	1	1	2
项目二　移动应用开发基础	1	3	4
项目三　第一个安卓应用项目	1	3	4
项目四　布局与项目界面设计	1	5	6
项目五　代码分析及功能的实现	1	3	4
项目六　用户数据的文件存储	1	3	4
项目七　数据库存储技术应用	1	3	4
项目八　服务组件与音乐播放器	1	3	4
项目九　广播接收组件与短信查看	1	3	4
项目十　内容提供组件与查看公共信息	1	3	4
项目十一　图像处理技术的应用	1	3	4
项目十二　图像动画技术应用	1	3	4
项目十三　互联网访问基础	1	3	4
项目十四　网络音乐播放器制作	1	3	4
项目十五　网络视频播放器制作	1	3	4
项目十六　利用GPS功能实现定位功能	1	3	4
机动	8		8
总计			72

本书由大唐邦彦(上海)科技集团下属企业提供技术支持并提供学生实习实训基地，在编写过程中，大唐邦彦(上海)信息有限公司程熙熙总经理、工商职业技术学院李向明主任，俞蝶琼老师给予了大力支持，复旦大学出版社张志军编辑以及哈尔滨亿时代科技公司的技术总监张建宗也给予了鼎力帮助，使本书得以顺利完成，在此向他们表示深深的敬意和衷心的感谢。由于作者水平有限，书中存在的缺点和不足欢迎广大读者批评指正，邮箱：jtlwzr@126.com。

编　者

2021年6月

目　录

移动应用开发须知

项目情景

小康同学是上海一所中职学校网络技术专业三年级的学生。经过近三年的学习、训练，掌握了必备的专业知识和一定的专业技能，有了良好的专业基础，但对移动网络应用开发还了解不多，对未来的工作岗位和要求也十分陌生，不知应该做哪些准备与提升，以应对未来的就业需要。针对这种情况，学校实施了有针对性的解决方案：加强与企业的联系与合作，促进教学和实训中的校企融合，引入实际岗位的具体项目和企业技术人员的指导，全面提升学生的职业技能。

实行校企合作机制，很大程度上解决了学生就业与企业需求衔接的问题。学生们通过到合作企业实习实践，切身体会企业的真实运营，参与具体的实际开发，对企业的基本情况有了一定的了解，包括企业是什么样的组织？企业的生产经营情况如何？企业的管理制度如何？企业的人才需求怎样？通过实习实战，学生企业的岗位职责任务等，尤其是应用开发类岗位的技术要求、任务职责等方面都有了更多的认识。

小康同学所在的学校与上海大唐电信集团下属企业校企合作，共同进行了有针对性的开发岗位的实践培训，给同学们提供实际工作的经历和锻炼，对同学们顺利进入工作岗位，更好地在企业提升和发展都提供了非常大的帮助。

本项目的工作目标就是让同学们通过企业实习，参与开发项目实施，形成对企业、岗位的正确认知，了解企业的概念、企业的文化、企业的管理、员工岗位职责及程序员开发注意事项等，为其未来真正加入企业集团、成为合格的员工打下良好的基础。

学习目标

1. 了解企业的内涵及企业文化；
2. 了解企业的管理及岗位职责；
3. 了解企业项目开发的主要流程；
4. 了解项目开发岗位的要求及代码编写的规范。

任务  了解企业的定义、文化、管理及岗位职责

任务描述

一般来说，企业是指以商品生产为手段，以获取利润为目标的一个社会经济组织，是社会分工和经济发展的产物。

企业的组织形式有 3 种基本类型：独资企业、合伙企业和公司制企业。公司制企业是现代企业进入资本合作阶段后最主要的，也是最典型的组织形式。

了解这种组织形式，了解企业的相关知识，有助于同学们认识企业的目标、理解企业的管理、规范工作的言行，从而更好地发挥个人的能动作用，优质地完成工作，实现自身的价值。

任务分析

能够入职一家企业，就是加入一个特定组织中。通过分析、了解企业的情况，理解企业的目标、企业的文化、企业的岗位职责，明确对企业管理、企业制度的认识，从而理解企业围绕发展目标而确立的种种制度，了解企业运营的潜在规律和特点，在未来的工作中就能把握实际情况、顺应市场需求，促进工作目标的达成，对顺利实现由学生身份向职业人的身份过渡具有重要意义。

任务内容

1. 理解下列与企业相关的基本概念，基础知识：企业、企业目标、企业文化、企业管理、企业制度；
2. 了解所在大唐电信集团下属企业的基本情况；
3. 结合自身的经历和实践，针对企业文化、企业管理等内容展开讨论。

任务实施

一、企业的定义

企业(enterprise/corperation)是指以盈利为目的，运用各种生产要素(土地、劳动力、资本、技术等)，向市场提供商品和服务，实行自主经营、自负盈亏、独立核算的社会经济组织。

由此分析可知，企业是一种从事经济活动的组织实体，其存在的目标就是获取盈利收益，而实现目标的方法是向社会提供商品和服务。企业通过人、资本、物资、产品(商品)等要素的充分结合，创造出有价值的商品和服务，并通过市场的选择和供求完成整个社会经济资

源的调节、优化配置,实现商业产品包括人力自身的再生产。

在企业的构成要素中,人-劳动力是企业核心的要素。因为企业是由人来主导的经济组织,需要人的协作和各种要素的良性结合和互动,才能确保企业的赢利和收益,只有这样才能保持其生存和发展。因此实施科学有效的管理就成为企业发展的关键所在、重中之重。

在中国证券交易所A股市场上,有4千多支股票,对应着4千多家上市公司。这些公司作为国家众多企业的优秀代表,为市场提供了多种多样的产品和服务,可以说业务广泛,产品繁多。这些企业有什么特点呢?详见二维码内案例说明。

案例

二、企业的管理

企业管理(enterprise management)是企业生产经营过程中的计划、组织、指挥、协调和控制等一系列活动的总称。企业管理的核心是尽可能有效组织企业的人力、物力、财力、信息等资源,实现提供优良产品和服务并创造丰厚利润的经营目标,取得最大的投入产出效益。

企业管理的宗旨是提高企业的整体效益,由此要求重视具体的管理措施,包括蕴育企业文化、建立企业制度、明确岗位职责、强化员工管理、注重员工培训等等。

企业管理涉及面广泛,根据侧重点及研究方向的不同,划分成了不同的管理门类和方向。

(1) 依据管理对象划分,包括人力资源、项目、资金、技术、市场、信息、设备、作业流程管理等。

(2) 依据业务功能划分,包括计划管理、生产管理、采购管理、销售管理、质量管理、仓库管理、财务管理、项目管理、人力资源管理、统计管理、信息管理等。

(3) 依据资源要素划分,包括人力资源、物料资源、技术资源、资金、市场与客户、政策与政府资源管理等。

案例

企业管理的目的是有效调动企业各项元素,实现规划的目标。企业管理的有效实施与企业目标的实现之间有重大的因果关系,其重要意义可通过二维码内的2个案例加以说明。

三、企业的文化

企业文化(corporate culture)是在一定的条件下,企业生产经营和管理活动中创造的具有该企业特色的精神内涵和物质形态。它包括企业愿景、价值观念、精神风貌、道德规范、行为准则、制度规章、品牌形象、产品服务等。其中价值观念是企业文化的核心。这个价值观念不是泛指企业管理中的各种文化现象,而是企业或企业中的员工在从事经营活动中所秉持和崇尚的行为准则。

由于企业文化是企业在经营活动中形成的经营理念、经营方针、价值观念、经营行为、社会责任、品牌形象等的总和,是企业追求和信仰的根本体现,所以加入企业的员工个体,一定要从价值观上理解认识企业,这样才能从根本上保持与企业发展的目标协调,才会自觉地投身到企业的各项工作中,实现自身价值与企业价值乃至社会价值的融合。

企业文化有以下6个特征:

(1) 企业文化的目的是商业性的，是为企业目标服务的，而非为文化而文化；

(2) 企业文化的形成是自上而下的贯彻，带有强制力，故称为“思想权力”；

案例

(3) 企业文化的内涵能够与时俱进，随着事业的发展及企业情况的变化而变化；

(4) 企业文化的形成受领导者的个人因素影响极大，包括性格、感情、思想、能力、品德等；

(5) 企业文化的传播方向具有引导作用，为企业的营销指引方向；

(6) 企业文化的良性发展能极大地推动企业形成凝聚力和驱动力。

四、工作岗位职责

岗位(post/position)是为实现分工协作、完成某项工作目标而确立的责任体，是由某个具体的员工去承载、实施和完成的。岗位职责是指一个工作岗位所需要完成的工作内容以及应当承担的责任范围。岗位职责是由授权范围和对应的利害责任两部分组成的，即反映了任务和目标的一体双面的属性，也是事业整体与局部细节的关键结合点所在，是职务与责任的统一。

作为公司员工的每一个单体人，都是落点到具体工作岗位，各个具体岗位组成了公司整体目标和运营的完整“链条”。链条上的每一个环节都会对公司的运营产生重要和不可或缺的作用。明确这份岗位职责和担当，努力做好本职的工作，是完成企业工作，实现全局目标的重要因素和关键点所在。

一个员工的价值不仅体现在他的个人的能力和职业水准，更重要的还在于他的责任心和敬业精神上。员工不是把工作仅仅看成挣钱、谋生的手段，而是把工作看成价值和事业的所在，是提升自己、施展才能、实现人生价值的平台，怀有与企业同步发展的眼界和思想，才能在企业的发展中大展才能，创造佳绩，并以此收获共同成功和成长的喜悦。

不同的企业有不同的岗位职责要求，完成岗位职责的任务，既是员工的份内工作，也是实现公司整体目标的必然要求。

下面以研发部门助理人员为例，介绍某科技公司的研发助理岗位的职责。

岗位名称：

研发助理

所属部门：

总工办

直接上级：

研究发展部经理

岗位职责：

(1) 协助研发经理，在领域内完成对相关产品的深入认知、方案拟定和初期预研工作。

(2) 协助做好相关产品开发情况的数据采集、整理、统计和分析工作，并建立数据库。

(3) 协助研发工程师完成关于产品设计和产品描述的文档准备工作，并及时归档。

(4) 协助研发工程师完成新产品开发方案的实施工作，包括代码编写、新产品性能测试及评估。

(5) 协助研发工程师，根据公司业务需要，跟踪产品孵化的全过程。

(6) 负责相关产品升级方案的实施工作，并对实施情况总结汇报。

(7) 协助市场推广部门和人员，完成相关产品的品牌建设及品牌形象提升。

(8) 积极完成上级临时交办的其他工作。

案例

任务二　了解移动网络应用开发的环境、过程、规范及管理

任务描述

开发任何的软件产品都需要有相应的开发工具和文档编写规范。了解企业产品的开发环境、操作规范及管理，熟悉相应的开发工具、规范要求、过程管理，才能更好地与团队成员协调一致地落实项目计划，实施具体任务，才能有效地推动实施整个项目的进程，从而保障在规定的时间节点完成整体的工作任务。

任务分析

软件项目开发是一个系统性的工程，作为软件开发的工作人员，了解整个过程、熟悉开发环境、掌握规范要求是做好开发工作的前提条件，在未来的项目开发过程中，掌握工作的主动权，通过充分的分析、合理的设计、可靠的规划，顺利实现项目开发的工作任务。

任务内容

1. 查询、分析下列概念的定义，理解其具体内容：移动网络开发环境、软件开发流程、代码编写规范。

2. 针对代码编写规范、项目开发管理具体内容，讨论如何落实这些规范和要求。

任务实施

一、软件开发的设施条件

1. 软件集成开发环境

软件开发环境广义上说是包括软件和硬件在内的一整套配备的要求。随着制造技术的进步，硬件条件的限制已几乎不存在了，所以现在所谓的开发环境，主要以软件方面的组件、插件为主，是指集成化的工具组件以及开发调试、操作时的交互系统和配套软件。

集成开发环境（integrated development environment，IDE）是用于提供程序开发工具的应用程序，一般包括代码编辑器、编译器、调试器和图形用户界面等工具。它是集成了代码编写功能、分析功能、编译功能、调试功能等一体化的开发软件服务包。所有具备这一特性的软件或软件包（组），都可以称为集成开发环境。如微软的 Visual Studio、IBM 公司的 Eclipse、Google 公司的 Android Studio 等。该服务包程序可以独立运行，也可以和其他程序并用。了解开发环境的特点，熟练地掌握其应用，能大大提高软件产品的开发效率。

本教材采用了谷歌公司的 Android Studio 作为开发工具，一方面是因为 Android Studio 这个业界公认的 Java 开发工具继承了 IntelliJ IDEA 的所有功能，具有优异的操作性能和强大的使用功能；另一方面是谷歌公司已宣布停止了对 Eclipse Android 开发工具的一切支持，包括 ADT 插件、Ant 构建系统、DDMS、Traceview 及其他性能和监控工具。

2. 软件开发语言

根据权威机构的调研与统计，2000 年以来，在常见的软件开发语言中，如 JAVA、C/C++、Python、JavaScript、PHP 等，最受程序员们欢迎排名在前几名的一直是 JAVA、C、C++ 等语言，它们长期占据最大的市场优势。根据 TIOBE 2020 年 3 月发布的统计结果 Java 在第 2 位，占据前 10 名的编程语言虽排名顺序稍有调整，但整体非常稳定，Python 语言作为数据分析中最常见的计算机语言，逐步占领了更大的市场份额，排到了第 3 的位置。2021 年 3 月编程语言 TOP10 排行榜如表 1－1 所示。

表 1－1　2021 年 3 月世界编程语言的市场占比排行榜

2021 年 3 月	2020 年 3 月	变化	编程语言	评级	变化
1	2	^	C 语言	15.33%	−1.00%
2	1	˅	Java	10.45%	−7.33%
3	3		Python	10.31%	+0.20%
4	4		C++	6.52%	−0.27%
5	5		C#	4.97%	−0.35%
6	6		Visual Basic	4.85%	−0.40%
7	7		JavaScript	2.11%	+0.06%
8	8		PHP	2.07%	+0.05%
9	12	^	汇编语言	1.97%	+0.72%
10	9	˅	SQL	1.87%	+0.03%

本教材采用 JAVA 语言作为开发 Android 的编程语言，一方面是由于它与 Android 的渊源，另一方面是基于同学们的知识基础。通过前期学习的课程，同学们掌握了一定的 JAVA 语言的开发基础，为学好这门课奠定了基础。

二、软件开发流程

产品开发(product/project development)是企业研发新产品,赋予商品新特征或新用途,满足社会需要的经济行为。新产品意味着科技的进步和成果的创新。

对于科技企业中的计算机软件产品来说,软件开发是根据用户要求建造出一整套程序系统或者系统中软件部分的过程。它是企业开拓市场,谋求发展的重大工作内容。

软件开发包括计划确立、需求分析、功能设计、编码实现和运营测试等阶段内容。其中各开发阶段的任务目标主要有以下几个方面:

1. 计划确立阶段

项目开发的第一步是成立项目组,项目组的第一件事就是编写《软件项目计划书》。

计划书需要明确开发日程安排、资源需求、项目管理等情况的大体内容,对需要解决的问题进行总体定义,包括了解用户的需求及现实环境,论证软件项目的可行性,编写项目可行性研究报告,探讨解决问题的实施方案,评估可供使用的资源成本(如计算机硬件、系统软件、人力等)、预期未来效益等。

2. 需求分析阶段

本阶段的基本任务是和用户一起确定要解决的问题,建立软件的逻辑模型,编写需求说明书文档,并得到用户的认可。具体来说,是对即将开发软件的功能有一个系统的分析与设想,通过对用户的需求条分缕析、去伪存真、逐步深化,然后用软件工程开发语言表达出来的过程。需求分析的主要方法有结构化分析方法(见图 1-1)、业务数据流程图(见图 1-2)和

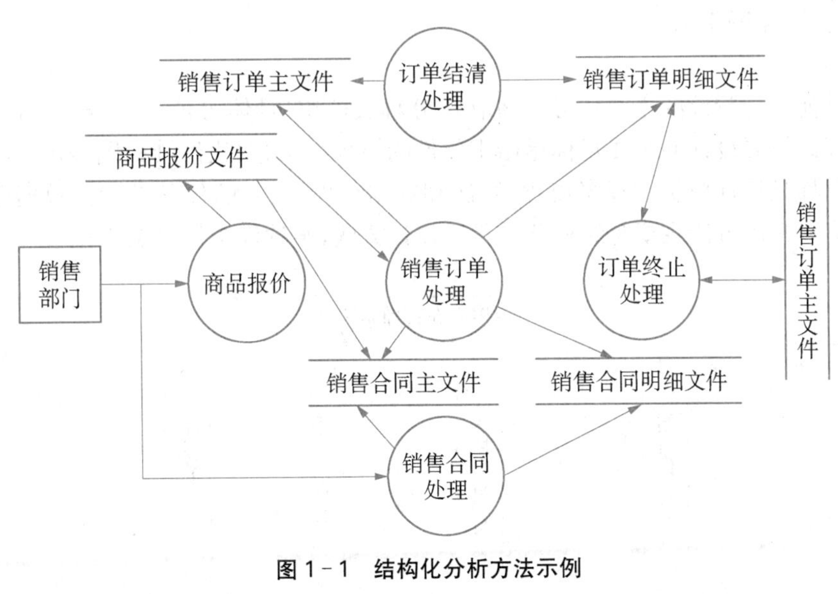

图 1-1 结构化分析方法示例

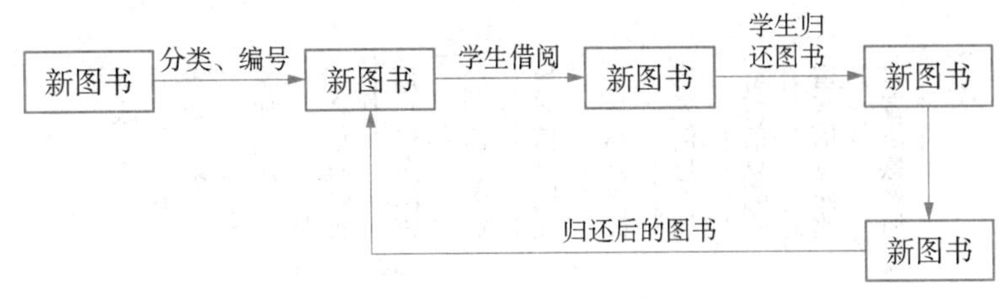

图 1-2 业务流程图方法示例

数据字典管理

数据项 | 数据值

刷新 | 新增 | 修改 | 删除

	名称	描述	优先级	创建日期
1	性别	性别	1	2013-08-01 17:18:44
2	婚姻状况	婚姻状况	1	2013-08-01 17:18:44
3	血型(ABO)	血型(ABO)	1	2013-08-01 17:18:44
4	RH阴性	RH阴性	1	2013-08-01 17:18:44
5	常住类型	常住类型	1	2013-08-01 17:18:44
6	民族	民族	1	2013-08-01 17:18:44
7	文化程度	文化程度	1	2013-08-01 17:18:44
8	职业	职业	1	2013-08-01 17:18:44
9	户籍地	户籍地	2	2013-08-01 17:18:44
10	籍贯	籍贯	2	2013-08-01 17:18:44
11	出生地	出生地	1	2013-08-01 17:18:44
12	居住地行政区划	居住地行政区划	1	2013-08-01 17:18:44
13	家庭关系	家庭关系	1	2013-08-01 17:18:44
14	症状	症状	1	2013-08-06 09:52:54
15	体温	体温	1	2013-08-06 09:52:54
16	脉率	脉率	1	2013-08-06 09:52:54
17	血压,左侧,收缩压/舒张压	血压,左侧,收缩压/舒张压	1	2013-08-06 09:52:54
18	血压,右侧,收缩压/舒张压	血压,右侧,收缩压/舒张压	1	2013-08-06 09:52:54
19	呼吸频率	呼吸频率	1	2013-08-06 09:52:54

第 1 页,共 3 页 当前显示1 - 25条,共 64 条记录

关闭

图 1-3　数据字典方法

数据字典方法(见图 1-3)等。

3. 功能设计阶段

软件功能设计阶段的主要任务是将软件分解成模块,具体可再分为概要设计和详细设计 2 个阶段。概要设计的主要目标是给出软件的模块结构,用软件结构图表示;详细设计阶段的主要目标是设计模块的程序流程、算法和数据结构,随后的任务是设计数据库,确定数据处理方案。常用方法主要是结构化的程序设计方法,某软件结构见图 1-4。

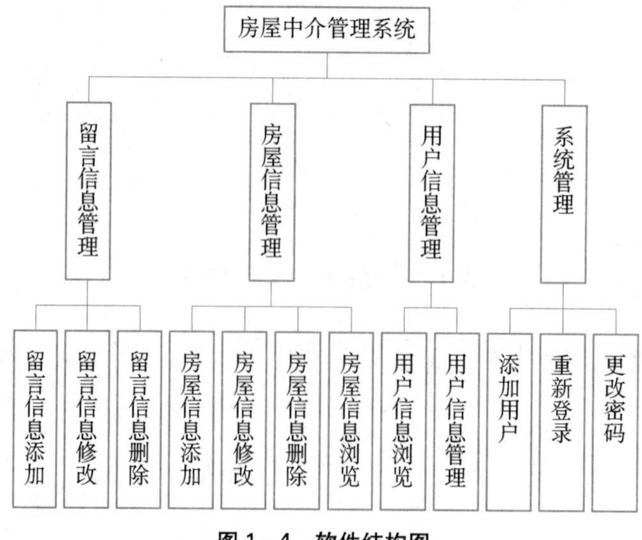

图 1-4　软件结构图

4. 编码实现阶段

软件编码是指把软件的模块设计转换成计算机能够接受的语言程序，即写成以某一程序设计语言表示的“源程序清单”。这需要程序开发人员熟练地掌握所使用的开发语言工具，充分了解软件开发语言工具的特性，掌握编程风格、编码规范，快速地实现所需要的程序功能，保证软件产品的开发质量。

5. 运营测试阶段

软件测试是在规定的条件下操作运行程序，检验软件运行质量，对其是否满足设计要求进行评估的过程。软件测试是实际输出与预期输出之间的审核和比较的过程，其根本目的是以比较小的代价发现尽可能多的错误并加以改正。

实现这个目标的关键在于设计一套出色的测试用例(测试数据与功能和预期的输出结果组成了测试用例)。运营测试方法主要有：

(1) 静态测试方法　静态测试方式指软件代码的静态分析测验，即通过人工推断或计算机辅助测试来检测程序中运算方式、算法实现的正确性，进而完成测试过程。

(2) 动态测试　动态测试主要是为了检测软件在运行过程中是否存在问题，确定其动态行为是否完善、逻辑功能是否实现、运行效果是否良好。

(3) 黑盒测试　将软件整体模拟为不可探视的“黑盒”。通过观察数据输出，检查软件内部功能是否正常。若数据输出与预计一致，说明该软件通过测试，否则就是存在问题，须尽快解决。

(4) 白盒测试　白盒测试是根据软件内部应用、源代码等对产品工作过程进行调试的过程。测试过程中常将其与软件内部结构协同展开分析，此测试与“黑盒”测试相结合，能有效解决软件内部应用程序出现的问题。

6. 交付维护管理阶段

维护管理是指在完成对软件的研制(分析、设计、编码和测试)工作并交付使用后，对软件产品进行的一些完善操作，可以纠正运行中的错误，调整必要的配置，适应新的功能要求。

一个中等规模的软件，研制阶段若是 1～2 年，那么在它投入使用以后，运行或工作维护时间可长达 5～10 年。在此阶段，做好软件维护工作，不仅能使软件正常工作，排除可能的障碍，还可以使它扩展新的功能，提高整体性能，为用户带来明显的经济效益。

在实际开发过程中，软件开发并不是从第一步顺序进行到最后一步的，而是在任何阶段，在进入下一阶段之前都有一步或几步的回溯，测试过程中的问题可能要求修改设计，用户可能会提出一些需要来修改需求说明书等。

这 6 个过程可用图 1－5 表示。

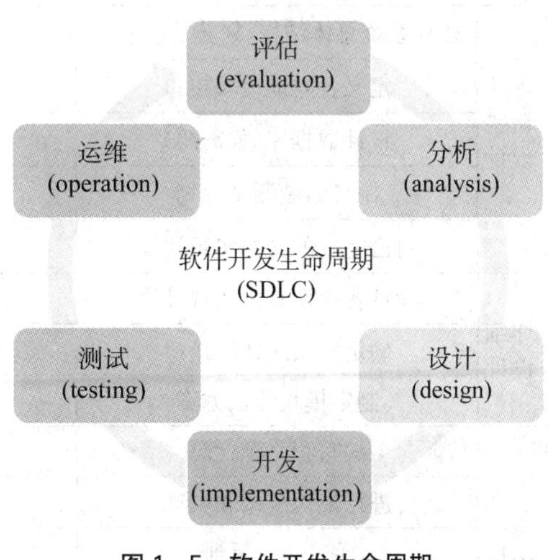

图 1－5　软件开发生命周期

三、软件项目开发管理

1. 项目开发进度管理

软件项目开发管理(development management)是指为了使软件项目开发按照预定的成本、进度、质量顺利完成,对参与人员(people)、产品(product)、过程(process)和项目(project)进行分析、规划和调控的活动。

同时,软件项目管理的根本目的是让软件项目的整个软件开发生命周期(从分析、设计、编码到测试、维护全过程)都能在管理者的监控之下,以预控研制成本、项目时间、产品质量,直到能顺利交付软件给用户。项目管理通常以制定开发进度表的方式进行,表 1-2 所示的软件开发进度表就是某公司软件开发所用的进度表。

表 1-2 软件开发进度表

阶段	主要工作	应完成的任务	计划起始时间	计划终止时间	实际起始时间	实际终止时间
系统要求	调研用户需求及用户环境					
	论证项目可行性	项目初步开发计划进度表				
	项目初步开发计划进度表					
	对开发计划进行评审					
需求分析	确定系统运行环境	需求规格说明				
	建立系统逻辑模型	项目开发计划				
	确定系统功能及性能要求	用户手册概要				
	编写需求规格说明、用户手册概要、测试计划					
	确认项目开发计划					
概要设计	建立系统总体结构,划分功能模块					
	定义各功能模块接口	数据库设计说明书				
	设计数据库(如需要)					
	制订组装测试计划					
	对已完成的文档实行评审					
详细设计	设计各模块具体实现算法					
	确定模块间详细接口					
	制定模块测试方案					
实现	编写程序源代码					
	进行模块测试和调试					
	编写用户手册	用户手册				
	对实现过程及已完成的文档进行评审					

续　表

阶段	主要工作	应完成的任务	计划起始时间	计划终止时间	实际起始时间	实际终止时间
集成测试	执行集成测试计划					
	编写集成测试报告					
测试	测试整个软件系统（鲁棒性测试）					
	试用用户手册	用户手册				
	编写开发总结报告	开发工作总结				
维护	为纠正错误，完善应用并进行修改					
	对修改进行配置管理					
	编写故障报告和修改报告					
	修订用户手册					

2. 成功项目原则

（1）平衡原则　找到需求、资源、工期、质量 4 个要素之间的最佳平衡点是项目实施并成功的重要原则。

（2）高效原则　在需求、资源、工期、质量这 4 个要素中，很多的项目决策者是将进度放在首位的。基于高效的原则，对项目的管理需要从几个方面来考虑：①选择精英成员；②目标明确，范围清楚；③沟通及时、充分；④在激励成员上下功夫。

（3）分解原则　“化繁为简，各个击破”是自古以来解决复杂问题的不二法门，对于软件项目来讲，也可以将大项目划分成几个小项目，将周期长的项目化分成几个明确的阶段来实施。

（4）实时控制原则　实时控制原则是为了确保项目管理能够及时发现问题、解决问题，保证项目具有很高的可见度，保证项目的正常进展。

（5）分类管理原则　对于不同的软件项目，其项目目标差别很大，项目规模也不同，应用领域也不同，采用的技术路线差别也很大，因此每个项目管理方法、管理的侧重点应该是不同的。

（6）简单有效原则　要在管理中抓住主要矛盾，解决主要问题，避免想封堵所有的漏洞、解决所有的问题的想法，因为这种想法会使项目的管理陷入一个误区，作茧自缚，最后无法实施有效的管理，导致项目失败。

（7）规模控制原则　该原则是和上面提到的其他原则配合使用的，即要控制项目组的规模，不要人数太多。人数多了，进行沟通的渠道就多了，管理的复杂度就高了，对项目经理的要求也就高了。

四、掌握代码编写规范

每种语言都有自己独特的语法，每种语言也有自己特殊的要求和规范。遵守编码规范，不仅是编程语言自身的语法需要，也是企业整合开发团队、协调统一产品、有利于后期维护的需要。

对于当前 Android 系统手机的应用开发市场，Java 是最受欢迎的语言之一。所以学习安卓手机应用系统开发，既需要掌握 Java 语言的语法规则，遵循 Java 语言的编写规范，又要遵守 Android 系统所要求的规范。

本书附带了阿里巴巴公司的规范文件，请同学们了解其内容，准备从事开发工作岗位的同学要认真、仔细的研读、理解，并熟悉应用。

知识拓展

项目评价

项目学习情况评价如表 1 - 3 所示。

表 1 - 3　项目学习情况评价表

项目	方面	等级(分别为 5、4、3、2、1 分)	自我评价	同伴评价	导师评价
态度情感目标	态度认真	1. 认真听导师的讲解； 2. 认真完成导师布置的作业； 3. 积极发言、讨论学习问题。			
	团结合作	1. 善于沟通； 2. 虚心听取别人的意见； 3. 能够团结合作。			
	分析思维	1. 能有条理地表达自己的意见； 2. 解决问题的过程清楚； 3. 能创新思考，做事有计划。			
知识技能目标	掌握知识	1. 能清晰表述企业的定义； 2. 能讲述企业文化的内涵； 3. 能表述企业管理的内容； 4. 能说明项目开发的主要步骤。			
	职业能力	1. 能分析软件企业工作岗位职责； 2. 能简述软件开发的主要过程； 3. 能简述项目管理的基本原则； 4. 举例说明 Android 代码编写的规范要求的主要内容及重要意义。			
综合评价					

项目一 习题

一、选择题

1. 产权的基本内涵包含了所有权、占有权、使用权、收益权和________。

A. 处分权　　B. 经济权　　C. 荣誉权　　D. 责任权

2. 企业现场管理的5S包含整理、整顿、清扫、清洁和________。

A. 安全　　B. 节约　　C. 素养　　D. 学习

3. 顾客满意的基本特征包括主观性、________、相对性、阶段性。

A. 客观性　　B. 层次性　　C. 经济性　　D. 独立性

4. ________理论是中华民族的传统美德，也是企业的道德基础。

A. 仁爱　　B. 义利　　C. 善良　　D. 诚信

5. 根据面试题目可以分________和情景性面试。

A. 结构化面试　　B. 单独面试　　C. 经验性面试　　D. 一次性面试

6. 下列不是手机操作系统的是(　　)。

A. Android　　B. Window Mobile　　C. IPhone IOS　　D. Windows Vista

7. 以下选项中不是集成开发环境的是________。

A. Visual Studio　　B. Eclipse　　C. Android Studio　　D. Microsoft Office

8. 可以用来搭建Android开发环境的系统不包括________等。

A. Windows　　B. Linux　　C. Mac　　D. WWW

二、判断题

1. 企业的特征包含商品性、营利性、法人性、竞争性、独立性。(　　)

2. 企业的精神文化包括企业核心价值观、企业精神、经济性哲学、经营理念、企业目标、道德观念、管理理念等，是企业意识形态的总和。(　　)

3. 企业文化按结构和具体形式可以分成4个层次。(　　)

4. 驼峰式命名法分为大驼峰式命名法和小驼峰式命名法，其中小驼峰式命名法是第一个单词首字母小写，其他单词首字母大写。(　　)

5. 白盒测试是根据软件内部应用、源代码等对产品工作过程进行调试。在测试过程中，常将其与软件内部结构协同展开分析。(　　)

6. 软件项目开发管理是为了使软件项目开发按照预定的成本、进度、质量顺利完成，对相关的人员及项目进行分析、规划和调控的活动。(　　)

三、概念题

1. 产品质量。

2. 企业文化。

3. 职业道德。

4. 规范。

5. 岗位职责。

四、简答题

答案

1. 企业文化的 4 个层次是什么？
2. 企业好员工有哪些标准？
3. 软件企业产品开发的过程包括哪些环节？

移动应用开发基础

项目情景

小康同学顺利通过了公司的初级培训，对于企业的情况以及软件开发的常识有了基本的了解。根据培训的需要和下一步工作安排，小康同学被分配到项目开发部，在研发助理岗位，负责协助研发工程师做文档整理、资料管理、代码编写等工作。

项目开发岗位职责首先是了解移动网络的发展情况，熟悉移动网络开发的环境、开发平台的搭建、相关编程语言，达到熟练掌握集成开发平台安装、操作，以及开发平台环境参数的配置等内容，为后续的开发工作做好准备。

学习目标

1. 了解移动网络的发展情况；
2. 了解智能手机的发展及分类；
3. 熟悉智能手机的操作系统；
4. 掌握移动网络应用开发环境的搭建。

任务一 了解移动应用开发基础

任务描述

移动网络技术是在移动通信和互联网技术的基础上发展起来的。在移动通信技术方面，从20世纪80年代中期开始，经过短短的30多年，从1G、2G、3G、4G发展到了今天的5G。而计算机网络技术也经历了从计算机终端到局域网再到互联网的阶段。移动通信和网络技术两者的结合诞生了移动互联网，移动网络的核心内容就是移动互联网，所以在本教材中，后面提到的移动网络主要是指移动互联网。

学习移动网络技术应用开发，需要了解移动网络技术的发展情况，了解其应用领域，从而建立对行业的初步认识。

任务分析

现代社会进入以智能手机为应用终端的移动互联网时代。这个时代的特点是人人都能快速上网查询资料、发布信息，无论是语音还是视频，都可轻松地下载和上传，人际间的交流沟通便捷，为人们的学习、生活带来了诸多便利，给整个社会的运转带来了巨大的变化。

了解移动网络的发展及相应的技术应用发展，理解其发展的规律和特点，对未来在工作中能依据实际情况，灵活运用开发技术，开发出实用的软件产品将带来极大的帮助。

任务内容

1. 了解以下关键词，并分析理解其内容：

移动互联网，信息化浪潮，电子商务，电子政务，网络视频，自媒体。

2. 分析了解以下基本概念：

智能手机，移动设备操作系统，安卓。

3. 针对移动互联网的发展及未来的应用展开讨论。

任务实施

一、移动互联网发展

移动互联网是互联网发展到一定阶段后，网络终端实现小型化、智能化、手机化的产物。移动互联网使移动通信和互联网两者整合起来，形成了集互联网技术、服务器平台、商业模式和信息化应用与移动通信技术一体并实现多种功能的系统。

移动网络技术的发展，大体经历了 5 个阶段：萌芽阶段、成长阶段、快速发展阶段、全面发展阶段和高速互联阶段。

1）萌芽阶段(2000—2007 年)

在这个阶段，移动通信设备在中国刚刚兴起，移动应用终端主要是基于 WAP(无线应用协议)的应用模式。受限于移动 2G 网速和手机智能化程度影响，本阶段移动互联网发展处在简单 WAP 应用的萌芽期。其最主要的应用是利用手机自带的支持 WAP 协议的浏览器访问企业 WAP 门户网站，查看相应的信息资料，功能十分有限。

2）成长阶段(2008—2011 年)

2009 年 1 月 7 日，中国工业和信息化部为中国移动、中国电信和中国联通发放 3 张第三代移动通信 3G 牌照，标志着中国正式进入了 3G 时代。随着 3G 移动网络的部署和智能手机的出现，移动网络信息传输速度大幅提升，性能大幅改善，初步解决了手机上网的带宽瓶颈。移动智能终端丰富的应用软件也让移动上网的娱乐性得到提升，网民数量大幅增加。到 2011 年底，全国移动网民数量达到 3.55 亿。

3）快速发展阶段（2012—2013 年）

在这个阶段，智能手机操作系统和手机应用商店 APP 出现，极大地丰富了手机的上网功能。移动互联网应用呈现爆发式增长。国产手机学习苹果手机的模式，推出了触摸屏智能手机和手机应用商店，供用户安全下载各种应用和安装程序。由于新型触摸屏智能手机上网浏览方便，移动应用丰富多彩，一出现便受到了市场的广泛欢迎，极大地推动了移动网络的普及和发展。到 2013 年底，中国移动网民数量超过 5 亿。

4）全面发展阶段（2014—2018 年）

移动通信 4G 技术的发展，将移动网络建设推上了快车道。2013 年 12 月 4 日，工信部正式向中国移动、中国电信和中国联通三大运营商发放了 TD-LTE 4G 牌照，4G 网络大规模铺开，各种移动应用大量涌现，进一步推动了移动网络的发展。

5）高速互联阶段（2019 年至今）

2019 年 6 月 6 日，国家工信部正式向中国电信、中国移动、中国联通、中国广电发放了 5G 商用牌照，标志着中国正式进入 5G 时代。

中国 5G 网络的加速发展，促使新一代移动互联网提前进入全面建设的时期。中国互联网发展中心的报告显示，截至 2020 年 12 月，中国网民规模达 9.89 亿，其中手机网民的数量达 9.86 亿，比上一年同期增加了 8 885 万，形成了极其庞大的网络生态环境。

现在，移动互联网应用正在各个领域全面展开，信息化的第三次浪潮汹涌澎湃般的向我们扑来，作为新时代的建设者，要积极准备，学好知识、掌握技能、开拓创新，用努力和实践热烈地拥抱这个时代，推动时代发展。

二、移动互联网组成

在通信技术层面上，移动互联网一般指蜂窝移动通信网接入互联网，因此常常特指手机终端采用移动通信网络接入互联网，并使用互联网业务。

移动互联网的组成按功能划分可以分为移动通信网络、移动互联网终端设备、移动互联网应用和移动互联网相关技术 4 个部分。在 3G 技术时代，无线通信采用通用分组无线业务（general packet radio service，GPRS）实现网络数据通信，见图 2－1。

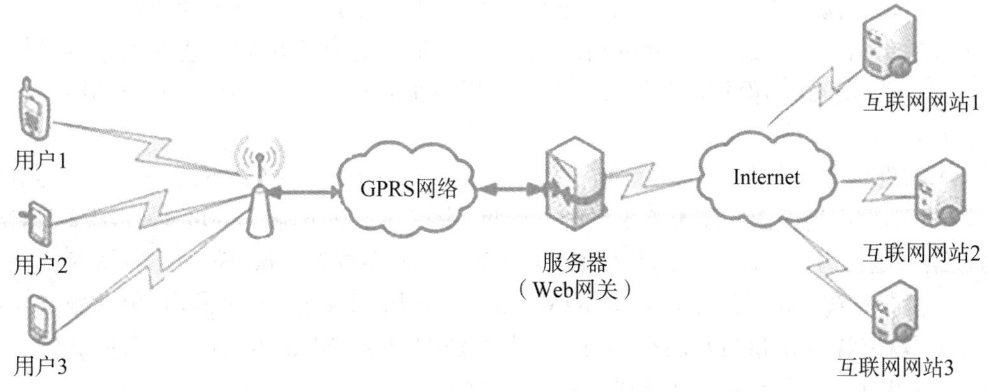

图 2－1　移动互联网的组成结构

在4G时代，移动互联网的结构发生了变化，基站与网关之间的联接主要由承载网实现，两者的区别是GPRS用无线实现远程连接，而承载网用光纤实现远程连接，见图2-2。

图2-2　移动互联网结构2

三、智能手机的分类

智能手机分类的关键点是确定分类的标准。智能手机终端分类有多个标准，既可以按照生产厂家分类，也可以按照结构特点、功能特点分类，还可以按照通信技术或操作系统等分类。本书结合后期的开发目标，采用按照操作系统分类的方法。因为不同的操作系统开发平台完全不同。本书作为Android手机的开发应用教材，所有的学习任务均以此标准进行。

按操作系统划分，智能手机系统可分为苹果（iPhone）系统、安卓（Android）系统、塞班（Symbian）系统、黑莓（black berry）系统等。

具体系统情况介绍如下：

（1）苹果系统　原本该系统名为iPhone OS，是苹果公司于2007年1月9日在Macworld大会上发布推出的。最初该系统是为iPhone手机设计的，后来逐步应用到iPod touch、iPad以及Apple TV等产品。所以在2010年宣布改名为iOS(iOS为美国Cisco公司网络设备操作系统注册商标，苹果改名获得了Cisco公司授权)。iOS与苹果的Mac OS X操作系统一样，属于类Unix的商业操作系统。

（2）安卓系统　安卓是一种基于Linux的自由及开放源代码的操作系统，由安迪-鲁宾（Andy Rubin）的设计师于2003年开发创建。2005年8月被Google公司收购。

安卓系统有巧妙的设计、完善的功能以及开源的特点，其推出后迅速受到市场追捧，逐步占据了绝大部分市场份额。据权威的市场分析公司调查统计，2020年Android系统的市场占比已经达到78%。

（3）塞班系统　塞班公司2000年推出第一款基于Symbian操作系统的手机，受到广泛关注，占据不少市场份额。随着苹果系统的问世，占有率不断下降。2008年12月2日，塞班公司被诺基亚收购。2011年12月21日，诺基亚官方宣布放弃塞班（Symbian）品牌。

（4）黑莓系统　该系统是加拿大RIM（Research In Motion）公司推出，包含服务器（邮件设定）、软件（操作接口）以及终端（手机）大类别的Push Mail实时电子邮件服务。2006年，RIM推出了第一款黑莓手机6230，其全键盘的布局、大尺寸的屏幕受到了用户的广泛欢迎和认可。后期由于决策的错误，业务发展受阻，2016年9月，黑莓宣布退出了智能手机市场。

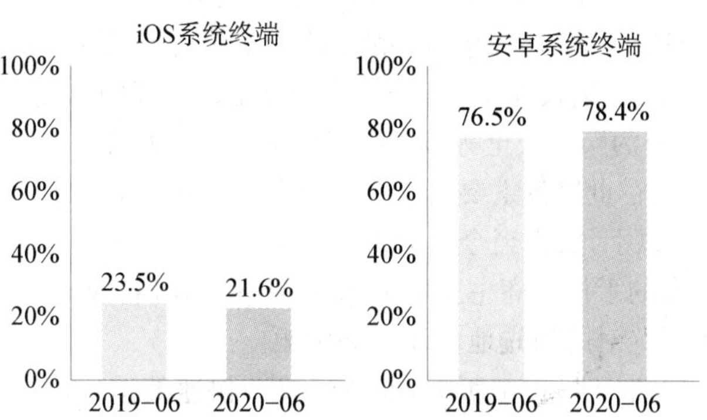

图 2-3　移动应用系统占比

(5) Windows Phone 操作系统　2010 年 2 月，微软进军智能手机领域，向外界宣布了新研发的 Windows Phone 操作系统。2010 年 10 月，微软公司正式发布 Windows Phone 智能手机操作系统的第一个版本 Windows Phone 7.0，简称 WP7，并于 2010 年底发布了基于此平台的硬件设备。但随着市场占有份额的逐渐降低，最终微软也宣布退出移动手机市场。

(6) Ubuntu Mobile(移动版 Ubuntu)　乌班图是一个以桌面应用为主的 Linux 操作系统，其名称来自非洲南部祖鲁语或豪萨语的“ubuntu”一词，意思是“人性”、类似华人社会的“仁爱”思想。Ubuntu 基于 Debian 发行版和 GNOME 桌面环境，后改为 Unity 环境。2013 年 1 月，Ubuntu 正式发布面向智能手机的移动操作系统，进入移动网络领域。但从总体上来看，Ubuntu 系统的性能不高，使用不方便，应用也较少。

从上面各系统的发展情况可以看出，智能手机操作系统的竞争是十分激烈的，只有时刻把用户放在首位，始终为用户考虑，让用户有良好的体验，才能在市场中有所发展，才能生存下去，并立于不败之地。

四、常用智能手机操作系统

1. 安卓(Android)操作系统

安卓系统(Android)是谷歌(Google)公司专门为移动设备开发的软件平台，它包含操作系统、中间件和核心应用等。由于用户接触 Android 系统主要是通过手机来实现的，通俗地讲，Android 系统就是手机操作系统。因此本书对此不做严格区分，以 Android 系统来统一称呼。

Android 系统最初由 Andy Rubin(安迪・鲁宾)开发，后期被 Google 公司收购。2007 年 11 月，Google 公司与 34 家硬件制造商、软件开发商及电信运营商组建了开发手机联盟，共同研发改良 Android 系统。这些成员既包括美国的英特尔、高通、谷歌、摩托罗拉，也包括中国移动、韩国三星等。后来，Google 公司以 Apache 开源许可证的授权方式，发布了 Android 的源代码。2008 年随着 HTC 手机上市，正式推出 Android 系统。

Android 本意是指“机器人”，即 Google 公司将 Android 设计成一个绿色机器人的形象，表示 Android 系统符合环保概念、绿色节能。

从 2007 年开始，Android 的发展经历了快速的迭代推进，至 2010 年，Android 超越称霸

10年的诺基亚 Symbian 系统，成为全球最受欢迎的智能手机平台。2018年8月，Android 发布了9.0版本，对应的 API 为 Level 28版，处于遥遥领先的位置。2019年9月，发布了 Android 10，对应的 API 为 Level 29版，系统性能又有了新的提升。2020年9月9日，Android 11系统正式发布，该版本突出三大主题：控制、人和隐私，提升了控制性能，优化了用户的体验，加强了用户的隐私安全等，对应 API 为 Level 30版。

至今，Android 系统在世界各主要国家的市场占比均达到60%以上，中国市场的这个比例更高，已经高达80%以上，成为当今社会上最普遍的智能手机操作系统。

采用 Android 平台的手机厂商主要包括华为、小米、OPPO、vivo、Samsung 等，该类型系统在手机市场上占据了绝对的领先地位和市场份额。

从 Android 1.0到 Android 11版本，安卓经过了快速的迭代，具体版本演进如表2-1所示。

表2-1 Android 版本号与 API 对照表

Android 版本	版本名	API	发布时间
11	11	30	2020-09
10	10	29	2019-09
9.0	Pie(派)	28	2018-08
8.1	Oreo	27	2017-12
8.0	Oreo(奥利奥饼干)	26	2017-03
7.1/7.1.1	Nought	25	2016-10
7.0	Nought(牛轧糖)	24	2016-08
6.0.1	Marshmallow	23	2015-12
6	Marshmallow(棉花糖)	23	2015-10
5.1/5.1.1	Lollipop	22	2015-03/04
5.0/5.0.1/5.0.2	Lollipop(棒棒糖)	21	2014-11/12
4.4w/4.4w.1/4.4w.2	Kitkat	20	2014-06/09/10
4.4/4.4.1～4.4.4	Kitkat(雀巢奇巧巧克力)	19	2013-10/2014-06
4.3/4.3.1	Jelly Bean mr2	18	2013-07/10
4.2/4.2.1/4.2.2	Jelly Bean mr1	17	2012-11/11/2013-02
4.1/4.1.1/4.1.2	Jelly Bean(果冻豆)	16	2012-07/07/10
4.0.3/4.0.4	Ice Cream Sandwish mr1	15	2011-12/2012-03
4.0/4.0.1/4.0.2	Ice Cream Sandwish(冰激凌三明治)	14	2011-10/10/11
3.2/3.2.1～3.2.6	Honeycomb mr2	13	2011-07/2012
3.1.x	Honeycomb mr1	12	2011-05
3.0.x	Honeycomb(蜂巢)	11	2011-02
2.3.3～2.3.7	Gingerbread mr1	10	2011-02～2011-09

续 表

Android 版本	版本名	API	发布时间
2.3/2.3.1/2.3.2	Gingerbread(姜饼)	9	2010-12/12/2011-01
2.2/2.2.1～2.2.3	Froyo(冻酸奶)	8	2010-05/2011-01～11
2.1.x	Eclair mr1	7	2010-01
2.0.1	Eclair_0_1	6	2009-12
2.0	Eclair(松饼)	5	2009-10
1.6	Donut(甜甜圈)	4	2009-09
1.5	Cupcake(纸杯蛋糕)	3	2009-04
1.1	Base_1_1	2	2009-02
1.0	Base(基础版)	1	2008-09

Android 10 以前的版本名称都是用甜点命名的。这确实是公司有意为之的一点，在第 10 版之前都是以顺序字母开头的甜点为名称的，版本与甜点有一一对应的关系，图 2-4 展示了两者间的关系。

图 2-4 Android 系统版本号及甜点代号

随着版本的更新，Android 不断有更新的功能融入其中，其中，Android 10 增加的新功能包括折叠屏 Foldables、5G 网络、通知的智能回复等。在最新版本 Android 11 中，增加了更多的新特性，主要包括以下几个方面：

(1) 下拉通知面板功能　Android 11 中，系统顶部通知栏可以显示“对话通知”，用户可以很便捷地通过滑动查看消息，并快速实现统一回复、删除等管理操作。

(2) 悬浮窗口功能　系统新增了“气泡通知”功能，这是一种聊天悬浮窗口，当你在其他任意软件界面浏览时，收到微信等聊天消息都可以以悬浮窗口形式挂载，方便实时打开和回复。

(3) 智能控制中心和媒体控件　系统加入了“智能设备控制中心”，用户可以通过长按电源键开启。媒体空间则可以更加方便快捷地连接和控制耳机、音箱等设备。

(4) 优化折叠设备支持　Android 11 新增的 cutout API，能够帮助 APP 自动适应屏幕，如果是挖孔屏，那么就可以避免元素被打孔区域遮挡；若是曲面屏，系统会添加一个 Display

Cutout 区域，用以标记屏幕曲面部分，让 APP 选择避开在此区域放置内容，优化了对瀑布屏、可折叠设备、合页角度传感器的支持。

(5) 用户隐私进行升级　新系统支持一次性授权麦克风、摄像头和位置的访问。如果长时间没有使用某个 APP，系统将自动重置该 APP 相关的权限，并同步发出通知，下次打开重新授权。

(6) 优化了 5G 支持　新系统增强和更新了现有的连接性 API，使得在大带宽通信中拥有更好的体验。

2. iOS(苹果)操作系统

iOS 是由苹果公司开发的移动操作系统。

2010 年，苹果公司的 iOS 占据了全球智能手机操作系统 26%的市场份额。

2011 年 10 月，苹果公司宣布 iOS 平台的应用程序已经突破 50 万个。

2012 年 6 月，苹果公司在 WWDC 2012 上发布了 iOS 6，提供了超过 200 项新功能。

以后，苹果每年都推出 iOS 新的版本。

2019 年 9 月，苹果发布 iOS 13 正式版，iOS 13 推出的“深色”模式为 iPhone 带来了全新风格，提供了浏览和编辑照片的全新方式，并新增了保护隐私的登录方式，轻点一下即可登录 App 和网站。系统经整体优化后，App 启动速度提升、下载时间大大缩减。

3. 国产手机操作系统

1) 小米 MIUI 系统

MIUI 是小米手机系统。其成熟完善的设计、便捷高效的功能、畅快极致的性能为全球米粉带来了出色的体验。

MIUI 系统是在 2010 年 08 月 14 日推出的首个内测版本。2011 年 08 月 16 日，在 MIUI 的周年庆典时，小米公司发布了第一款自己的手机。由于 MIUI 系统的实用性、易用性流畅性，使得小米手机一经发布，就凭借其超高的性价比与 MIUI 系统的先天优势迅速取得了成功。

图 2-5　小米手机操作系统

经过近 10 年的更新迭代，小米已经发布了几十个版本。截至目前，MIUI 系统的最新版为 MIUI 12。

小米 MIUI12 的系统界面参见图 2-5。

MIUI 12 支持跨平台高速文件互传。手机与手机之间互相传输照片、文件，甚至是应用，都更加快速而方便。更支持与 OPPO、vivo 手机之间的互传。而小米手机与小米笔记本之间也可轻松互传文件，只需轻点分享，搜索到周围的小米笔记本，无需安装任何应用，即可将文件发送至电脑。

此外，MIUI 在文件管理、无线投屏、无线打印、亲情守护、系统安全等方面也做得非常不错。尤其是内置的“小爱同学”，已经成了 MIUI 的标配，很多复杂的手机操作都因为小爱同学的存在而变成了“一句语音的命令”。

2) 华为 EMUI 系统

EMUI(Emotion UI)是华为公司基于 Android 开发的操作系统。拥有简化的用户界面、新的手势导航和 HiVision 的“AI”功能。系统采用了自然极简的、全局统一化的设计，便捷的单手操作，全新的手势导航，提供了良好的交互体验；新 UX 融入了大自然的声音、色彩、光影，回归自然的沉浸式设计。分布式技术作为 EMUI 11 和 HarmonyOS 共享的关键技术，再一次加强了能力，进一步打破了单个物理设备的硬件限制，用软件定义了新的设备形态，将人、设备、场景有机地连接在一起。同时，HarmonyOS 2.0 设备实现与 EMUI 11 联动交互，为用户带来丰富、精彩的全场景体验。EMUI 11 补齐了许多之前缺失的功能，并且在系统美术设计、动画等方面做了诸多提升，见图 2-6。

图 2-6 华为 EMUI 系统界面

3) 华为鸿蒙系统

HarmonyOS 华为鸿蒙系统是一款"面向未来"、面向全场景(移动办公、运动健康、社交通信、媒体娱乐等)的分布式操作系统，打破了 Android 在国产手机上的"垄断"，真正实现了手机操作系统全部国产化。它首次提出了在传统的单设备系统能力的基础上，基于同一套系统能力、适配多种终端形态的分布式理念。

2019 年 8 月，华为在开发者大会上正式发布鸿蒙系统。

2020 年 9 月，华为在开发者大会上发布鸿蒙 2.0，并面向应用开发者发布 Beta 版本。

2020 年 12 月，华为发布鸿蒙 OS 2.0 手机开发者 Beta 版。

2021 年 6 月 2 日，华为正式发布 HarmonyOS2.0，随后开启了多款手机自动升级的计划。

其他操作系统由于应用的普遍性方面，本书不做详细介绍。

五、安卓(Android)系统构成

Android 系统之所以受到市场的欢迎，原因在于其开源的设计思想、良好的运行效率、便捷的操控性能等。而外在表现优秀性能背后的原因在于内部优良的功能模块化结构。具体说是归功于其 4 级层次化的体系结构，即最上部(外围)的 Applications，即应用软件层，中部的 Application Framework，即应用软件框架层；下部的 Libraries，即模块库，Android Runtime，即运行实时管理层以及底层(核心)的 Linux Kernel，即 linux 内核功能层。这种结构关系见图 2-7。

将与上图英文功能框图翻译成对应中文图表，其功能结构图如图 2-8 所示。

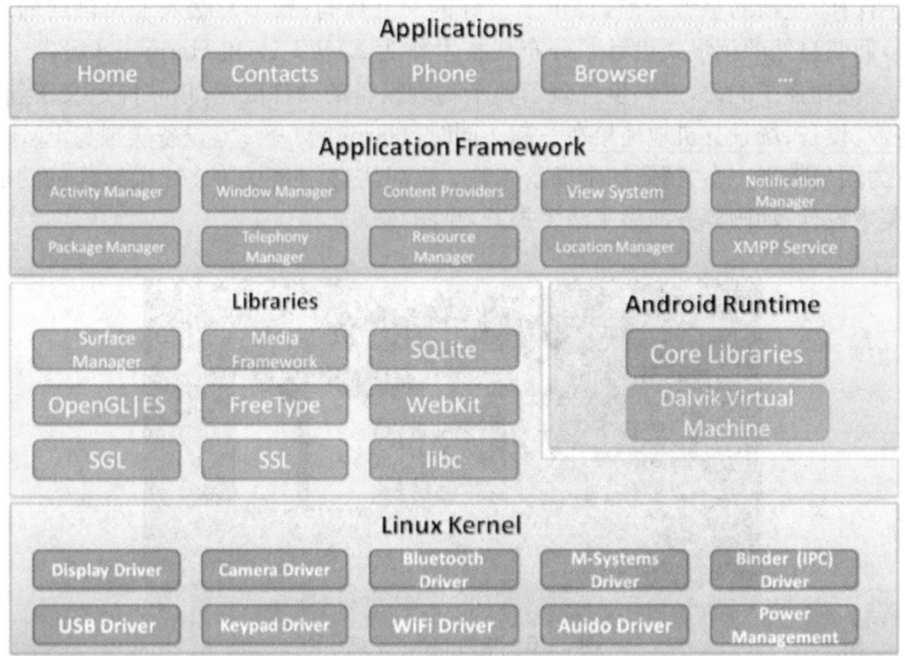

图 2－7　Android 功能结构图

图 2－8　Android 功能结构图(系统组成)

从图 2-8 的系统组成结构可以看出，Android 系统的功能模块由四层五部分组成，具体功能从最基础的底层向上依次为：

1. Linux 内核层(Linux Kernel)

Android 系统是基于 Linux 系统的内核开发的。所以最底层的硬件设备的驱动全部是由 Linux 系统提供的，实现了对移动设备硬件最广泛的支持。

这一层面的硬件驱动主要包括：

(1) 显示驱动(display driver)：基于 Linux 的帧缓冲(frame buffer)驱动。

(2) 键盘驱动(key board driver)：作为输入设备的键盘驱动。

(3) Flash 内存驱动(flash memory driver)：基于 MTD(memory Technology Device)驱动程序。

(4) 照相机驱动(camera driver)：基于 Linux 的 v412(video for Linux)的驱动。

(5) 音频驱动(audio driver)：基于 ALSA(Advanced Linux Sound Architecture)的高级 Linux 声音体系驱动。

(6) 蓝牙驱动(bluetooth driver)：基于 IEEE 802.15.1 标准的无线传输技术。

(7) WiFi 驱动：基于 IEEE 802.11 标准的驱动程序。

(8) 电源管理(power management)：对系统电源节能、休眠等调控。

(9) M 系统的驱动(M-systems driver)。

由于 Linux 的开放性，使得 Android 的硬件支持也同样有最广泛的基础。

2. 系统运行库及运行管理层(libraries and Android runtime)

这一层主要是通过一些标准库为系统运行提供支持。

在库管理(Libraryes)这一部分，是通过 C/C++ 库、多媒体库、数据库、字库等资源为系统提供服务。其中包括以下几个方面：

(1) C 语言标准库是系统最底层的的库，它通过 Linux 系统来调用。

(2) 多媒体库(Media Framework)基于 PackerVideo OpenCORE，支持多种常见格式的音频、视频的回放和录制，以及图片，比如 MPEG4、MP3、AAC、AMR、JPG、PNG 等。

具体的内容主要有以下部分：

(1) SGL：2D 图形引擎库。

(2) SSL：安全套接字协议(Secure Sockets Layer)位于 TCP/IP 协议与各种应用层协议之间，为数据通信提供安全支持。

(3) OpenGL ES 1.0：3D 效果的支持。

(4) SQLite：一款轻型的数据库，遵守 ACID 的关系型数据库管理系统。

(5) WebKit：一个开源的浏览器引擎。

(6) FreeType：位图(bitmap)及矢量(vector)。

在运行时管理(runtime)这一部分，Android 系统为每个 Java 程序都运行在 Dalvik 虚拟机上(5.0 版本后改为 ART 运行环境)，其只运行.dex 的可执行文件。即当 Java 程序通过编译后，还需要通过 SDK 中的 dx 工具转为成.dex 格式才能正常在虚拟机上执行，对比 Java 虚拟机运行的 Java 字节码，Dalvik 虚拟机运行的则是其专有的 dex(Dalvik Exceutable)格式的文件，效率更高。

每一个 Android 应用都运行在一个 Dalvik 虚拟机实例中，每一个虚拟机实例都是一个独立的进程空间。

3. 应用框架层(application framework)

该层也叫应用程序扩展层，这一层是 Google 发布的核心应用所使用的 API 框架，开发人员可以使用这些框架来开发自己的应用。API 框架隐藏的核心应用程序是一系列的应用程序服务和系统应用，其中主要包括如下组件：

（1）视图系统(view)：提供如列表、网格、文本框、按钮等以及可嵌入的 Web 浏览器。

（2）内容提供者(content providers)：让一个应用访问另一个应用的数据，共享数据资源。

（3）资源管理者(resource manager)：对非代码资源的访问，如字符串、图形和布局文件。

（4）提示管理者(notification manager)：可以在状态栏中显示自定义的提示信息。

（5）活动管理者(activity manager)：管理应用程序生命周期并提供常用的导航退回功能。

（6）窗口管理者(window manager)：管理所有的窗口程序。

（7）包管理者(package manager)：Android 系统内的程序管理。

4. 应用层(aplications)

应用层是用 Java 语言编写的运行在终端设备上的程序。安装在手机上的所有应用程序都属于这一层，包括 email 客户端、SMS 短消息程序、日历、地图、浏览器，联系人管理程序等。它直接面向用户使用，面向解决问题的需求。

本课程的移动网络应用开发就是在这一层面上解决具体的工作问题的。

总之，由于 Android 的开放性，以及 Android 系统的优良设计，保障了其良好的操控性能和使用体验，使其成了占据市场优势的移动开发的首选。

任务二 安装移动应用开发 Java 环境

任务描述

工欲善其事，必先利其器。实现移动网络技术应用的开发也是同样的道理。开发设计者一定要掌握良好的开发工具，才能顺利进入开发编写代码环节，并最终达到创造优良产品(程序)的境界。

所以本任务我们就要安装并配置 Android 开发基本环境，为安装开发平台奠定基础。

任务分析

Android 的编程开发平台有几种，最常见的就是谷歌公司自己研制的 Android Studio，通过该平台，开发者可以设计用户界面、编写主辅程序、调试运行程序、模拟显示效果并最后发布项目应用。

由于 Android Studio 平台需要有 JAVA 7.0 以上环境的支持，所以整个集成开发平台的搭建要分 2 个步骤完成。第一步是安装 JDK，即 Java 开发工具包，建立 Java 基础的支持环境，配置好编译器和解释器的路径、类包工具的位置等参数；第二步就是安装 Android Studio 开发包，配置工作路径、核对开发包版本、安装手机模拟器设备等开发环境。

任务内容

1. 下载 JDK1.8 开发工具安装包；
2. 安装 JDK1.8 开发工具包。

任务实施

一、安装 JDK

Java 开发工具包版本较多，Android Studio 要求 JDK 至少要在 7.0 版本以上，本教材学习安装的是 JDK 8.0 版本。下面讲解具体的操作步骤。

步骤 1　首先下载 JDK8 安装包。可以到 Oracle 官网 https://www.oracle.com/cn/java/，选择 Java SE 8 版本，在下载界面中点击右上角的下载按钮，进入选择下载内容界面，见图 2-9。

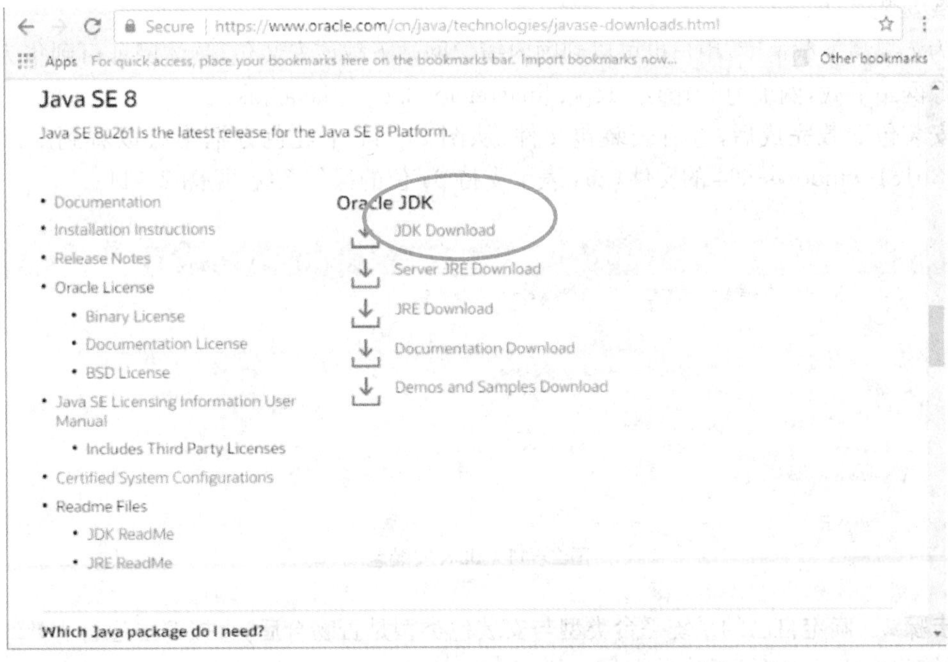

图 2-9　下载 Java SE 8 安装包

点击 JDK Download 项的下载按钮，进入到选择下载系统平台界面，参见图 2-10 所示。此处选择 Windows x64 版本，选择右侧的 jdk-8u261-windows-x64.exe 点击下载按钮，

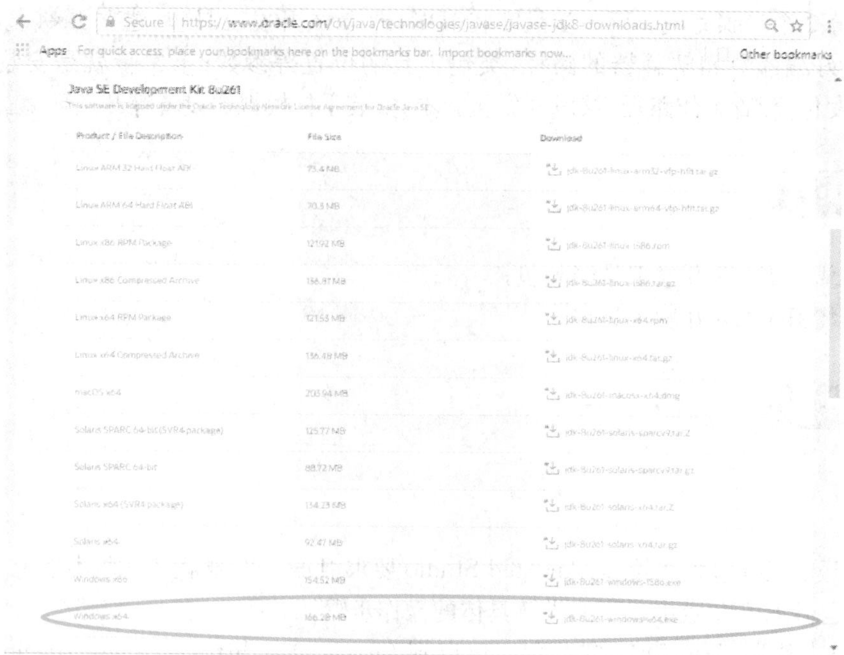

图 2-10 选择 JDK 安装平台

在新弹出的许可协议对话框中，勾选同意 Oracle 公司的许可协议，登录后点击下载按钮即可下载安装文件。

为了提高下载速度，用户也可以到国内镜像网站下载该安装包，具体网址可到华为公司的镜像网站下载，网址为 https://repo.huaweicloud.com/java/jdk/。

安装包下载完成后，查看安装包文件，从图 2-11 中红色方框中可以看到下载好的 JDK_8u181-windows-x64 的文件，x64 表示支持 64 位的操作系统，见图 2-11。

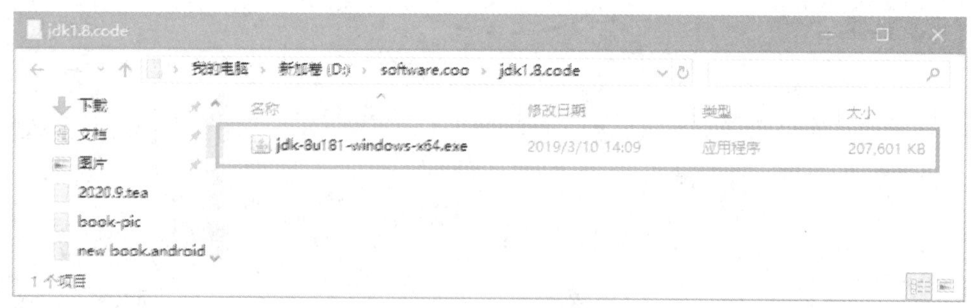

图 2-11 JDK 安装包

步骤 2 确定自己的系统平台类型与安装包类型是否吻合后，直接双击运行 JDK8 安装包，系统将会启动 JDK8 的安装向导。

启动安装程序向导后，弹出相应的对话框，提示各种选项的设置，见图 2-12。

步骤 3 选择安装组件名称及 JDK8 的安装位置，可以选择默认的组件、默认的位置，如果选择安装到别的位置，可点击右下角“更改”按钮，在新的对话框中修改其安装位置，见图 2-13。

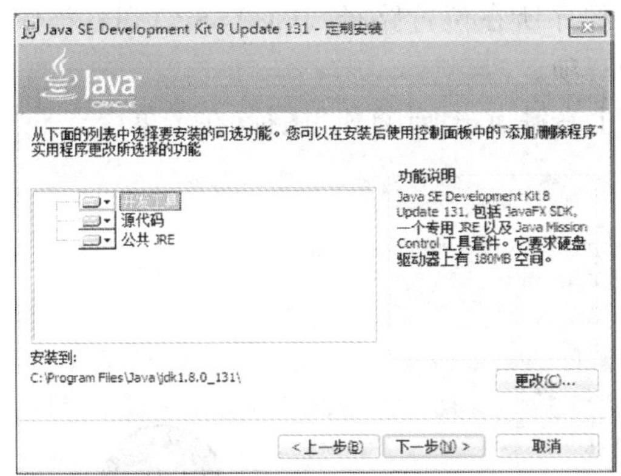

图 2－12　JDK 安装向导

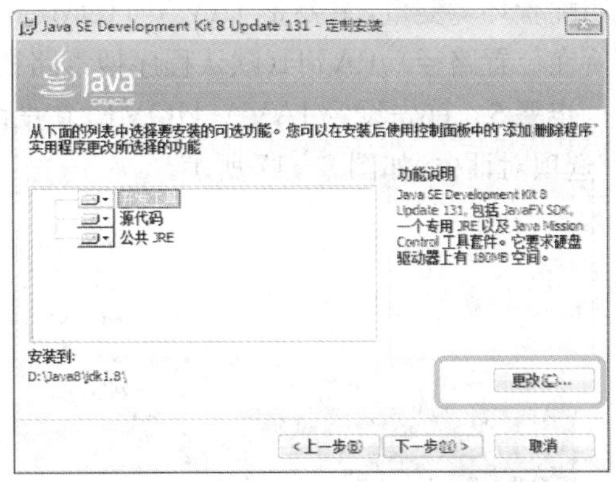

图 2－13　JDK 安装选择组件及位置

这里选择其他的安装目录，修改为 D:\java8\jdk1.8，然后点"下一步"，JDK 部分安装完成。

步骤 4　系统会自动弹出对话框，安装 jre 即 Java 运行环境包，选择安装 jre 位置，单击更改按钮，见图 2－14。

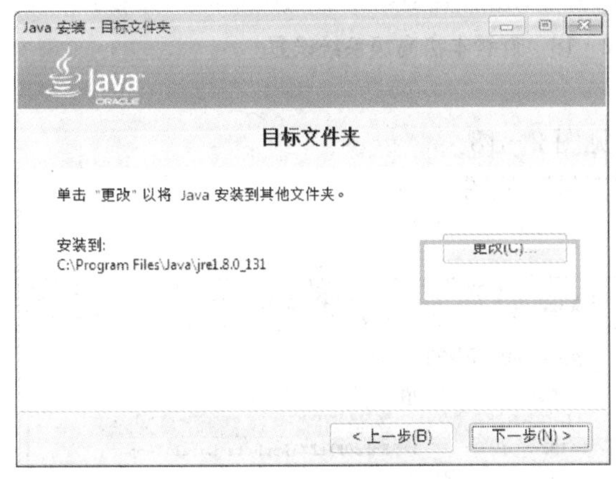

图 2－14　安装 jre 包

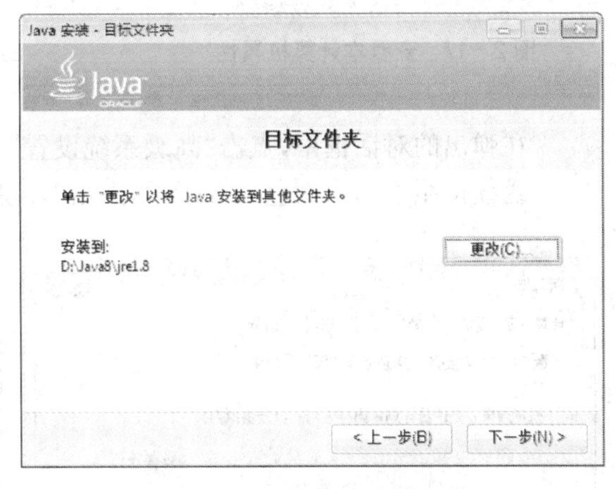

图 2－15　确认 jre 安装位置

这里选择将 jre 安装到 D 盘 D:\java8\jre1.8 目录下，然后点击"下一步"按钮，如图 2－15 所示。

安装完成后，对话框提示安装成功。我们点击"关闭"，完成安装，如图 2－16 所示。

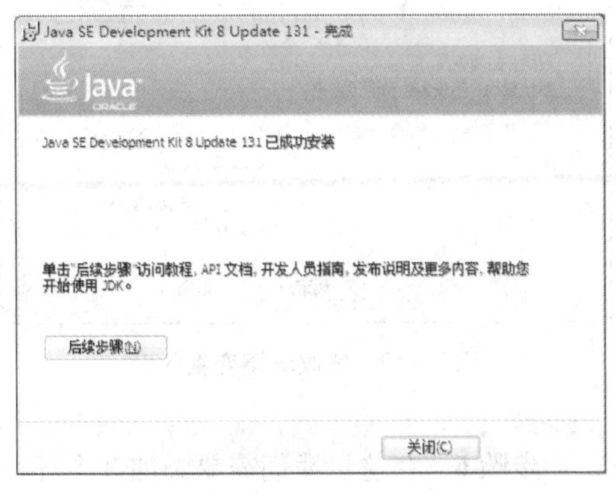

图 2－16　JDK 安装完成

二、配置环境变量

由于 Java 运行时要调用编译程序、支持包等，所以需要向 Windows 操作系统声明这些程序包所在的位置，即配置 Java 运行环境，也叫配置环境变量，主要是 JAVA_HOME（主程序所在位置路径）、CLASSPATH（类库程序所在位置路径）、PATH（默认程序搜索路径）三项。

步骤 5 首先设置 JAVA_HOME，在桌面上右键点击“计算机”图标，在菜单中点击“属性”选项对话框，如图 2-17 所示。

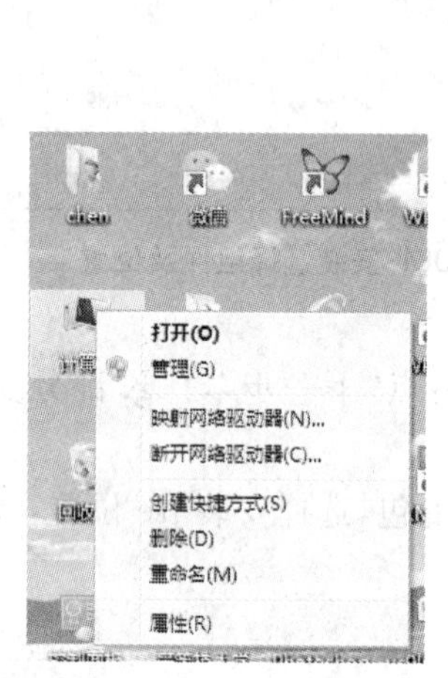

图 2-17　查看本计算机属性

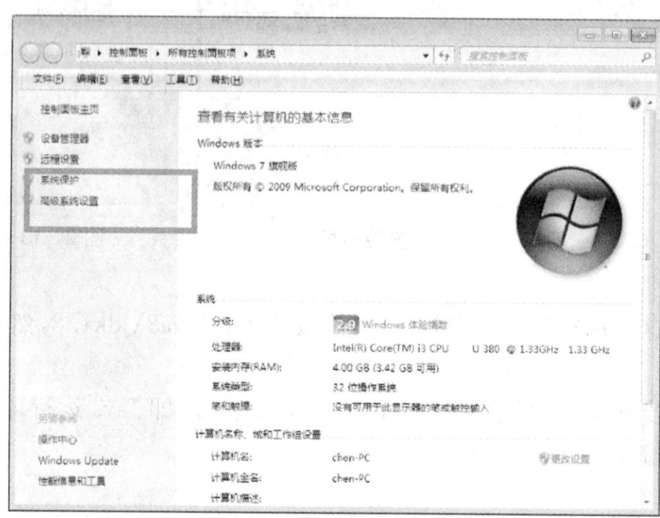

图 2-18　查看本机高级系统设置

在弹出的对话框中，点击“高级系统设置”，见图 2-18。

继续按照下图中红色方框指示，点击“环境变量”，见图 2-19。

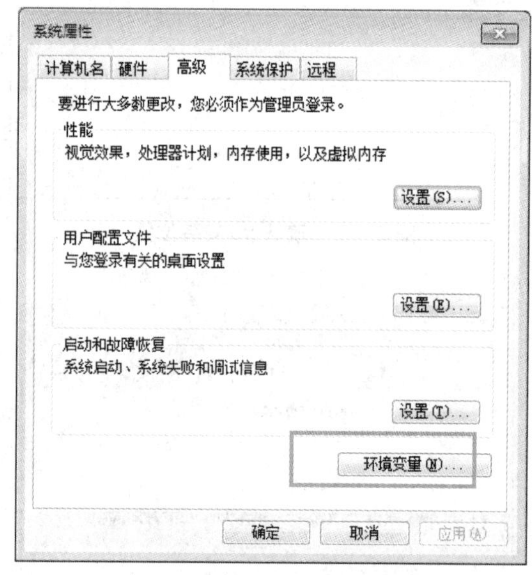

图 2-19　修改环境变量入口

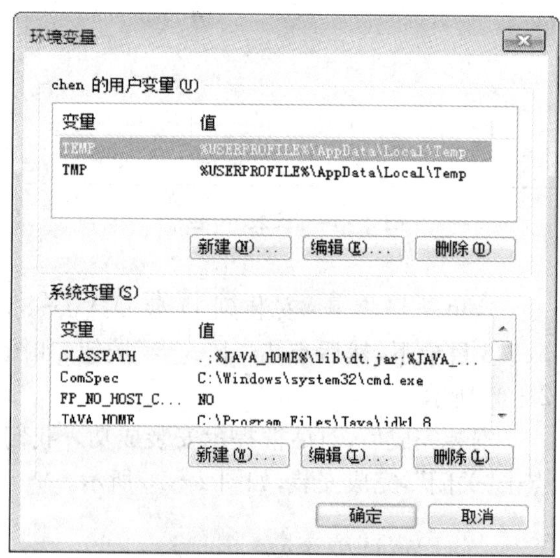

图 2-20　添加系统变量

步骤 6 在这里我们需要添加 3 个环境变量，我们点击图中下部分系统变量中的“新建”

按钮，来新建我们的系统环境变量，对话框见图 2－20。

第 1 个环境变量是“JAVA_HOME”，变量值为“D:\Java8\jdk1.8”，可以看出变量值就是 JDK8 的安装目录，见图 2－21。

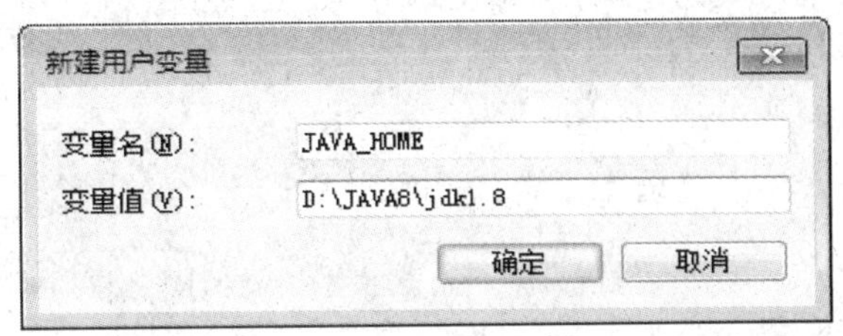

图 2－21 新建 JAVA_HOME 变量

第 2 个环境变量名为“CLASSPATH”，变量值为“.;%JAVA_HOME%\lib\dt.jar;%JAVA_HOME%\lib\tools.jar;”，可以看出变量值为 JDK8 的安装目录下库 lib 文件夹的位置，注意分号前面的圆点，如图 2－22 所示。

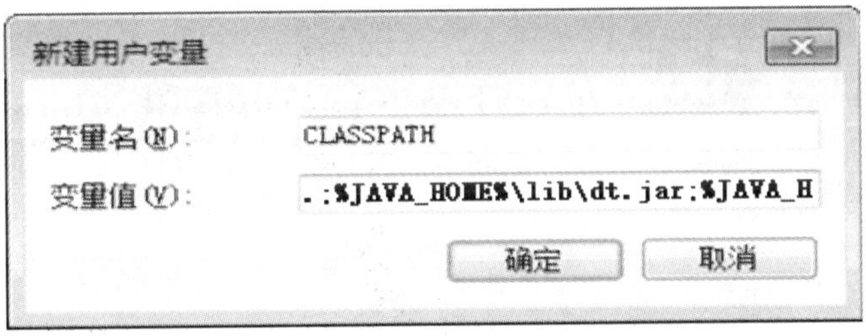

图 2－22 新建 CLASSPATH 变量

第 3 个环境变量名为“PATH”，在保持其原有设置不被破坏的基础上，在其变量值后添加“;%JAVA_HOME%\bin”和“;D:\Java8\jre1.8\bin”，可以看出变量值为 JDK8 的安装目录下 bin 文件夹的位置，添加完 3 个环境变量之后，我们一路默认确定即可，完成环境设置，见图 2－23。

图 2－23 添加命令所在路径到 Path 变量

步骤 7 然后进入 cmd 命令窗口，通过调用“java -version”命令检查。该命令能正常运行，则系统已经配置好了 JDK 开发环境。当我们运行命令“java -version”时，命令返回的是 JDK 的版本信息，“java version‘1.8.0_131’”，说明我们已经正确的安装并配置好了 JDK SE 8 工作环境，见图 2－24。

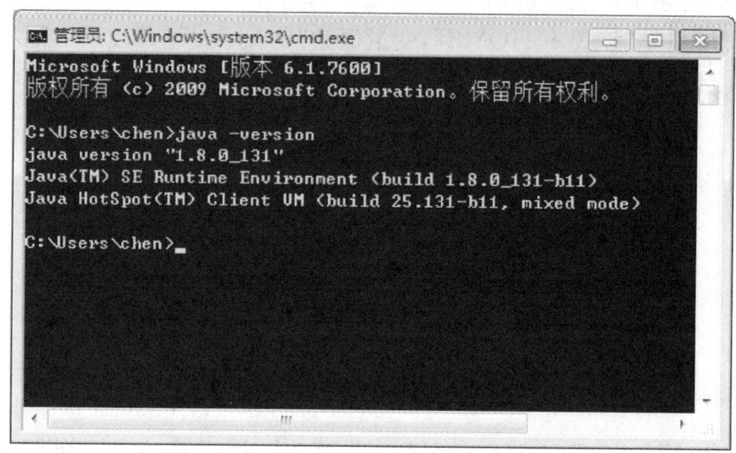

图 2－24　显示 JAVA 命令的版本号

至此，JDK 的安装任务完成。

任务三 安装开发平台 Android Studio

任务描述

搭建 Android 系统集成开发平台，安装开发包，首先需要获取 Android Studio 的开发包资源，可以从网上找到对应的资源并下载开发包到本地；其次是运行安装包，安装开发组件，最后进行环境参数设置。下载安装包可以登录 Android Studio 的中文社区官网，网址是 www.android-studio.org，最新的 Android Studio 安装包版本为 4.2.1 版本，本教材以该版本为基准，介绍安装过程以及后续的应用开发。

任务分析

安装包可以到社区网站下载，也可到专门机构的镜像网站下载。下载时要注意版本号的区别。下载到本地后，运行安装程序包，最后启动、配置开发环境的路径、版本等参数，完成安装配置任务。

任务内容

1. 下载 Android Studio4.2.1 开发包；
2. 安装 Android Studio 开发环境。

任务实施

一、安装 Android Studio 开发包

步骤 1　进入谷歌的安卓官方网站，网址是 developer. android. google. cn，打开 Android Studio 的下载界面，见图 2 - 25。页面上显示当前的最新版本为 4. 2. 1，点击左下角按钮，下载 Android Studio 安装包。

图 2 - 25　下载 Android Studio 安装包文件

步骤 2　在下载页面中点击绿色下载按钮，下载安装包，见图 2 - 26。

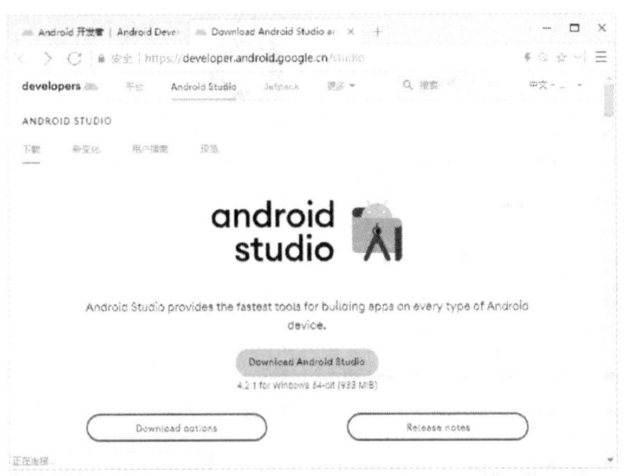

图 2 - 26　下载安装包

下载完成后，得到的安装程序包文件 android-studio-ide-202. 7351085-windows. exe，注意 android-studio-ide-XXXX 命名的安装包没有自带 SDK 开发包，需要安装完成后连网下

载更新。而如果安装包名称为 android-studio-bundle-xxx,则是自带 SDK 安装包的,可以一并完成 2 个软件的安装,本书采用后安装 SDK 开发包的方式。

步骤 3 双击启动安装程序,在向导对话框中,点击"Next",进入下一步见图 2-27。

步骤 4 在安装组件对话框中,选择相应的组件,此处我们保留默认的 Android Virtual Device 的选择。点击"Next",进入下一步(注意,我们采用的安装包不含 SDK 选项,SDK 需要安装完成后,连上网络进行下载、安装和更新),参见图 2-28。

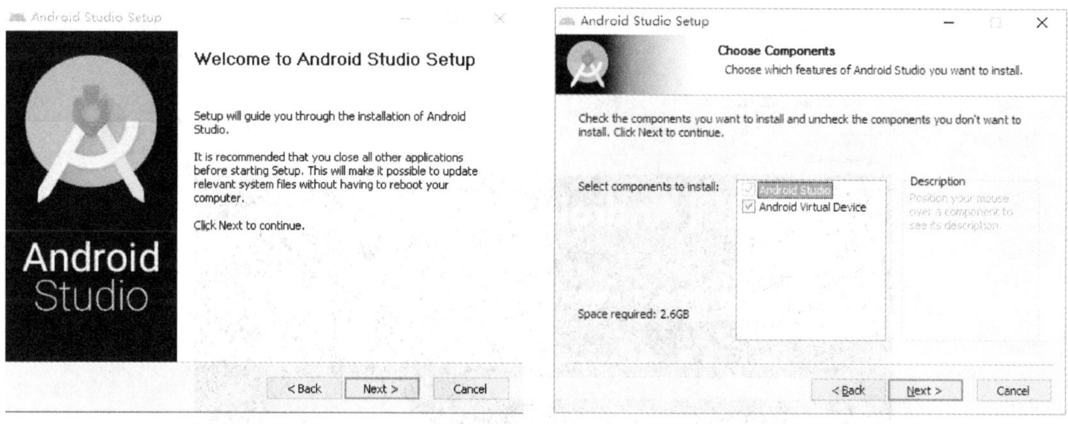

图 2-27 安装欢迎界面 图 2-28 选择安装组件

步骤 5 接受许可协议,点击"I Agree",进入下一步,参见图 2-29。

步骤 6 选择安装位置,我们可以点击"Browse. ."浏览按钮,修改默认的安装位置,本机 Android Studio 选择修改安装"D:\Android. T\Androit Studio\",改好后,点击"Next",进入下一步,参见图 2-30。

图 2-29 同意许可协议

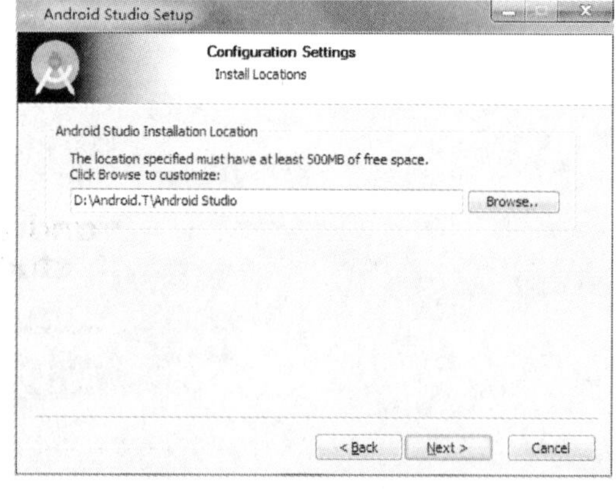

图 2-30 选择安装位置

步骤 7 在下面对话框中,点击"install"按钮,即安装命令,参见图 2-31。

系统开始进入安装过程,如果想查看细节,可点击"Show detail"查看,在安装过程中,其他 3 个按钮是灰色的,保护操作过程不受干扰,参见图 2-32。

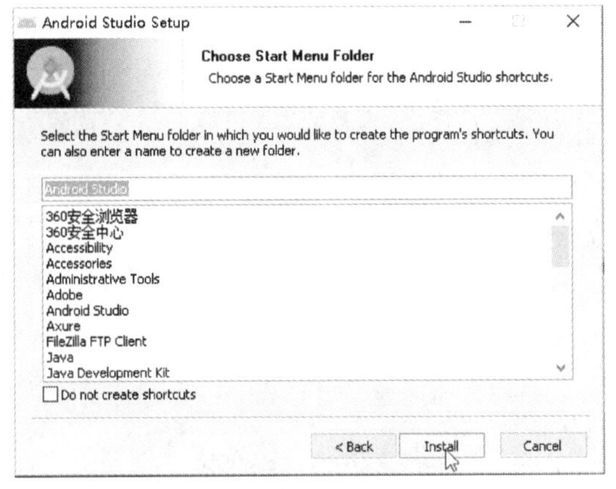

图 2-31　安装界面

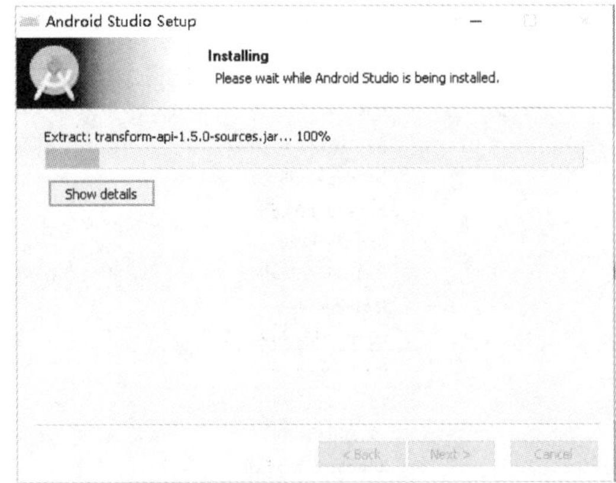

图 2-32　安装进行中

步骤 8　过程结束后，点击“Next”，进入下一步，参见图 2-33。

步骤 9　这是安装完成后，出现的完成界面，注意取消默认的启动 Android Studio 的选择项，然后点击“Finish”按钮，完成安装过程，参见图 2-34。

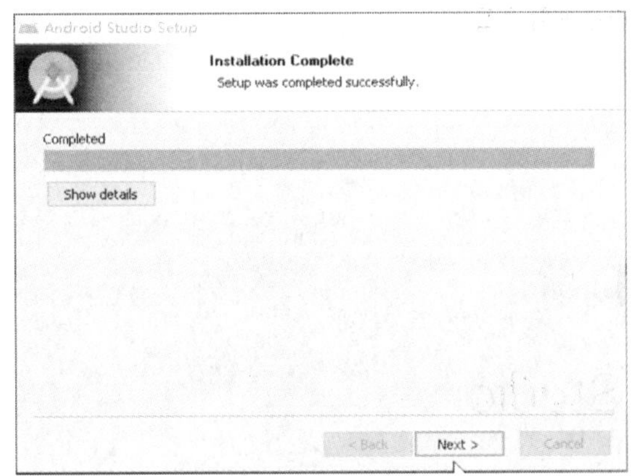

图 2-33　安装完成

图 2-34　安装完成后的界面

步骤 10　进入该开发工具的安装文件夹，本教材为“D:\Android. T\AndroidStudio”，找到 bin 文件夹，打开 idea. properties，在文件最后增加一行：disable. android. first. run=true，完成后保存。此项命令是禁止 Android Studio 首次启动检查更新 SDK 包，可能导致长时间没系统反应的问题。各位可根据自己安装时的设置，找到该文件，修改其内容，参见图 2-35。

如果桌面没有生成系统快捷图标，可找到系统所在文件夹，在安装目录的 bin 文件夹中找到 studio64. exe，创建一个桌面快捷方式，如果系统自动建了桌面快捷图标，则双击桌面的 Android Studio 64 图标，即可启动 Android Studio。

步骤 11　启动成功后，进入向导对话框，参见图 2-36。点选右下角“Configure”菜单，选择“Setting”设置项，进入环境参数设置对话框。

此电脑 › 本地磁盘 (D:) › Android.T › Android Studio › bin

名称	修改日期	类型	大小
lldb	2016/12/1 22:59	文件夹	
appletviewer.policy	2016/10/18 15:09	POLICY 文件	1 KB
breakgen.dll	2016/10/18 15:09	应用程序扩展	33 KB
breakgen64.dll	2016/10/18 15:09	应用程序扩展	38 KB
focuskiller.dll	2016/10/18 15:09	应用程序扩展	37 KB
focuskiller64.dll	2016/10/18 15:09	应用程序扩展	43 KB
fsnotifier.exe	2016/10/18 13:13	应用程序	68 KB
fsnotifier64.exe	2016/10/18 13:13	应用程序	78 KB
idea.properties	2016/10/18 15:09	PROPERTIES 文件	8 KB
IdeaWin32.dll	2016/10/18 15:09	应用程序扩展	36 KB
IdeaWin64.dll	2016/10/18 15:09	应用程序扩展	42 KB
jumplistbridge.dll	2016/10/18 15:09	应用程序扩展	54 KB
jumplistbridge64.dll	2016/10/18 15:09	应用程序扩展	61 KB
log.xml	2016/10/18 15:09	XML 文档	3 KB
restarter.exe	2016/10/18 13:13	应用程序	57 KB
runnerw.exe	2016/10/18 13:13	应用程序	69 KB
studio.exe	2016/10/18 13:10	应用程序	873 KB
studio.exe.vmoptions	2016/10/18 15:09	VMOPTIONS 文件	1 KB
studio.ico	2016/10/18 15:09	图片文件(.ico)	348 KB
studio64.exe	2016/10/18 13:13	应用程序	900 KB
studio64.exe.vmoptions	2016/10/18 15:09	VMOPTIONS 文件	1 KB

图 2-35　修改启动属性文件

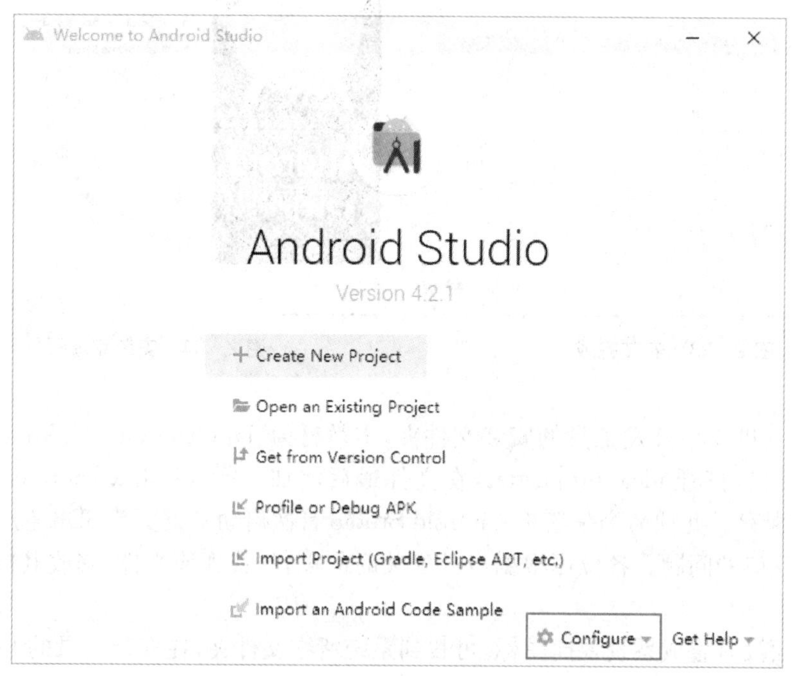

图 2-36　Android Studio 4.2.1 启动界面

步骤 12　在环境参数设置对话框中,显示主机的 SDK 包的安装状态。已经安装相应版本的开发包,则状态栏是已经安装(installed)。如果需要安装或更新其他版本的 SDK 包,则一定要保障访问互联网的畅通，否则会更新安装失败，见图 2-37。

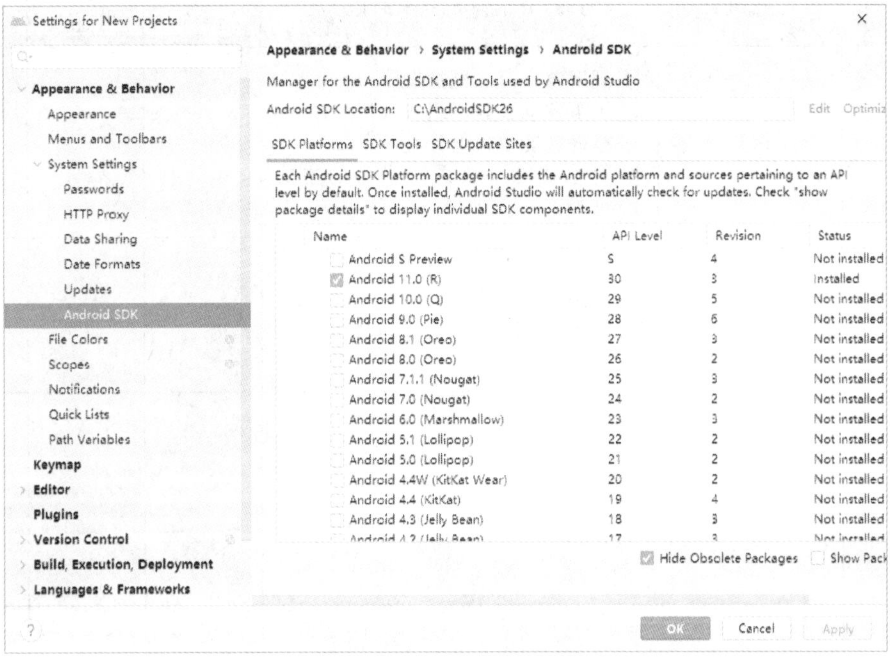

图 2-37 安装的 SDK 界面

步骤 13 点击“OK”按钮结束查看，回到启动向导界面，完成了本项目的安装开发环境的全部操作。然后准备进入下一个项目，创建第一个应用项目。

知识拓展

项目评价

项目学习情况评价如表 2-2 所示。

表 2-2 项目学习情况评价表

项目	方面	等级(分别为 5、4、3、2、1 分)	自我评价	同伴评价	导师评价
态度情感目标	态度认真	1. 认真听导师的讲解； 2. 认真完成导师布置的作业； 3. 积极发言、讨论学习问题。			
	团结合作	1. 善于沟通； 2. 虚心听取别人的意见。 3. 能够团结合作。			
	分析思维	1. 能有条理地表达自己的意见； 2. 解决问题的过程清楚； 3. 能创新思考，做事有计划。			

续　表

项目	方面	等级(分别为 5、4、3、2、1 分)	自我评价	同伴评价	导师评价
知识技能目标	掌握知识	1. 理解移动互联网的发展; 2. 了解移动互联网组成及特点; 3. 掌握智能手机的分类及发展; 4. 熟悉智能手机系统平台的主要种类。			
	职业能力	1. 熟练掌握 JDK 的安装步骤; 2. 掌握 Android Studio 的安装操作; 3. 熟悉 Android Studio 应用开发的操作步骤。			
综合评价					

项目二 习题

一、简答题

答案

1. 如何安装 JDK 开发工具包?
2. 如何安装 Android Studio 4.2 集成开发包?
3. 如何将 Android Studio 环境汉化成中文界面?
4. 如何更新 SDK 开发包版本?
5. 安卓系统的功能结构包括哪些组成部分?
6. 安卓软件框架结构自上而下可分为哪些层?
7. 安卓系统底层库包含哪些?
8. 什么是安卓虚拟机?它是如何工作的?

第一个安卓应用项目

项目情景

小康同学接到新的工作任务，在开发平台上创建一个最简单的 Android 应用项目，能显示欢迎的文字提示内容，实现预览效果。通过实施本项目操作，了解 Android Studio 的环境、界面、菜单项等内容，掌握 Android 项目的创建过程，为后续开发工作做好基础性的训练和准备。

学习目标

1. 了解 Android Studio 开发环境；
2. 熟悉 Android Studio 界面菜单常用命令；
3. 掌握 Android Studio 创建项目的操作步骤；
4. 初步了解应用界面布局及代码编写的基本方法。

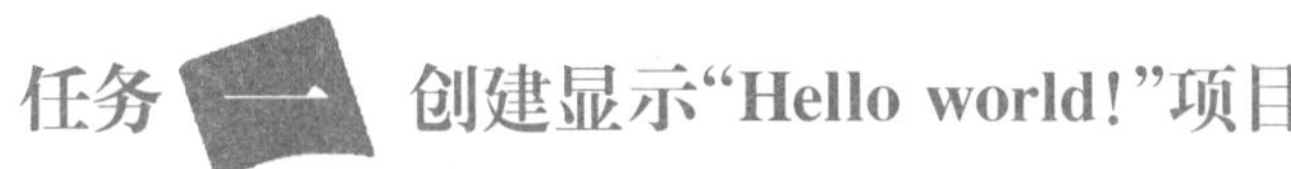

任务一 创建显示“Hello world!”项目

任务描述

通过 Android Studio 集成开发环境创建初步的应用项目框架，是最基本的操作，因此必须熟悉过程、熟练掌握操作步骤。通过这个任务，同学们对新建 Android 工程项目形成一个整体的了解，对操作的过程和步骤明确清楚，对创建过程中的相关选项和设置能够理解并熟练掌握。

任务分析

新建工程项目是通过集成的开发环境的菜单命令来实施的。所以本任务的重点是熟悉开发环境的结构、熟悉该环境界面各功能区域的布置，了解各菜单项的功能，并通过后续的操作掌握操作方法和步骤。

任务 内容

1. 熟悉 Android Studio 集成开发环境；
2. 熟悉创建应用项目的基本步骤；
3. 创建首个 Android 项目。

任务 实施

一、新建显示“Hello World!”项目

首先需说明的是，Android Studio 有两种新创建项目的启动方法。一种是在该开发环境启动后的向导界面上，选择新建工程选项来实现（Start a new Android Studio Project），见图 3－1。另一种是在完全进入 Android Studio 开发环境主界面后，通过主菜单命令实现，两者入口起点不一致，但“条条大路通罗马”，其后面的步骤最终又统一到一起了。本教材仅以第一种方法的具体操作过程为例，介绍操作步骤如下：

步骤 1 双击运行桌面的“Android Studio 64”快捷图标，启动开发程序向导，在向导对话框中，显示出包括新建 android 工程、打开已有工程等，以及最下端的选择项提示、参数配置等信息项，单击第一项“Start a new Android Studio project”（新建安卓项目），启动“创建新项目”对话框，参见图 3－1 所示。

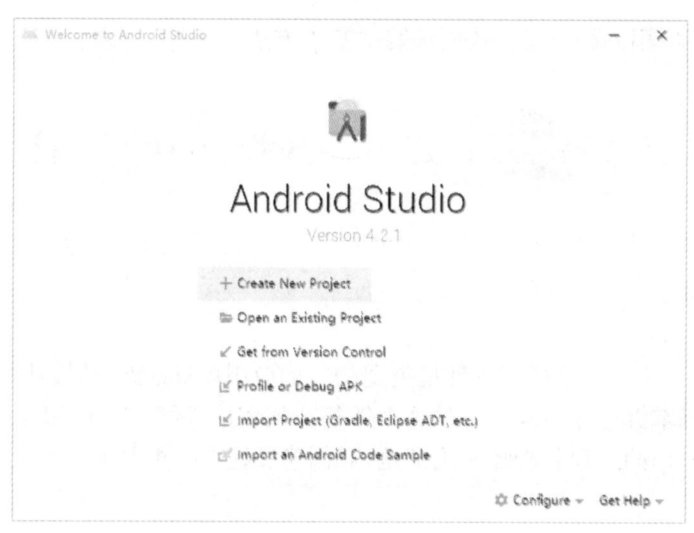

图 3－1 Android Studio 平台向导

步骤 2 在弹出的“创建新项目”对话框中选择系统项目模板，平台提供有五大类模板：手机或平板（Phone and Table）、穿戴设备（Wear OS）、电视（Android TV）、汽车（Android Auto）、其他类（Android Things）。此处选择第一类，手机（Phone and Tables），然后再选择其中第四种界面布局模板“Empty Activity”（空白布局界面），见图 3－2 中线框部分。

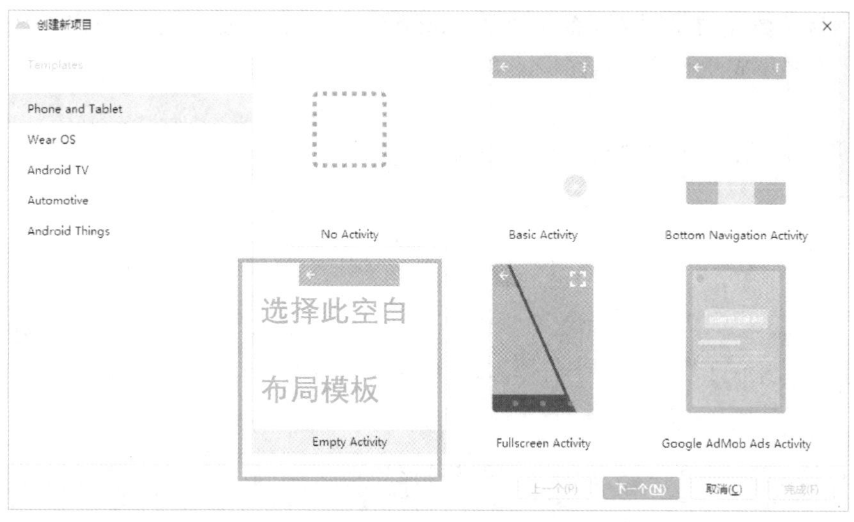

图 3－2　选择项目界面模板

步骤 3　点击“下一个”按钮，新弹出的对话框是系统需要的项目参数对话框，5 个参数对应 5 个可修改文本框，分别是项目名称、包名称(域名)、项目存放路径、开发语言选择(java 或 Kotlin)。具体修改为：项目名称(Name)，此处在默认的 My Application 后加序号 1，项目包名称(Package name)也默认为 com. example. myapplication1，在文件存盘位置(Save Location)处默认为 D:\MyApplication1(文件名由系统自动生成，加上数字 1 代表在此目录下创建的第 1 个工程)，语言选项处选择 Java，API 版本等级在此处选择为 API 23(根据自己环境具体情况确定)，完成参数设置，点击“完成(F)”按钮，见图 3－3。新建项目成功后，系统会进入开发平台环境。

创建新项目

Creates a new empty activity

Name　My Application1

Package name　com.example.myapplication1

Save location　D:\MyApplication1

Language　Java

Minimum SDK　API 23: Android 6.0 (Marshmallow)

Your app will run on approximately 84.9% of devices.
Help me choose

Use legacy android.support libraries
Using legacy android.support libraries will prevent you the latest Play Services and Jetpack libraries

上一个(P)　下一个(N)　取消(C)　完成(F)

图 3－3　项目名称、位置、版本等选择项

新建项目参数设置成功后，系统进入 Android Studio 开发平台的工作界面，Android Studio 4.2.1 的集成开发平台界面见图 3 - 4。

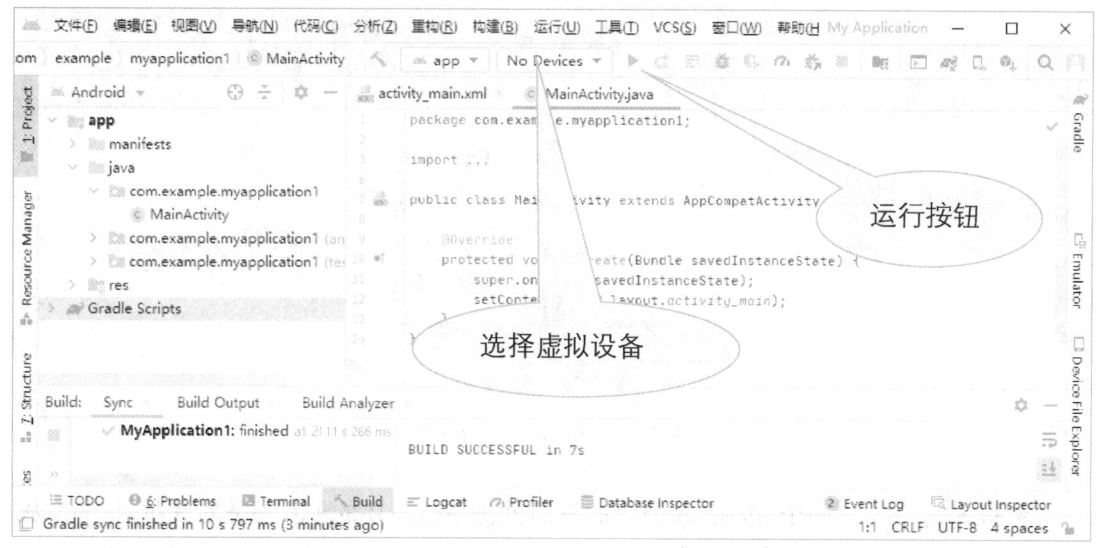

图 3 - 4　Android Studio 4.2.1 开发工作界面

步骤 4　如果平台的虚拟终端安卓虚拟设备(android virtual device, AVD)已经建立完成，即安装了某个型号的虚拟手机终端，此时可选择该虚拟设备，然后在工具栏点击“运行”按钮，运行、查看本项目的最终运行结果。

点击菜单项“运行”中的“运行 app”命令项(或点击工具栏中的绿色三角形按钮，见图 3 - 4)，进入虚拟终端设备选择对话框。因为此处已经先期建立了一个虚拟手机终端，故在可用的虚拟设备栏中，选择已存在的“Nexus 5 API 30”虚拟手机，显示出程序运行的结果，见图 3 - 5。

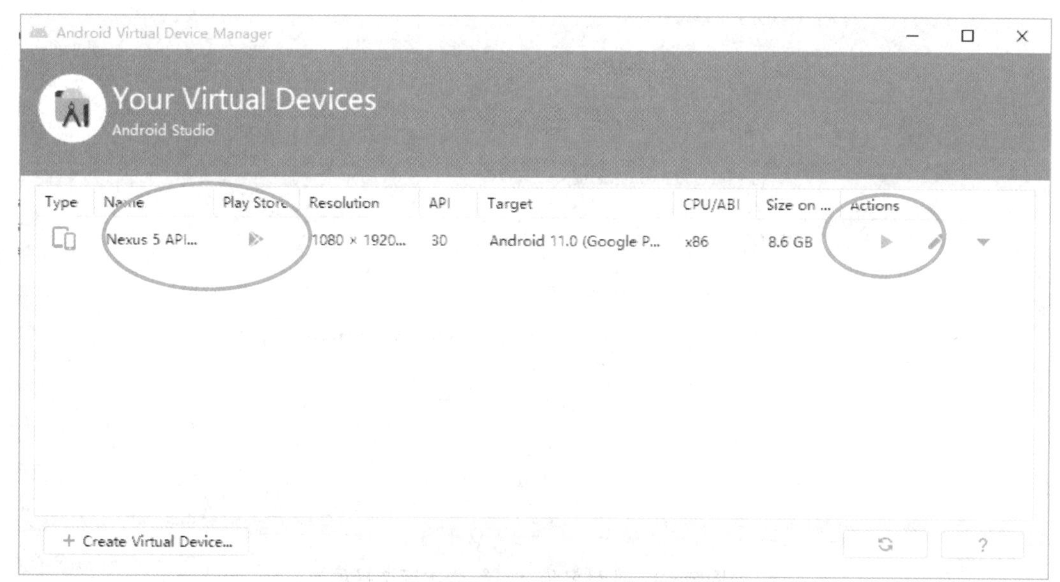

图 3 - 5　选择本机虚拟手机型号

步骤 5　选择好 Nesus 5 API 30 的虚拟手机，点击右侧三角号运行按钮，运行虚拟机，经过一段时间的后台运行，模拟器上就会显示运行结果，具体效果见图 3－6。

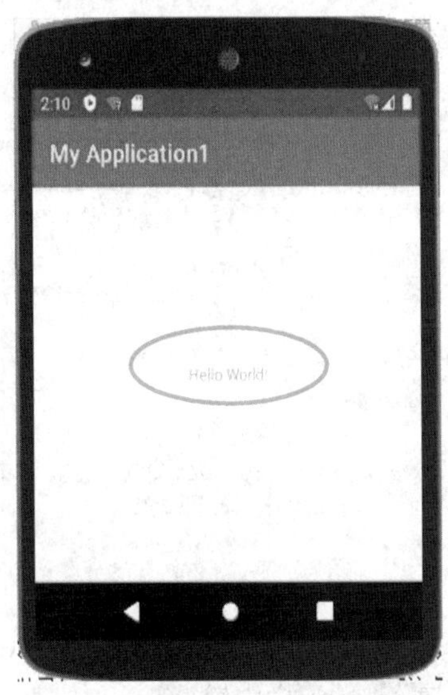

图 3－6　虚拟机上的界面显示效果

从图 3－6 可以看出，在屏幕的中央，“Hello World!”出现在屏幕的中间位置，这是用安卓系统编写的第一个程序，是手机开发显示的第一行字符，具有纪念意义。

二、修改显示“Hello World!”的内容

按照以前学习编程语言的惯例，屏幕上显示的文字应该是在主程序中由某个命令实现的，但在新建的项目中，主程序中找不到体现“Hello World!”字样的任何命令。

原来这是安卓系统特有的设计思想，即尽量把构造界面及显示内容与实现逻辑功能的程序代码分离开来。这种安排一方面简化了项目的设计，提高了编程效率，丰富了界面的表现力。另一方面降低了界面管理的难度，减少了后期维护的任务量。下面我们就找到屏幕显示文字的藏匿之处，修改其显示内容，把内容调整为“Welcome to Android World!”，并且设置字体大小为 24sp，其中 sp 是字符大小单位 scale-independent pixel。

步骤 1　打开上个任务中创建好的项目 MyApplication1，在界面左侧资源目录区文件夹 res/layout 中找到项目界面布局文件 activity_main. xml，双击打开文件，见图 3－7，红色椭圆框 1 为文件位置，然后在红色椭圆框 2 处选择切换至代码模式(即点击 Code 选项)。

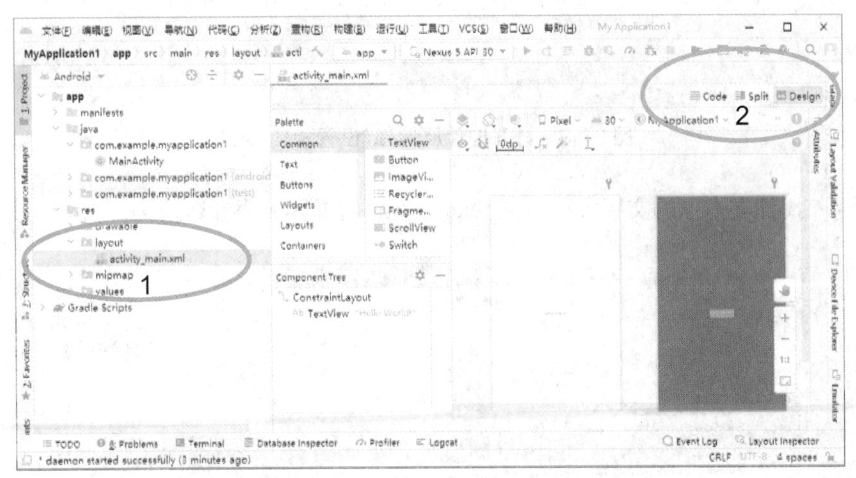

图 3－7　界面布局文件

步骤 2　在界面布局文件的代码中，找到文字“Hello World!”所在语句行，见图 3－8。修改字符串的文字内容，将其替换为“Welcome to Android World!”

步骤 3　再次切换回图形化的设计界面，即选择 design 模式，然后选择文本框控件后，

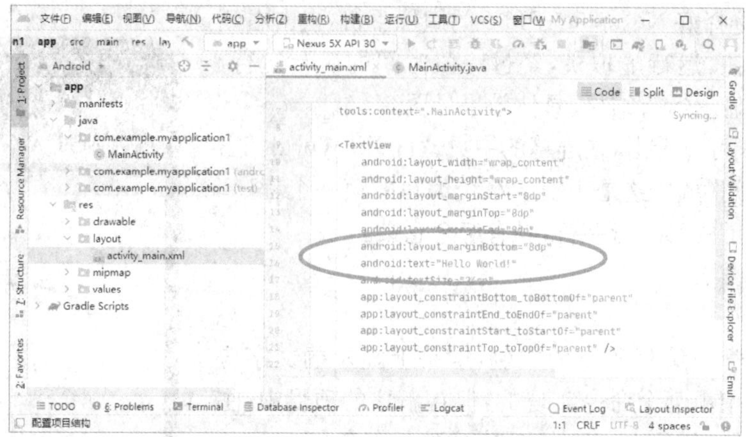

图 3-8 修改文字内容

选择窗口右侧边侧栏上的 Attribute，打开属性栏，见图 3-9。刚才输入的文字内容也可在属性 text 栏中输入。

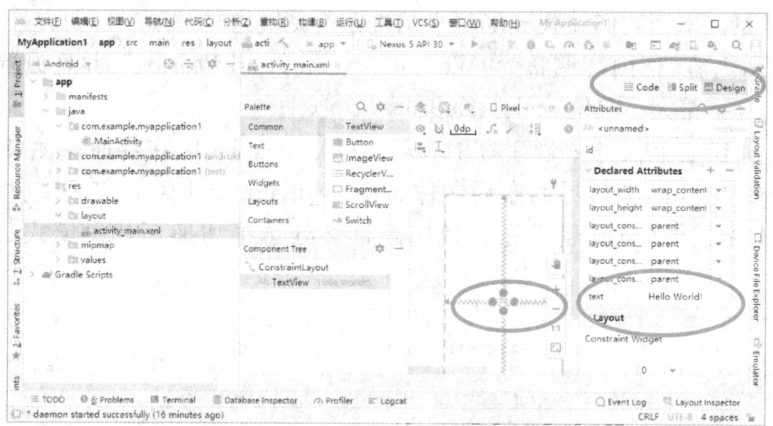

图 3-9 打开控件属性栏，设置相应参数

步骤 4 找到文本框的文字大小属性 textSize 项，设置其大小参数值为 24sp，见图 3-10。

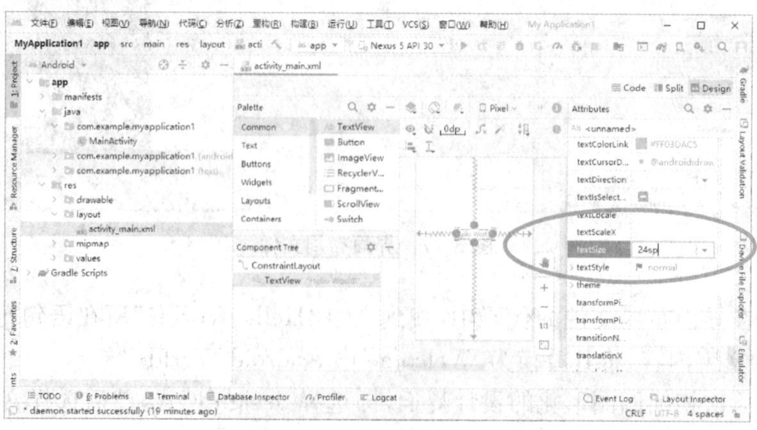

图 3-10 设置文字大小

步骤 5　运行模拟器，显示文字设置的效果，见图 3-11。

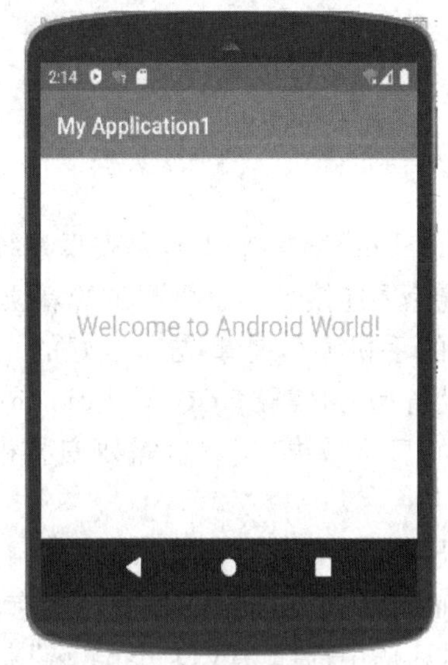

图 3-11　显示文字属性修改过效果

任务二　安装虚拟手机终端

任务描述

应用项目制作完成后，界面设计如何、代码运行如何、功能是否实现，这些内容都需要通过实际的手机或虚拟手机终端来检验。由于连接真实手机受到条件的限制，以及操作上不方便，所以通常采用安装虚拟手机终端来模拟项目运行的显示效果。通过虚拟手机观察、调试、修正程序相应的功能，操作方便、灵活，便于掌握。在 Android Studio 开发环境中提供了完整的安装设置功能。

任务分析

安装虚拟手机终端是 Android Studio 自身提供的功能，是通过 AVD manager 即 AVD 管理器来实现的。所以本任务的关键点是熟悉开发环境，了解 AVD 管理器的功能项，即可根据相应的提示完成安装任务了。

任务内容

1. 了解虚拟终端 ADV 管理器；

2. 掌握安装虚拟手机终端操作。

任务实施

一、安装虚拟终端

安卓虚拟终端(android virtual device, AVD),是安卓系统为方便程序员在设计阶段调试项目运行结果时使用的,它避免了连接真实手机测试的麻烦,大大简化了调试操作。

在上个任务中使用的虚拟的手机型号是事先安装好的。而现实的开发项目编写程序时,初期没有安装任何的虚拟设备型号,需要安装 Android Studio 提供的虚拟终端,通过虚拟手机终端来模拟真实手机上的显示效果,当然这需要安装相应的支持包才能实现。下面介绍安装 AVD 的操作过程。

步骤 1 启动 AVD 管理器

在 Android Studio 工作界面环境中,启动 AVD 管理器有两种方法,一种通过集成开发环境菜单“工具”项,在弹出的对话框中选择“AVD manager”来实现,见图 3-12 中的红色圆框;另一种是直接在工具栏,找到“AVD Manager”,按钮点击运行实现,见图 3-12 中的红色方框。

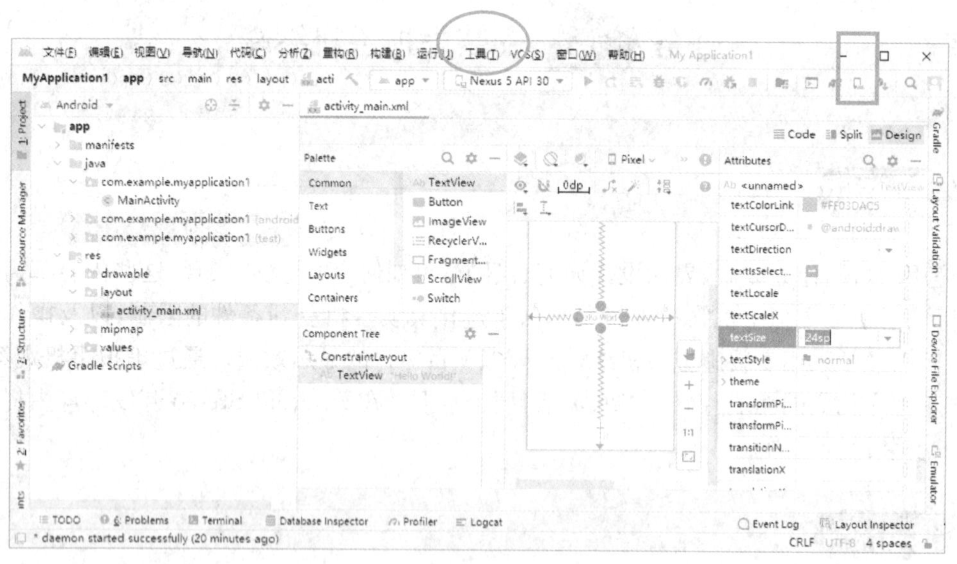

图 3-12 Android Studio 开发界面

步骤 2 在弹出的“AVD 管理器”对话框中,显示已建好的虚拟手机终端的信息内容。如果未建任何虚拟机,则显示图 3-13 这个界面。点击新建按钮“Create Virtual Device...”,创建虚拟终端设备。

步骤 3 安装向导引导进入硬件选择对话框,见图 3-14。图中左侧有四大类设备可选择,分别为 TV、Phone、Wear OS、Tablet,对应“电视”“手机”“穿戴系统”“平板设备”。此处选择手机类设备,右侧立即显示了对应手机类设备的具体型号,为了减少资源消耗,降低内

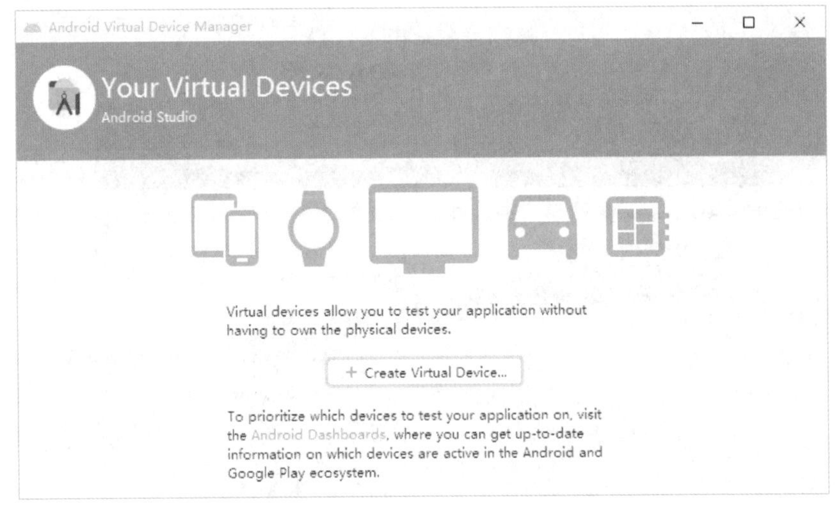

图 3-13 新建虚拟机向导界面

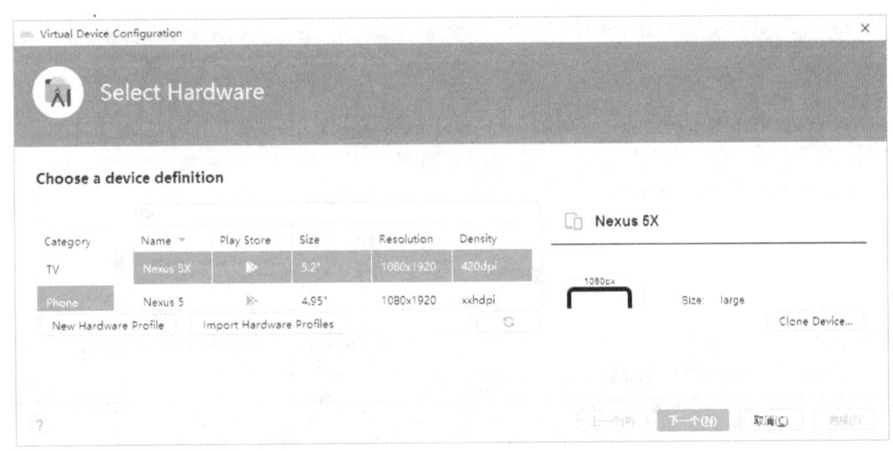

图 3-14 选择显示设备的型号

存需求，此处不选择高分辨率的设备，而是选择分辨率为 1 080×1 920 的 Nexus 5 型号的终端设备以降低内存消耗(后续有需要时再安装高分辨率的设备)。点击“下一步”按钮。

步骤 4 在新弹出的对话框中，选择某一个 API 版本的系统镜像，作为虚拟手机的工作支持系统，见图 3-15，如果该镜像之前下载过，则在最左侧“Release Name”栏的名称旁边，不显示蓝色的“Download”超链接按钮，否则就会有此蓝色文字按钮，需要点击该 Download 超链接按钮，从默认网站下载镜像文件到本地。此处我们选择最新版本 R 型号 API 30。选择 Download 打开下载界面下载镜像文件。

步骤 5 在下面的对话框中，接受(Accept)许可协议，选择 Accept 项目，否则，下一步按钮不好用，选择好后，下一步按钮激活，然后再点下一步按钮，见图 3-16。

步骤 6 在弹出的组件安装对话框中，显示安装的动态过程。安装完成后，“完成”按钮变深激活，点击“完成”按钮则完成了安装 AVD(Nenus 5 API 30)的操作任务，见图 3-17。

图 3－15　选择对应系统版本并从网站下载镜像文件

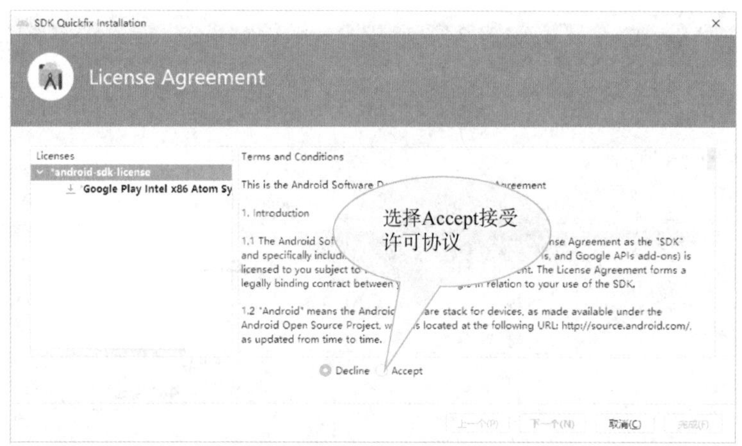

图 3－16　选择对应系统版本并从网站下载支持文件

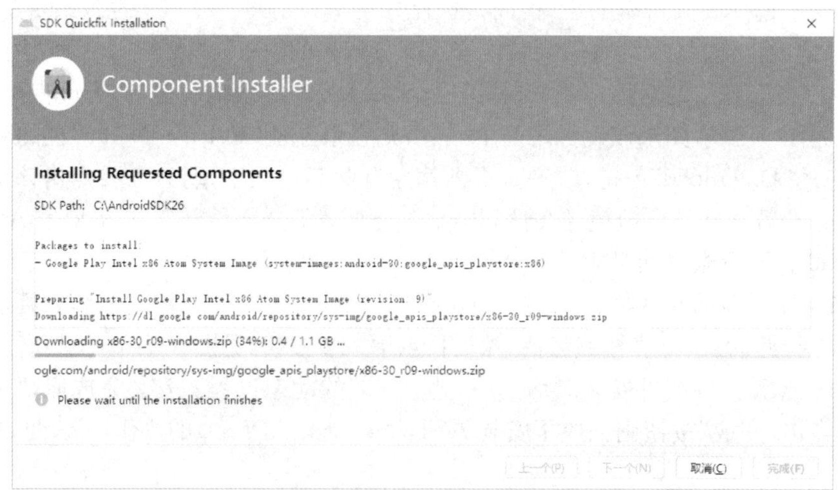

图 3－17　安装镜像文件过程

镜像下载成功后，显示相应的虚拟机参数，见图 3－18。

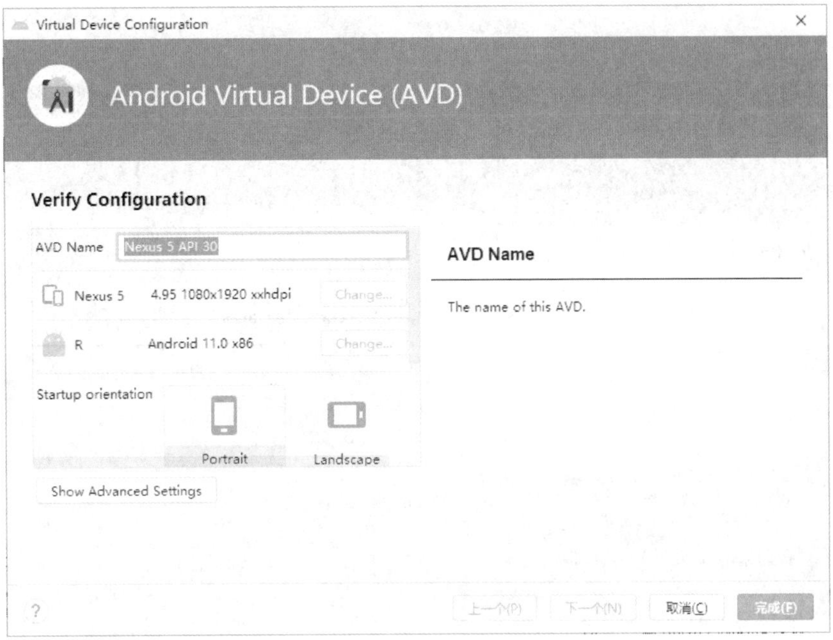

图 3－18　默认虚拟手机设备的参数

二、调整虚拟终端参数

当需要使用横屏手机或修改虚拟手机内存等参数时，可以通过 AVD 管理器来实现。

步骤 1　在 Android Studio 开发环境中的工具菜单，打开虚拟终端管理器 AVD 管理器。在 AVD 管理器窗口中，选择要修改的虚拟手机，然后点击右侧的编辑按钮(有一个笔型的标记)，从图 3－19 中的椭圆框部分即可进入编辑对话窗口。

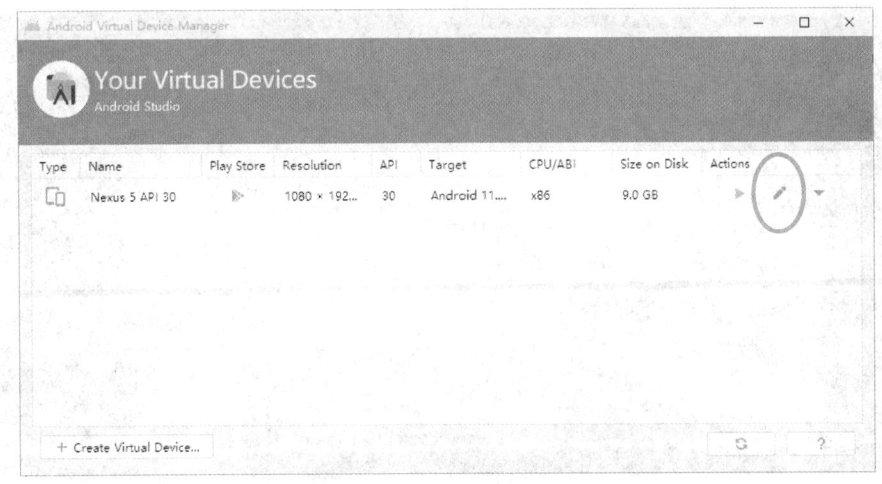

图 3－19　修改虚拟手机设置

步骤 2 在打开的对话窗口，设置开机方向为横向，并点击左下角“Show Advanced Setting”进入更多的参数设置，见图 3-20。

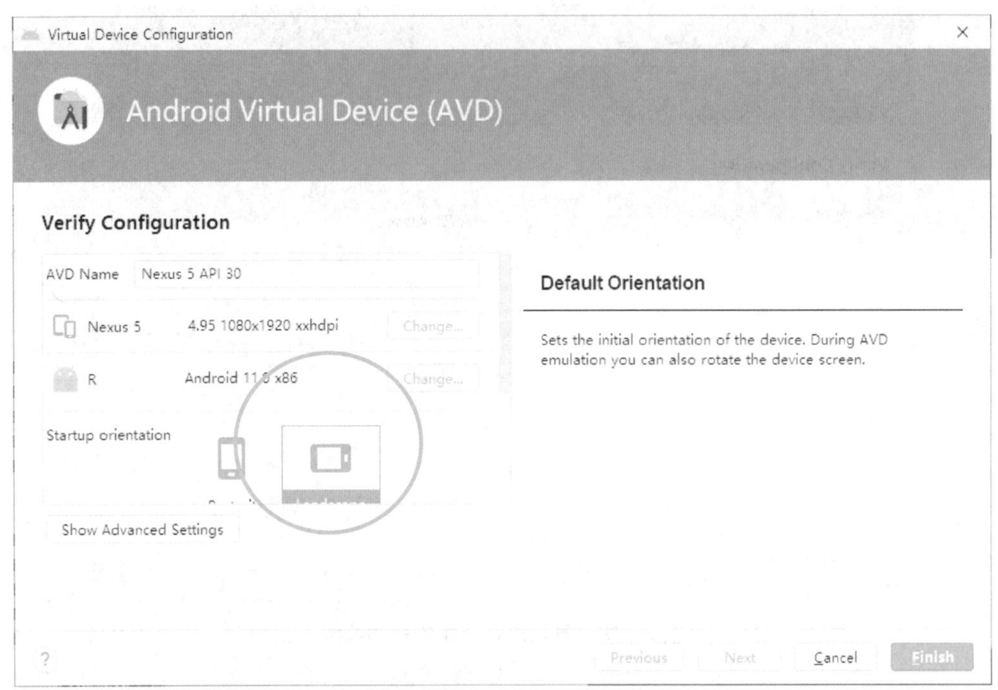

图 3-20 设置开机屏显方向

步骤 3 在高级参数设置对话框中，设置内存大小，即 SD 卡的存储空间大小，再设置允许外部键盘输入等，最后点击“完成”按钮，完成任务设置。

步骤 4 在调整后的模拟器上显示实例，打开一个横屏显示的案例，此处选择一个智能交通的案例，显示输出的界面如图 3-21 所示。

图 3-21 横屏界面示意图

任务三 打开、导入已有的 Android 应用项目

任务描述

打开或导入一个现成的工程项目进行调试分析，是开发工作中常用到的编辑操作之一。通过打开或导入一个已有的应用项目，既可以是自己开发工作的继续和修正，也可以是打开其他的项目来查看，分析、了解别人开发的项目内容、思路，学习别人的经验，还可以检查在不同的平台上程序的兼容性、稳定性等。

任务分析

打开或导入已有的 Android 工程项目，首先要熟悉开发环境，了解操作功能的选项所在，同时要理解打开功能与导入功能的区别，能根据不同的意图，选择不同的操作选项，合理使用相应的功能项，实现相应的操作任务。

任务内容

1. 打开一个现成的应用项目进行编辑；
2. 导入一个下载好的应用项目，了解功能；
3. 理解打开功能与导入功能的区别。

任务实施

在创建工程项目的向导界面中，除了有新建工程选项外，还可以看到有打开操作，以及导入操作，可以打开或导入已经存在的工程项目。打开操作就是打开由 Android Studio 创建的已有的应用项目，继续编辑、修改、调试等。导入操作是导入由其他开发程序（平台）开发的应用项目，进行分析、研究。具体操作步骤如下：

一、打开由 Android Studio 创建的项目

步骤 1 打开新建向导对话框，在对话框中，选择第二项"Open an existing Android Studio project"，进入选择对话框，见图 3－22（或者在集成开发环境中，点击"文件"菜单中的"Open..."）。

步骤 2 在弹出的选择项目对话框中，选择项目所在的位置及项目文件名，然后点击"确定"，见图 3－23。（这是事先建好的一个项目）

步骤 3 系统打开项目后，点击工具栏运行按钮，运行项目程序，在弹出的对话框中选好虚拟机型号后，系统显示最终结果，见图 3－24。

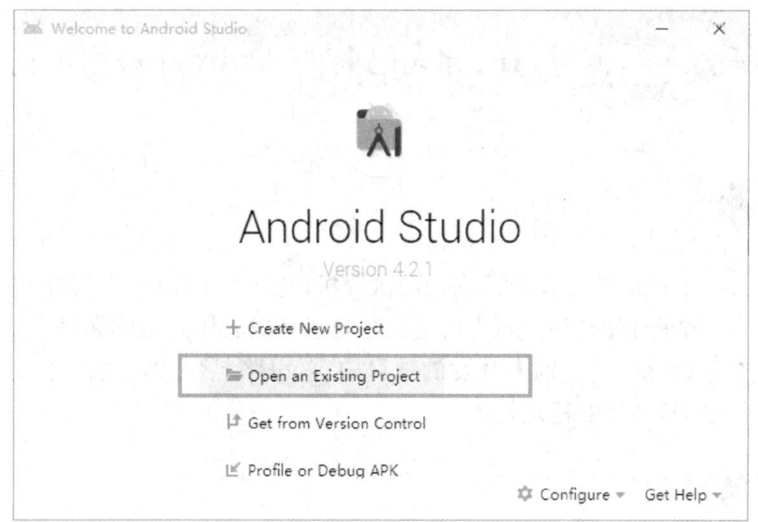

图 3-22　打开已建项目对话框

图 3-23　打开项目对话框

图 3-24　查看项目运行结果

二、导入一个其他项目

导入一个其他平台创建的项目，需要用平台"新建项目"对话框中的第 5 项功能，即"Import project(Gradle，Eclipse ADT. etc.)"，见图 3-25。下面导入一个下载好的五子棋项目，介绍操作过程。

步骤 1　点击"Import project(Gradle，Eclipse ADt，etc)"项，进入下一步。

步骤 2　选择工程项目，本环节要求确定导入项目的名称及位置，需要注意的是，选择打

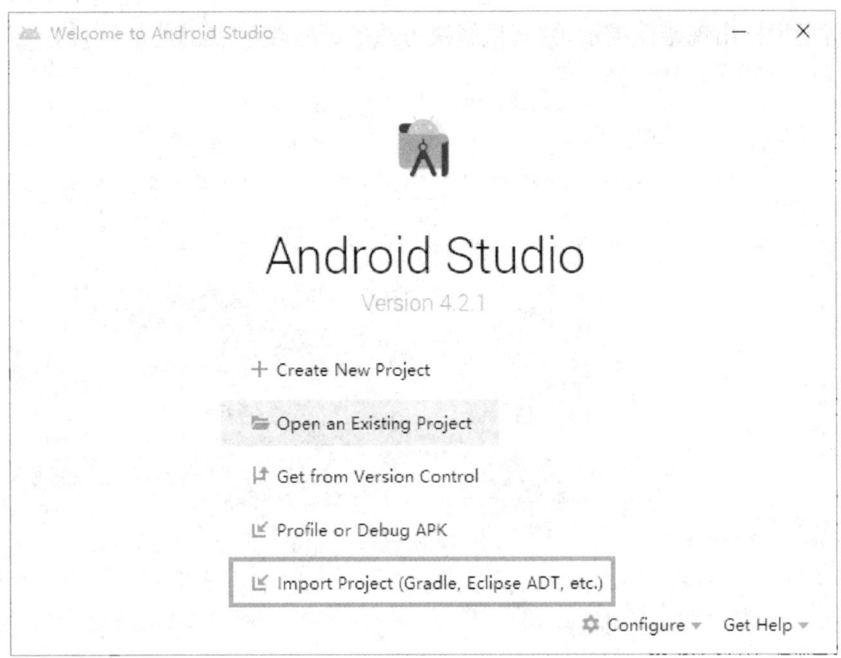

图 3-25　导入已建项目对话框

开的项目一定要求有确定的项目名称，选择项目所在的文件夹。此处选择“WuziQi”应用程序，见图 3-26。

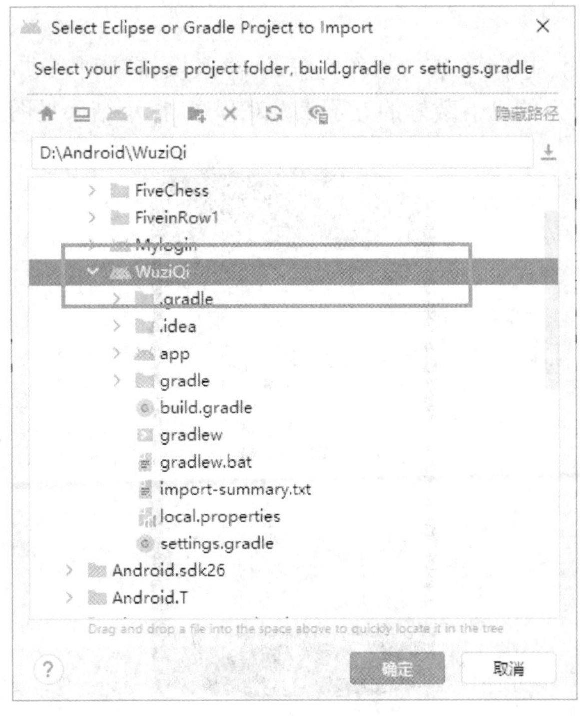

图 3-26　打开五子棋项目

步骤 3 导入项目时，平台系统会根据项目的内容，自动检查资源配置情况，如果发现问题会在运行提示栏出现错误提示，并提供解决方法的超链接。点击此超链接，并根据向导操作，可逐步解决相应的问题，详见图 3-27。

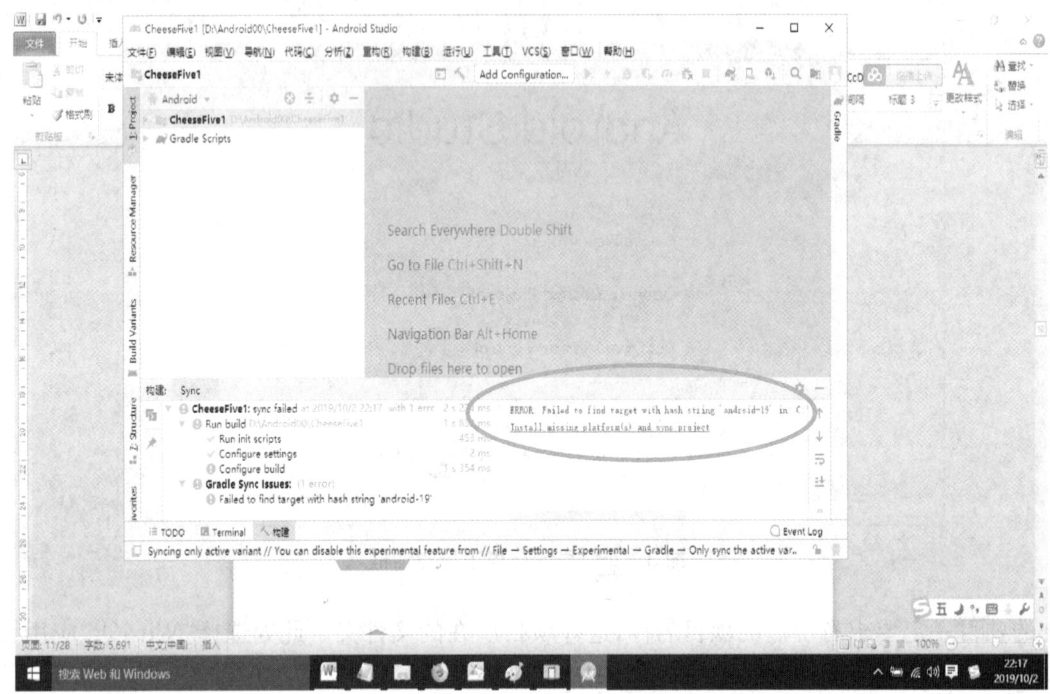

图 3-27 检测结果提示

步骤 4 一切检测、更新、安装等操作完毕后，导入操作顺利完成，就可运行虚拟终端显示结果了，本案例中打开的已下载好的五子棋游戏程序，显示结果见图 3-28。

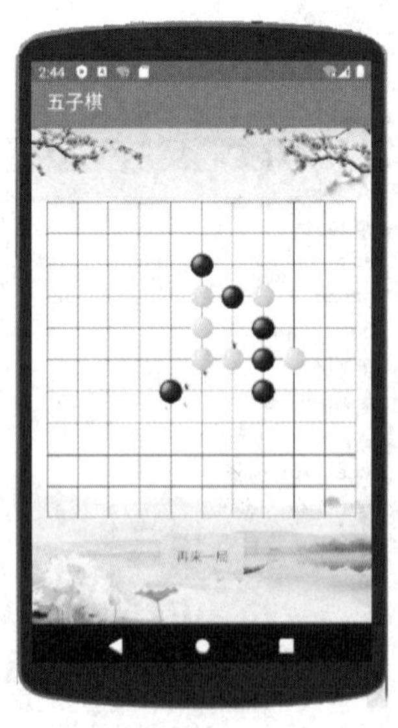

图 3-28 应用程序运行结果(项目界面)

知识拓展

项目评价

项目学习情况评价如表 3－1 所示。

表 3－1　项目学习情况评价表

项目	方面	等级(分别为 5、4、3、2、1 分)	自我评价	同伴评价	导师评价
态度情感目标	态度认真	1. 认真听导师的讲解; 2. 认真完成导师布置的作业; 3. 积极发言、讨论学习问题。			
	团结合作	1. 善于沟通; 2. 虚心听取别人的意见; 3. 能够团结合作。			
	分析思维	1. 能有条理地表达自己的意见; 2. 解决问题的过程清楚; 3. 能创新思考,做事有计划。			
知识技能目标	掌握知识	1. 了解创建工程项目的操作步骤; 2. 熟练掌握虚拟手机的安装操作; 3. 熟悉开发平台的界面环境; 4. 掌握打开、导入已有项目的方法。			
	职业能力	1. 能简述创建工程项目的操作方法; 2. 熟练掌握开发界面的功能及操作; 3. 掌握打开和导入已有项目的操作。			
综合评价					

项目三 习题

一、选择题

1. 下面哪个属于 Android 体系结构中的应用程序?(　　)

A. SQLite　　B. OpenGL ES　　C. 浏览器　　D. WebKit

2. 创建工程项目时需要填写的参数内容不包括(　　)。

A. 工程名称　　B. 包的名字　　C. Activity 名称　　D. 存放位置

E. 编程语言

3. Android 项目工程下面的 assets 目录的作用是(　　)。

A. 放置应用到的图片资源 res/drawable

B. 主要放置一些多媒体文件资源，这些文件会被原封不动打包到 apk 里面。

C. 放置字符串、颜色、数组等常量数据 res/values

D. 放置一些与 UI 相应的布局文件 res/layout

4. 关于 res/raw 目录说法正确的是(　　)。

A. 这里的文件是原封不动的存储到设备上，不会转换为二进制的格式

B. 这里的文件是原封不动的存储到设备上，会转换为二进制的格式

C. 这里的文件最终以二进制的格式存储到指定的包中

D. 这里的文件最终不会以二进制的格式存储到指定的包中

5. 关于 Activity 说法不正确的是(　　)。

A. Activity 是为用户操作而展示的可视化用户界面

B. 一个应用程序可以有若干个 Activity

C. Activity 可以通过一个别名去访问

D. Activity 可以表现为一个漂浮的窗口

6. 下面说法不正确的是(　　)。

A. Android 应用的 gen 目录下的 R.java 被删除后还能自动生成

B. res 目录是一个特殊目录，包含了应用程序的全部资源，命名规则可以支持数字(0～9)下横线(_)，大小写字母(a～z，A～Z)

C. AndroidManifest.xml 文件是每个 Android 项目必须有的，是项目应用的全局描述。其中指定程序的包名(package="…")+指定 android 应用的某个组件的名字(android:name="…")组成了该组件类的完整路径

D. assets 和 res 目录都能存放资源文件，但是与 res 不同的是，assets 支持任意深度的子目录，在它里面的文件不会在 R.java 里生成任何资源

7. Android 应用程序需要打包成(　　)文件格式在手机上安装运行。

A. class　　B. xml　　C. apk　　D. dex

二、填空题

1. 目前，常见的智能手机操作系统有________、OS 等两大类。

2. android 虚拟设备的缩写是________。

3. Android 平台由操作系统、中间件、________和应用软件组成。

4. 为了使 android 适应不同分辨率机型，布局时字体单位应用________，像素单位应用________。

5. layout 布局文件的命名不能出现字母________。

6. 为 Android 设备的各种硬件提供底层的驱动，如显示驱动、音频驱动等是________。

三、简答题

1. Android 应用工程文件有哪些结构？

2. Android Studio 创建工程项目的操作步骤是什么？

3. Android Studio 开发平台界面的组成包括哪些？

答案

布局与项目界面设计

项目情景

小康同学接到的新任务是设计制作应用程序的初始界面，包括用户登录界面和计算器程序界面。通过项目实践，了解并掌握 Android Studio 的布局以及界面设计过程及方法，了解应用程序界面的构成，如文本框、按钮、logo 图等控件，进一步熟悉开发环境及其应用，为后续开发打下良好的基础。

学习目标

1. 了解 Android Studio 布局及界面控件；
2. 了解 Android Studio 应用项目的界面设计；
3. 理解 Android Studio 的可扩展标记语言 XML；
4. 掌握界面设计中的可视化设计方法。

任务  创建应用项目"登录"界面

任务描述

应用程序显示界面是实现人机交互的基础。每一个应用程序的运行都有相应的交互界面，这个界面的整体布局如何，包括设计学、美观度、适用性、操控感等情况，将决定此应用软件的被接受情况及受欢迎程度，这在很大程度上也决定了整个产品的命运。所以掌握项目界面的设计是应用开发的基础，学习项目开发也需要从界面设计开始。

任务分析

作为一个应用项目的开始，界面是开发者添加控件，实现软件交互逻辑，完成用户操作功能的最直接的部分，是展示整个系统外观设计美学的核心内容，所以了解并掌握界面设计

制作是最基础的任务。

集成化的开发环境具备了相当程度的智能要素，许多常规的设计和操作都自动化了，用户只需要选择相应的模板，稍加调整即可设计出高质量的界面。

Android Studio 项目界面的设计也是这样，在新建向导的引导下，界面的多种模板已经由系统设计完成并提供，用户只需要选择相应的模板，再做一些细节部分的调整、补充完善即可实现界面设计的任务要求。

在 Android Studio 开发环境中，设计定义界面所用的编辑工具语言是可扩展标记语言(eXtensible Markup Language, XML)，它是标准通用标记语言(Standard Generalized Markup Language, SGML)的子集，有众多的标识命令，需要同学们逐步熟悉、掌握它们。作为中职阶段的学生，一下子掌握这些内容难度较大，因此为降低初期的学习难度，本任务先绕开标识语言的学习与应用，直接采用可视化的操作方法进行设计。

任务内容

1. 创建一个工程项目的登录界面；
2. 显示 logo 图案，显示必要的信息输入项，包括账号及密码；
3. 显示登录按钮。

具体的界面构成包括一个图形显示框、两个标签显示框、一个文本输入框、一个密码输入框，一个登录按钮。界面的样式见图 4-1。

图 4-1　登录界面

任务实施

整体的设计制作过程包括以下步骤和内容：

1. 新建一个空的工程项目；
2. 选择界面布局(Empty Activity)模板；
3. 打开设计界面，选择相应的控件，通过拖放操作设计界面；
4. 设置控件属性，包括控件的大小、位置、边距、内容、颜色等，最后完成界面的设计。

具体操作步骤如下：

步骤 1　创建一个新应用项目，选择项目模板大类为“Phone and Tables”，子类则选择“Empty Activity”(空布局模板)，然后点击“下一步”按钮，见图 4 - 2。

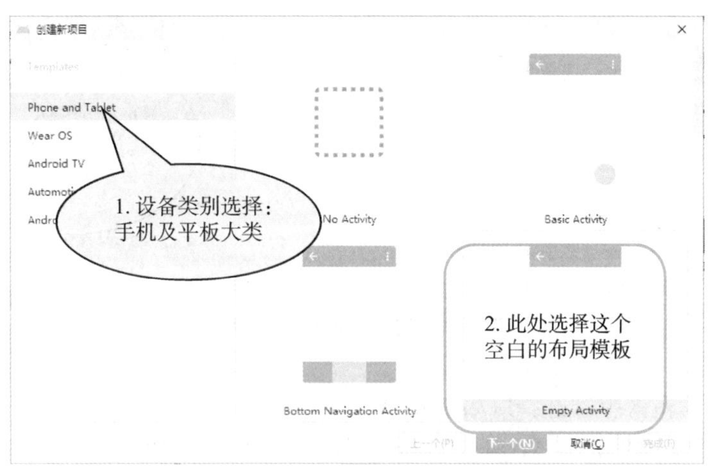

图 4 - 2　选择新项目的界面模板

步骤 2　确定输入项目参数，包括项目名、包名、存放位置、开发语言、API 等级的内容，本例分别设为 MyLogin、D:\Android\Mylogin、Java、API 24：Android 7.0(Nougat)点击“完成”按钮，进入开发平台界面，见图 4 - 3。

图 4 - 3　新建空白工程项目

步骤 3　在开发环境左侧目录区，找到资源文件夹 res，双击展开该文件夹找到 layout 名下的布局文件 ActivityMain. xml，双击该文件，编辑区立即显示该文件内容，见图 4－4。

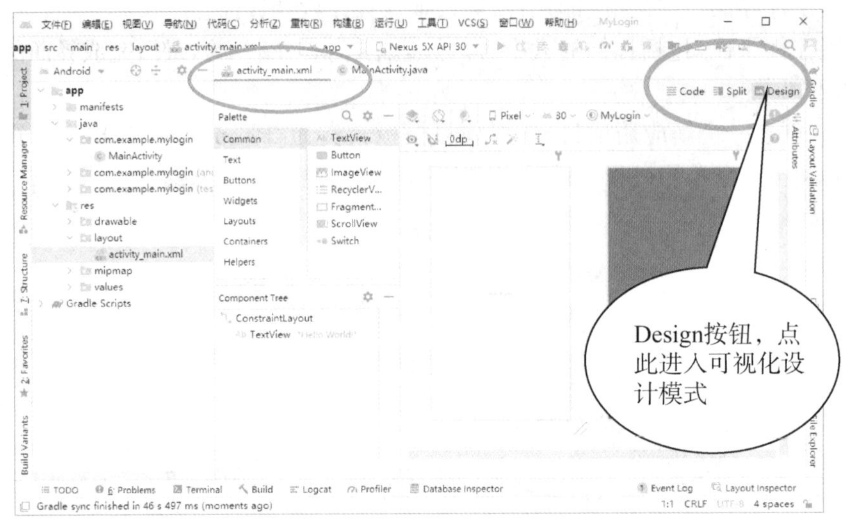

图 4－4　打开可视化设计界面

在窗口右侧编辑区上部选择“Design”项(属可视化设计，红色圆框处)，打开布局界面进行布局设计。(原来的“Hello World!”文本控件已不需要，所以此处单击选中该标签控件后，按 Delete 键予以删除)

步骤 4　按任务要求登录界面的构成，设计控件、排放位置及所需部件元素。

本界面需要用到 1 个图片控件 ImageView、2 个文本框控件 TextView、2 个编辑框控件 EditText(1 个文字框输入账号、1 个密码框输入 Password)、1 个登录按钮 Button，总共 6 个控件。具体设计制作时是将其拖放到界面区域位置上，再进行属性值的设置。见图 4－5，并注意最右侧的属性栏。整个编辑区的大小可由放大按钮进行缩放，参见椭圆框图。

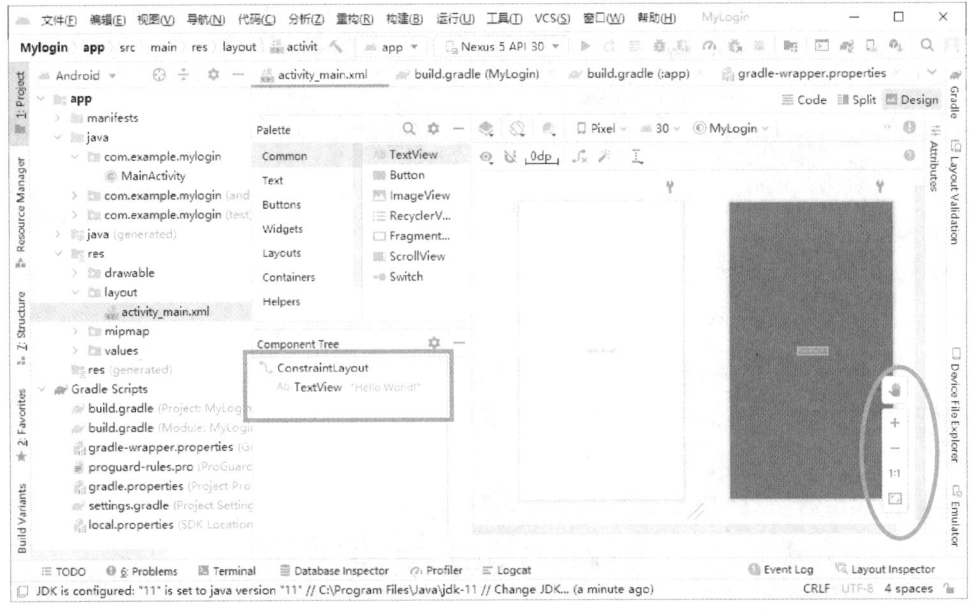

图 4－5　打开设计区及属性栏

步骤 5　根据任务要求的界面要求，可以确定界面主体部分采用了线性布局中的垂直排列方式，即界面元素沿一个方向由上往下依次放置、排列。转换创建时默认的相对布局，在调选板中右击布局组件“ConstrainLayout”，在快捷菜单中选择“Convert View”将其转换为线性布局 LinearLayout，见图 4－6。

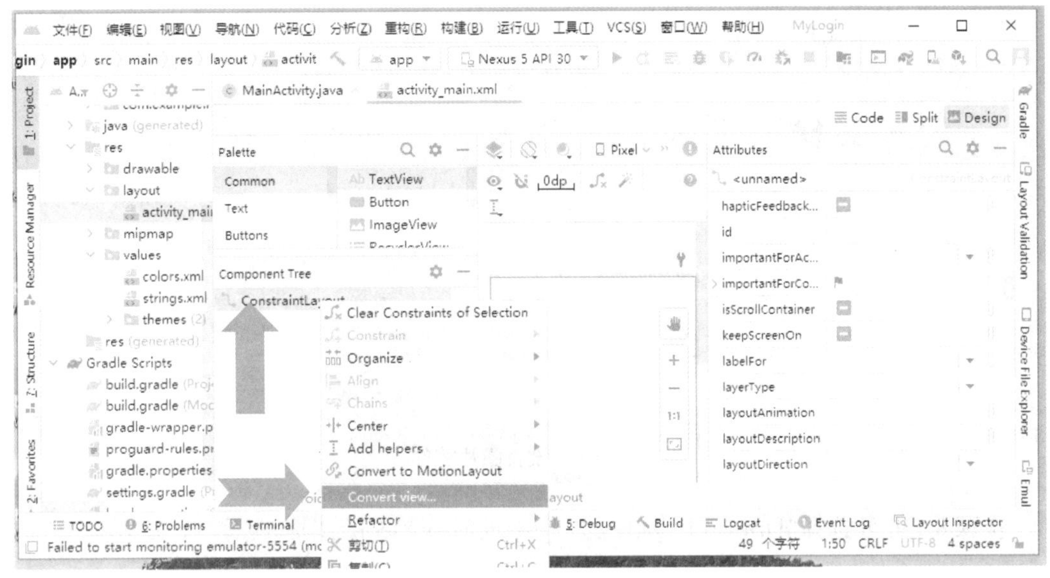

图 4－6　转换布局类型

步骤 6　在弹出的新对话框中选择线性布局，然后单击“Apply”按钮，见图 4－7。通过控件属性栏设置“orientation”为“vertical”垂直方向，或在代码文件直接添加下条命令：

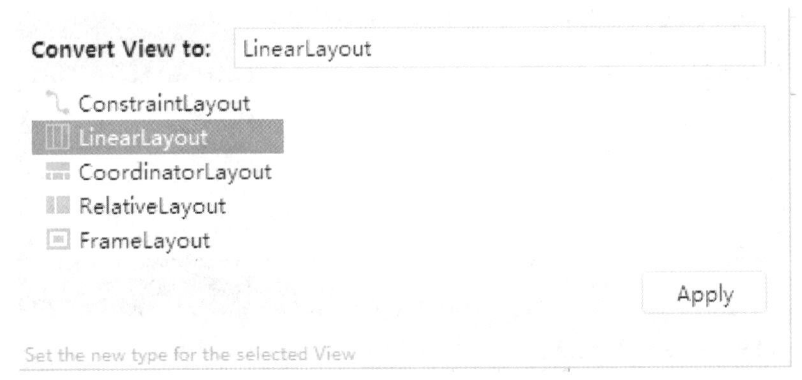

图 4－7　选择根容器为线性布局

android:orientation="vertical"　//本属性是设置线性布局的排列方向为垂直方向，即控件的布放顺序为由上至下。

步骤 7　在垂直线性布局容器中依次设置图形控件、文本框控件和按钮控件。在控件栏的“Common”控件类中找到 ImageView 控件，将其拖放到编辑区布局组件区域内，系统弹出对话框，见图 4－8。此处可设置控件的图片资源、位置等参数。

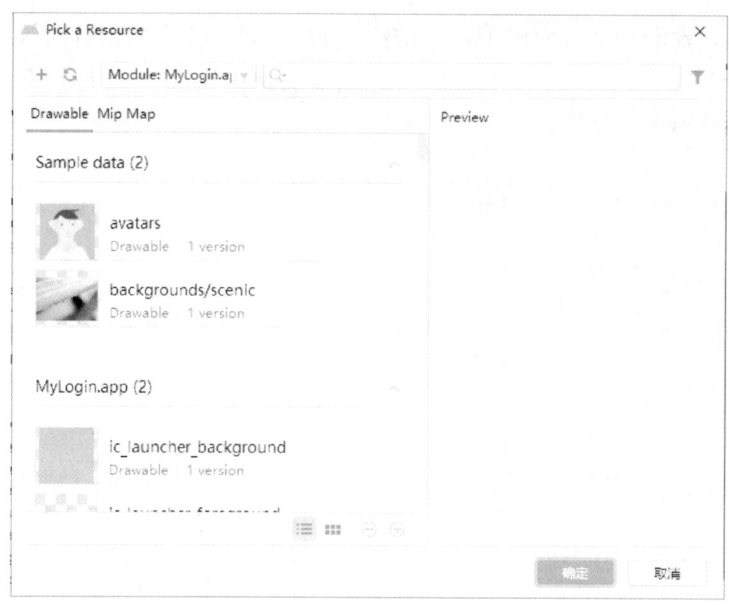

图 4-8 设置图片控件

步骤 8 此处选择“Drawable”项中的“sym_def_app_icon”图标，见图 4-9。

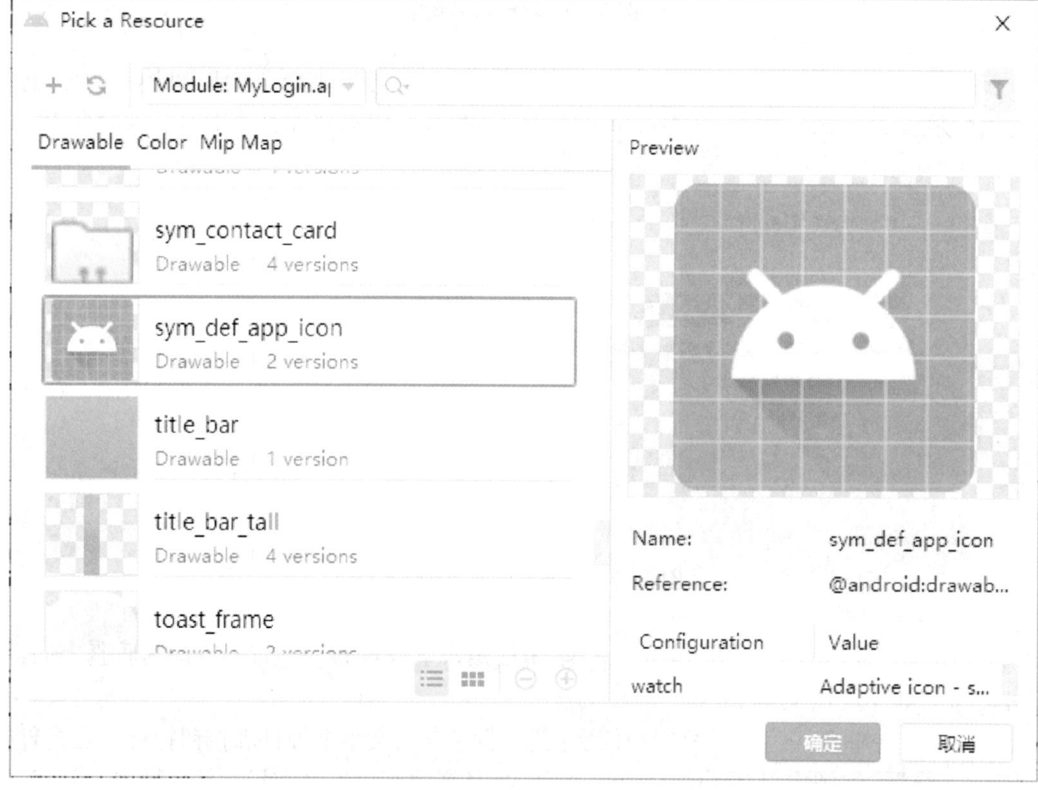

图 4-9 确定 imageView 参数

步骤 9　回到设计窗口模式，点选图像控件，在右侧其属性栏找到“layout height”高度属性，设置其高度为 100dp，使该图片放大了一些，看起来比例更合谐，见图 4－10。

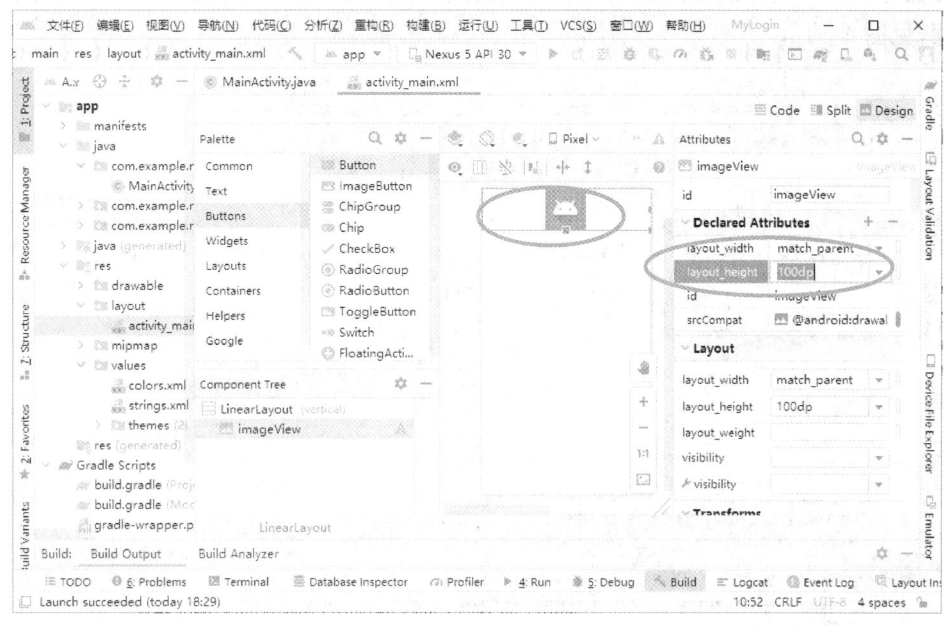

图 4－10　设置图片控件高度参数

步骤 10　添加 TextView 控件。在 text 控件群里找到 TextView，将其拖放到编辑区布局控件内，并设置其 3 个属性值，text＝"账号"、textSize＝20dp、layout_marginLeft＝50dp。账号名的输入采用注册到资源文件中的做法，即在 strings. xml 文件中加一行：

<string name＝"zhangh">账号</string>

然后，再设置 text＝@string/zhangh。设置完成后的效果见图 4－11。

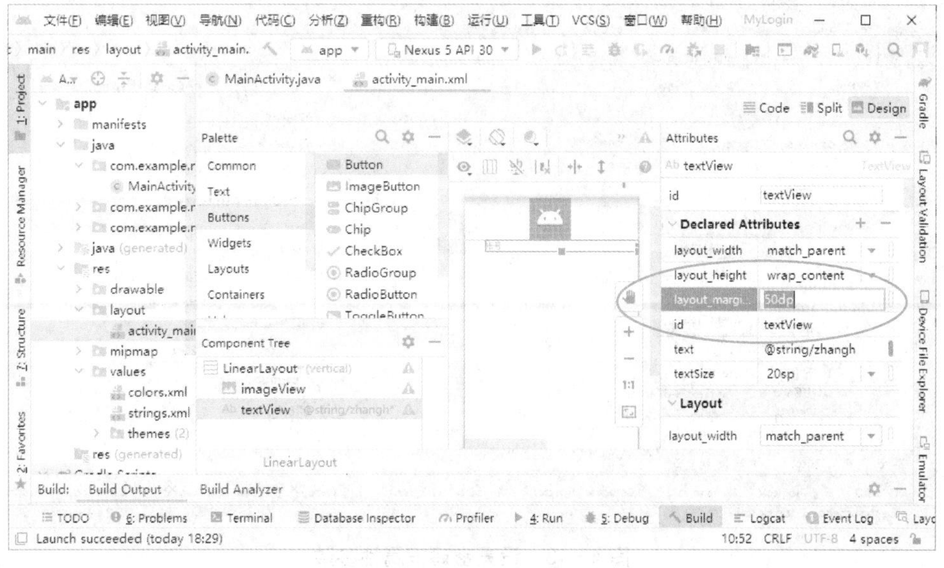

图 4－11　设置标签框控件参数

步骤 11 添加 EditText。此处添加一个可输入文字内容的文本框即编辑文本框，接收用户的输入的信息。具体操作是拖放 Plain Text 控件到布局内，放在 TextView 下方。设置提示参数为 hint="@string/myzhangh"，代表文字“输入账号”。其他设置的具体操作同上个步骤，见图 4-12。

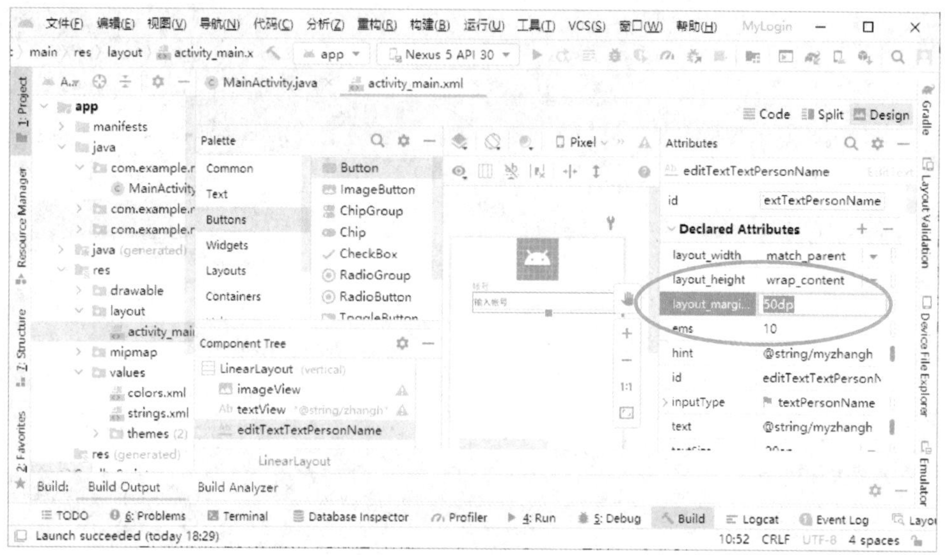

图 4-12　设置文本框属性参数

步骤 12 再次添加 TextView 控件。找到 TextView，将其拖放到编辑区布局内，并设置其 3 个属性值，text="@String/mima"、textSize=20dp、layout_marginLeft=50dp。显示名同样采取注册到资源文件中的做法。添加<string name="mima">密码</string>到 strings. xml 文件，见图 4-13。

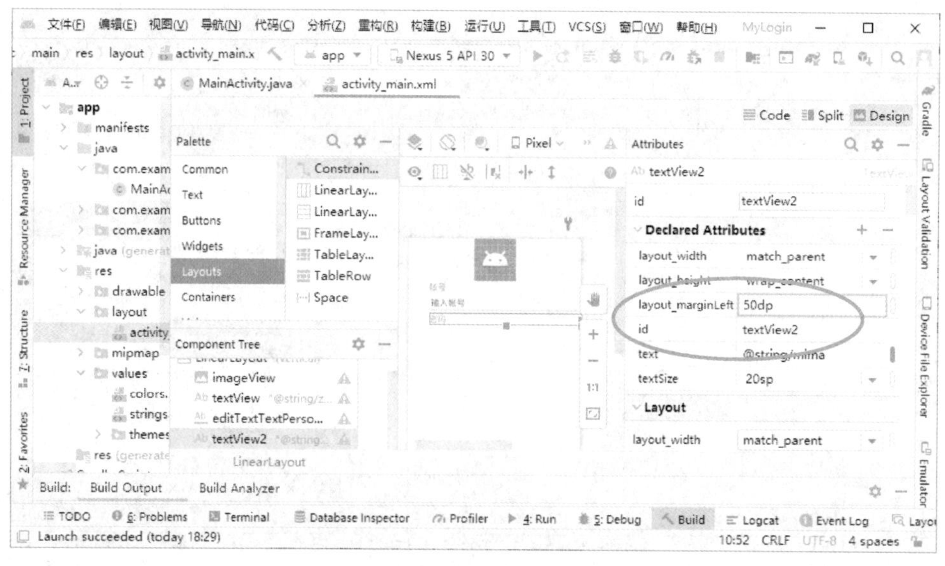

图 4-13　设置密码框属性参数

步骤 13　添加 password 框控件。在 text 控件群中找到“Password”控件，拖放到布局内，密码控件下方。在 hint 栏输入"@string/mymima"，在 strings. xml 文件中加入<string name="myma">＊＊＊＊</string>，见图 4－14。

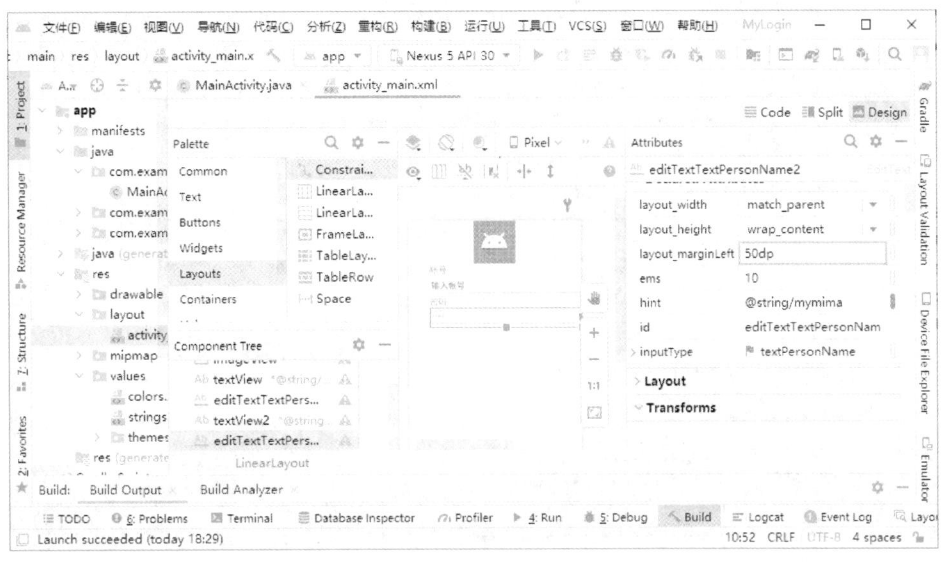

图 4－14　设置密码输入框的属性参数

步骤 14　添加按钮 Button，在 Buttons 组件群中找到 Button 按钮，拖到线性布局组件内的密码控件下方，并设置位置居中，宽度属性(layout_width)为匹配自身文字(wrap_content)，再设置控件的 Background(背景颜色)，在属性栏点击左侧按钮，弹出颜色对话框，选择浅蓝色(＃A0B0C0 色)，点击确定，见图 4－15。

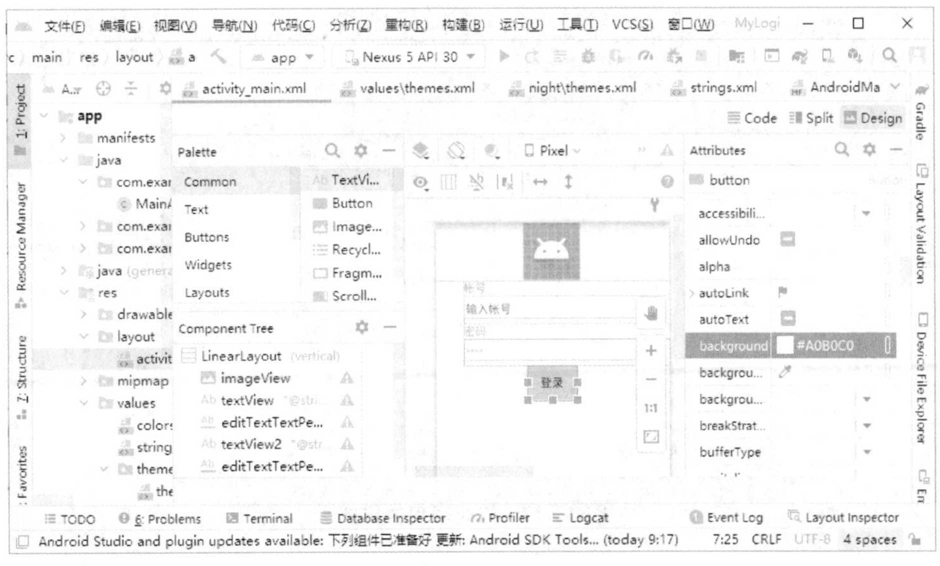

图 4－15　设置按钮背景颜色

步骤 15 选中按钮控件，修改按钮的 text 属性。注册新的字符串@string/anjiu1 内容为“登录”，使 text 属性值为@string/anjiu1，再设置文字大小属性 textSize=20dp。

步骤 16 设置该按钮的对齐属性 layout_gravity 为水平居中 Center_horizontal，宽度属性 layout_width 为内容自适应，即 wrap_content，见图 4-16。

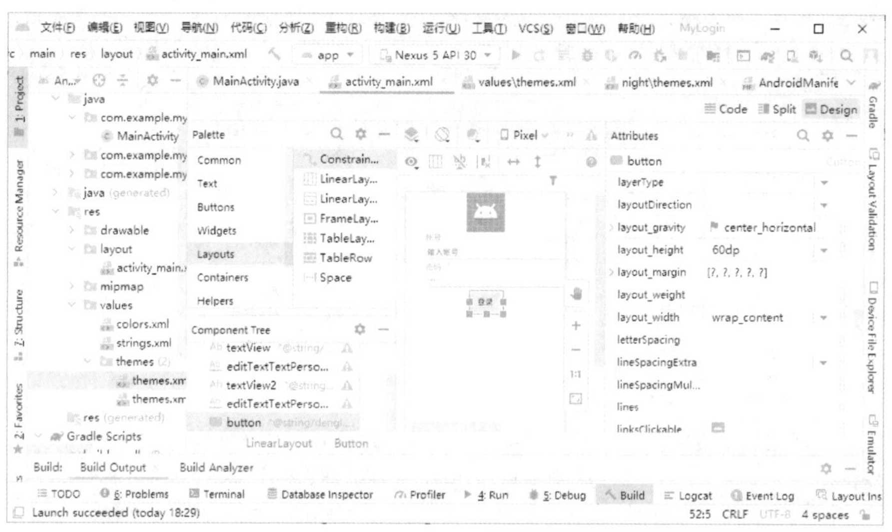

图 4-16 设置按钮的宽度属性

步骤 17 如果按钮颜色设置没效果，最有可能是按钮默认采用了系统预设的风格样式。修改样式是在 res 文件夹下 themes.xml 文件中，更改 Style 属性内容，将第一条命令最后的 DayNight.DarkActionBar 更改为 DayNight.Bridge，见图 4-17，命令格式为：

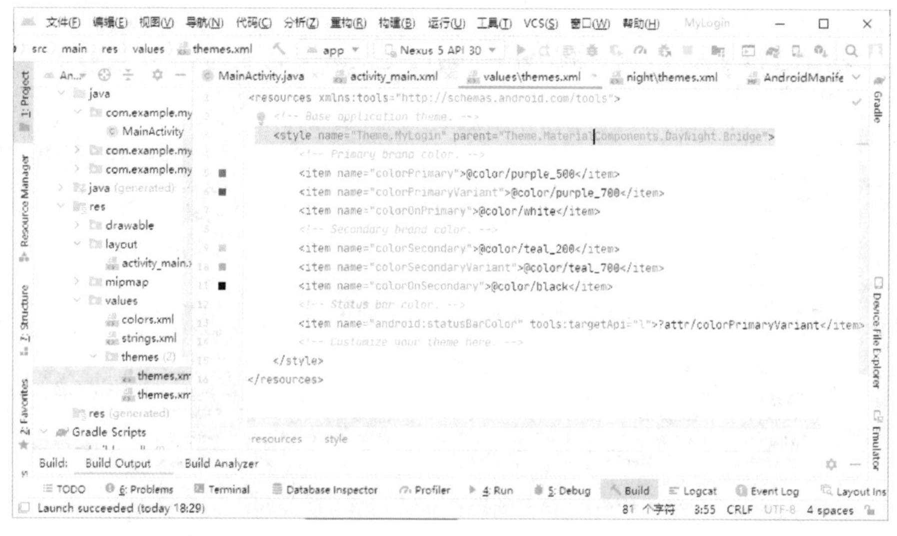

图 4-17 修改项目的样式

＜style name="Theme.MyLogin" parent="Theme.MaterialComponents.DayNight.Bridge"＞。

至此，界面操作全部完成，运行应用程序即可在模拟机上查看效果，见图 4－18。

图 4－18　完成的设计界面

任务二　用帧布局设计“游戏开始”界面

任务描述

帧布局是一种特殊的布局。该布局直接在屏幕上开辟出了一块空白区域，在这块区域中可以添加多个子控件，所有的组件都会初始地放置于这块区域的左上角，即都被对齐到左上角的默认状态，这可以通过设置位置属性修改新排布的位置。帧布局的大小由子控件中尺寸最大的那个控件决定。

利用此类布局可以方便地设计出多个画面叠加的效果，尤其是游戏类的项目中应用较多。

任务分析

用帧布局设计游戏“开始”界面，关键点是确定每个帧的摆放起始位置，排列布置开来。否则这些内容都会放在左上角，即以屏幕左上角的原点为基准点，层叠式放置。因此，在实现界面设计时，要以控件的左上角的坐标位置确定图形控件的显示位置。

在设计游戏界面或商品展示界面时，经常用到一个界面场景叠加另一个图形元素的情况，这种界面的实现正好可以通过帧布局来设计，通过图片的叠加功能，实现所要求的效果。

任务内容

1. 了解帧布局的特点；
2. 创建帧布局的“开始游戏”界面；
3. 设置背景图片，要求布满屏幕边界；
4. 在背景图片上叠加一个图形控件即开始按钮(功能暂不要求)。

任务实现的界面效果见图 4-19。

图 4-19 帧布局界面

任务实施

步骤 1 新建空白项目，选择空白样式模板，生成基本的项目框架。

步骤 2 存放素材文件，将事先准备好的两个图片素材文件复制、粘贴到 res\Drawable 文件夹中，两个文件分别为：shanghai. jpg、kaishi. jpg，即上海东方明珠远景图和图形化的开始游戏按钮文件。

步骤 3 打开布局文件夹 layout，打开其中的 activity_main. xml 布局文件，在设计窗口模式下，转换原来的布局方式。

具体操作为，在可视化设计窗口中右击编辑区，在弹出的快捷菜单中选择“Convert view...”按钮，选择 FrameLayout，点击“Apple”应用按钮，实现布局的转换，见图 4-20。

步骤 4 分别找到 TextView 控件和 ImageView 控件，拖放到项目设计区，分别设计控件的对应属性，包括大小、位置、边界、背景等，2 个控件的主要属性为：

(1) 对于 TextView，设置其背景属性，将其背景属性 android：background 设置为 drawable 中的对应图片文件，即 android：background="@drawable/shanghai"。

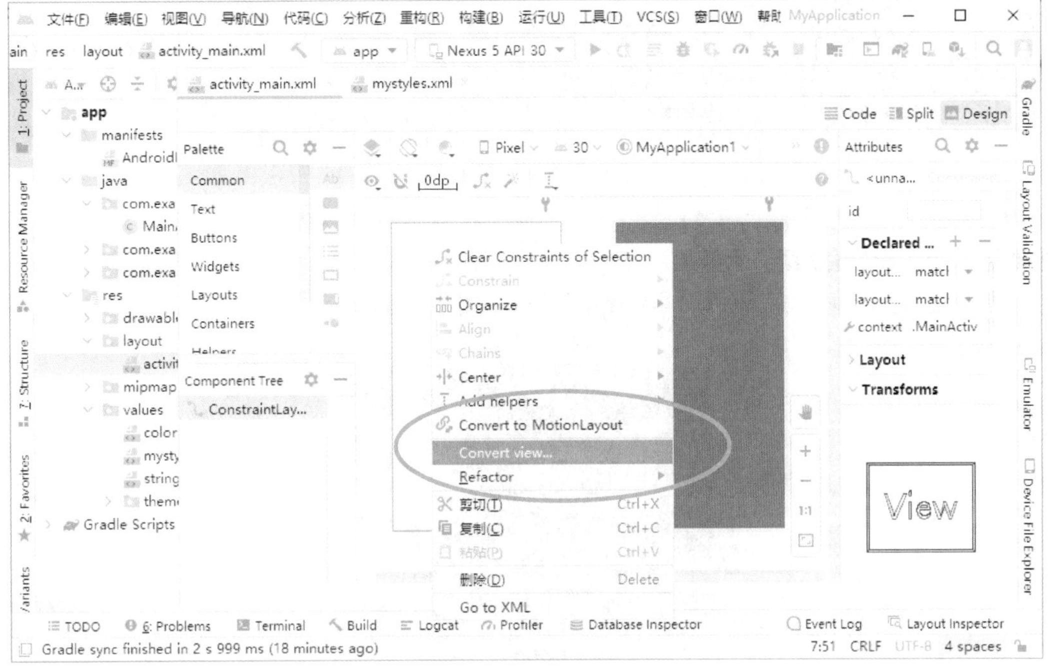

图 4－20　转换帧布局方式

（2）对于 ImageView，其前景图像属性为 android：foreground，为 drawable 文件夹中的开始游戏按钮图片文件，即 android：foreground＝"@drawable/kaishi"，如果设置背景属性，则命令修改为 android：background＝"@drawable/kaishi"。

实现后的文件代码参照如下内容。

```
<?xml version = "1.0" encoding = "utf-8"?>
<FrameLayout xmlns:android = "http://schemas.android.com/apk/res/android"
    android:layout_width = "match_parent"
    android:layout_height = "match_parent">
<TextView
android:id = "@ + id/tv"
android:layout_width = "wrap_content"
        android:layout_height = "wrap_content"
        android:layout_gravity = "left"
android:background = "@drawable/shanghai"
android:text = "This is TextView"/>
<ImageView
      android:id = "@ + id/iv"
        android:layout_width = "120dp"
        android:layout_height = "60dp"
```

```
        android:layout_gravity="center"
        android:layout_marginTop="130dp"
        android:foreground="@drawable/kaishi"
        android:src="@mipmap/ic_launcher"/>
</FrameLayout>
```

步骤 5 调整控件的大小及位置，使之看起来布置合理、和谐美观，尤其是按钮的位置，既要便于操作，又要兼顾显示效果。

步骤 6 运行虚拟机，显示出实际界面样式见图 4-21。

图 4-21 帧布局实例

任务三 用线性布局设计"计算器"界面*（选学）

任务描述

应用程序开发需要解决的问题多种多样，相应的操作界面也大不一样。本任务针对计算器的工作界面来了解线性布局的设计方法。

线性布局（LinearLayout）就是在一个方向上按顺序依次排列控件元素，此布局在开发过程中应用得最多。分成垂直与水平 2 种排布方向，分别代表在垂直方向或在水平方向上的顺序排列，一个布局只能选择其中一种方向，设计时通过设置方向属性"android:orientation"实现方向控制，垂直方向为 vertical、水平方向为 horizontal，默认值是水平方向布局。

任务分析

用线性布局设计应用项目界面时，如果界面上多个控件需要实现2个方向的布局，那么单一的布局难以实现该要求。解决的办法就是通过组合、嵌套的方式来实现这个需要，即从外到内、先大后小的原则，先按大的区域划分，垂直方向上分成几个纵向排列的中间区域，在这些中间区域内部再布局实行水平方向排列。下面结合“计算器”的具体实例，采用线性布局嵌套方式实现一款计算器界面的设计制作。

该界面主体结构从上至下，属线性垂直排列，但在下部按键区，又是由垂直和水平两种排列方式组合而成的。所以我们可以通过嵌套来实现这种布局结构。即在纵向上设定自上而下的7层7个矩型区域，从第3层开始再把一个矩形水平分成4个按钮部分，对应4个符号控件。纵横组合起来形成“计算器”的界面。

任务内容

(1) 创建“计算器”项目界面；

(2) 理解“线性布局”的方法，并设计各按钮布局。

“计算器”界面的构成及布局结构，见图4-22。

图4-22 计算器界面样式

任务实施

步骤1 新建一个工程，工程名称为“jisuanqi”，选择的模板类型依旧为Empty Activity，API最小兼容等级仍为24，工程文件夹位置为D:\android\jisuanqi，见图4-23，设置、选择完成后点击“完成”按钮确认。

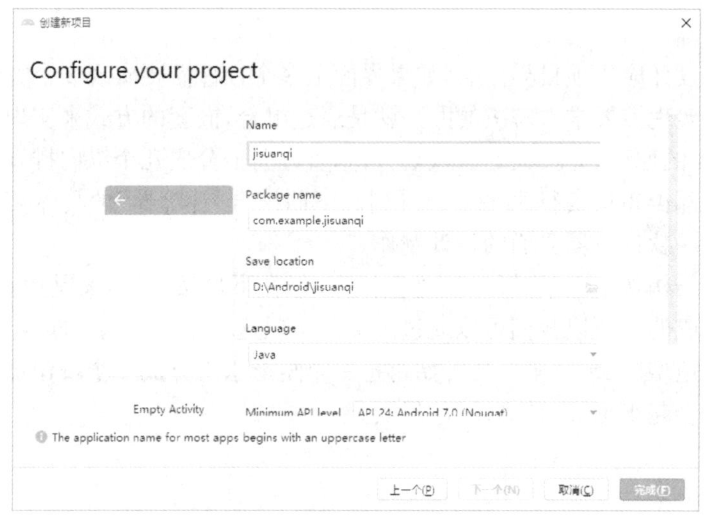

图 4-23　新建计算器项目

步骤 2　编辑界面文件，在 res/下 layout 文件夹下，双击 activity_main. xml 文件，调整界面环境进入可视化编辑状态，选择“Design”模式，见图 4-24。

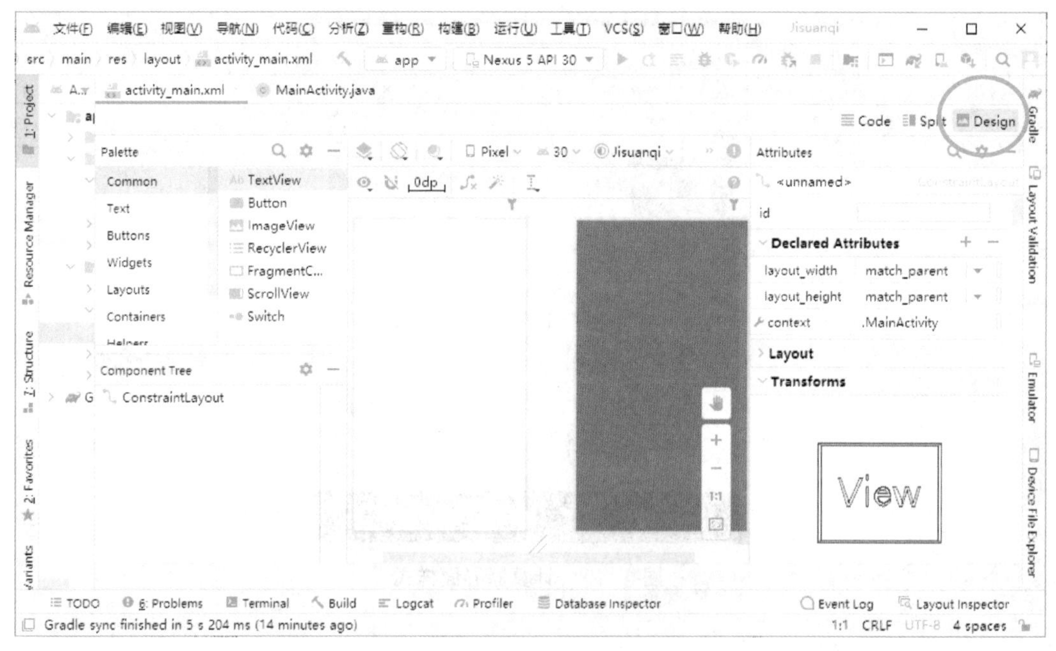

图 4-24　计算器可视化编辑界面

步骤 3　首先用线性布局垂直方向的布局设置主体界面，这一布局是基础布局，也是最外层布局。拖动线性布局控件(垂直方向)至设计界面，设置布局控件的边界约束，分别对应 parent top、parent start、parent bottom、parent start，见图 4-25。

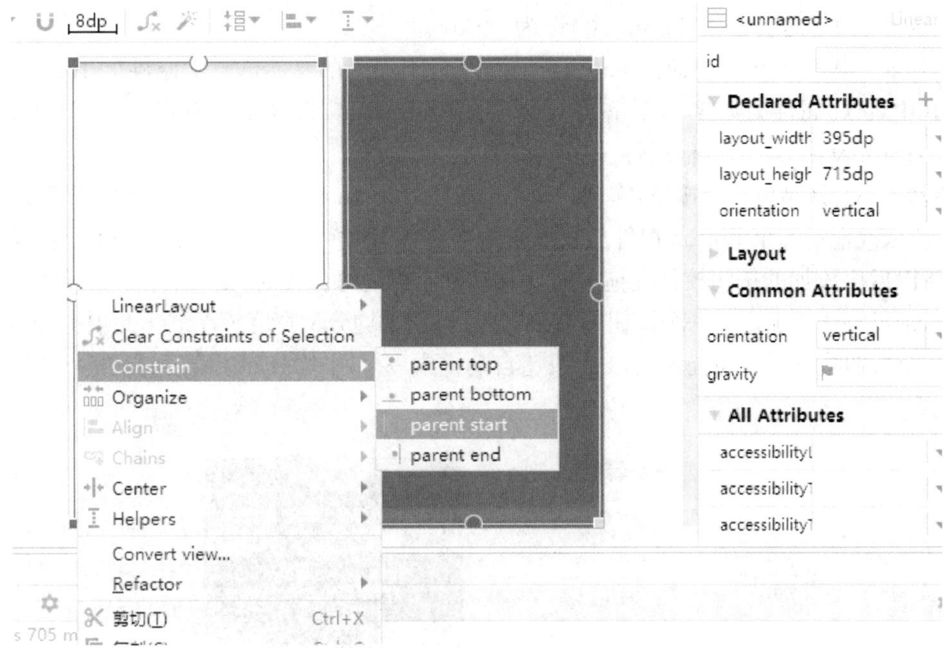

图 4 - 25　设置边界约束(位置基准)

步骤 4　设计标题框，拖入 TextView 控件，设置其 text 属性，前面介绍的方式是通过对话框，注册字符串到文件，本次介绍直接打开 values 中的 strings. xml 文件，在其中加入命令“<string name="biaoti">精美小计算器</string>”来实现，见图 4 - 26。

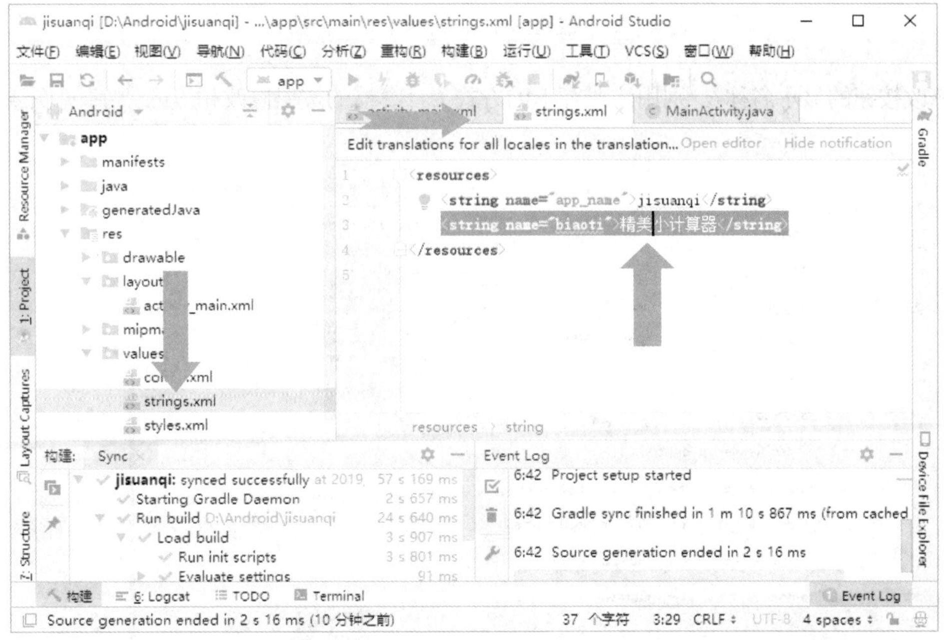

图 4 - 26　修改字母串注册文件

继续修改文字大小(textSize)的属性值为30sp,控件对齐方式(localGravity)设为center,文字对齐方式(textAlignment)设为center。

步骤5 设计结果框,添加Plain Text控件至刚加入的TextView控件的下方,设置其属性,其中,text属性为数字0,对齐方式为textAlignment,选择textEnd右对齐,文字大小属性textSize设为24sp,其他属性采用默认值。

步骤6 设计高位4个按钮,拖动一个Linear Layout(horizontal)布局控件放在Plain Text控件下。依次拖动4个Button控件放入该布局控件内,注意第一个按钮宽度默认占满全部宽度的,所以后序添加的按钮控件在拖放时要移动到右侧边缘位置时,出现右侧的粉色提示条时再放下,则可将按钮加入上一个按钮的右侧,并且自动平均分配宽度了。继续此项操作,将第3个、第4个按钮拖放至该布局区内,4个按钮自动排成一行,平均分配了宽度,见图4-27。

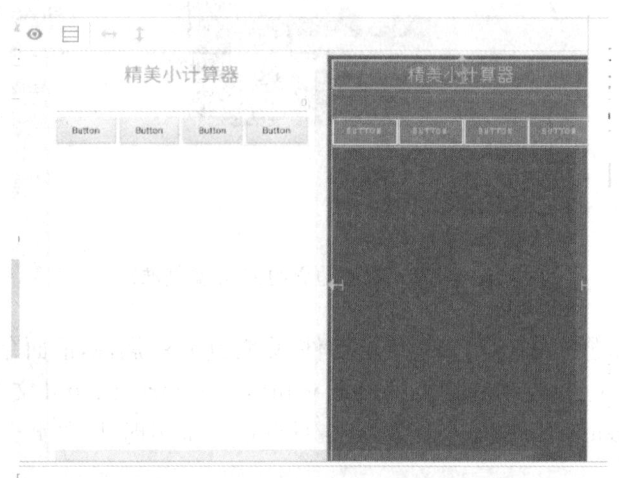

图4-27 嵌套水平布局,放置同一行按钮

修改按钮的显示名称,分别用注册客串的方式为计算器的按钮修改相应的数字,见图4-28。

图4-28 设置按钮的显示数字

类似的操作对第 3 个、第 4 个按钮设置文字后，再统一设置按钮的样式属性 style，此处选择系统提供的“@android:style/Widget. Button”，设计完成的效果见图 4 - 29。

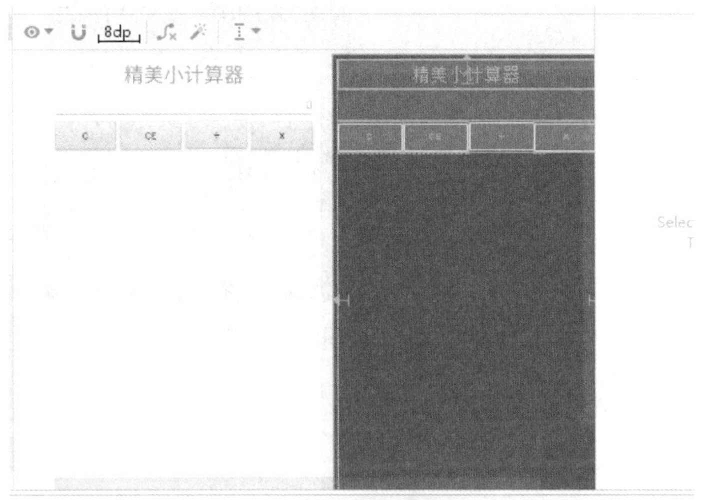

图 4 - 29　设置按钮的样式

步骤 7　在继续嵌套放入水平布局之前，首先要设置第一行嵌套的布局的高度为仅限所含内容的高度，使之收缩到按钮的高度，即仅占一行按钮的高度，而不影响第二行的嵌套设置。故选中控件树窗口中的布局控件，在属性栏设置其 layoutheight 为 wrap content，见图 4 - 30。

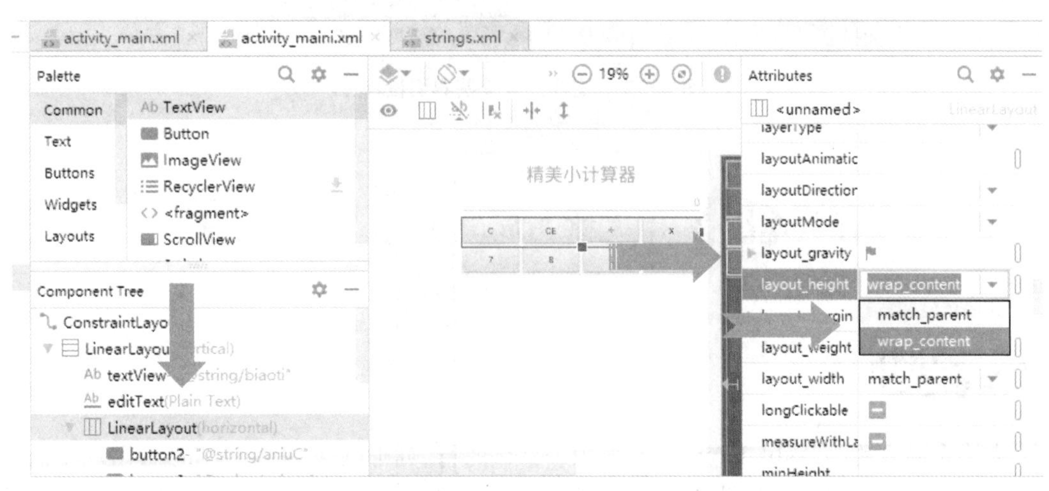

图 4 - 30　修改控件高度

步骤 8　设计下一行按钮，即设置计算器按键第二行按钮，拖到一个水平布局的下方，拖到 4 个按钮到布局控件中水平，修改其属性。具体操作可参照前面的步骤，设置完成的效果见图 4 - 31。

步骤 9　设计第三行、第四行及第五行按键，依照上面的类似操作，完成第三行、第四行

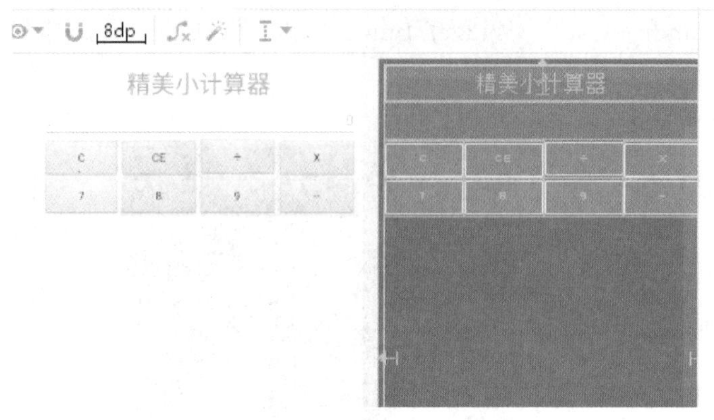

图 4-31　设置第二行按钮

及第五行的操作。最终结果见图 4-32。

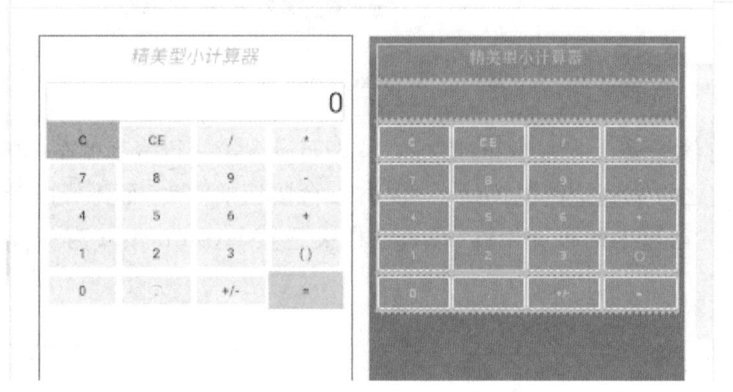

图 4-32　完成的计算器界面设计

任务四　用表格布局创建“计算器”界面

任务描述

表格布局名称为 TableLayout，它采用表格化的行、列形式来管理 UI 布局(用户界面的控件)，通过行和列将界面划分为多个单元。表格布局继承了 LinearLayout，因此它的本质依然是线性布局管理器。表格布局需要和 TableRow 控件配合使用，每一行都由 TableRow 对象组成，相当于线性布局中的垂直排列，因此 TableRow 的数量决定了表格的行数，而表格的列数是由包含最多控件的 TableRow 决定的，即如果第 1 个 TableRow 有 2 个控件，第 2 个 TableRow 有 3 个控件，则表格数为 3。表格布局通过设置属性 weight 来分配 TableRaw 空间大小。

任务分析

表格布局(TableLayout)以表格方式布置界面元素的位置及大小的,适用于多行多列的排布要求。表格布局中可以设置的属性有2种:全局属性、单元格属性。

全局属性(列属性):全局属性有3个属性

android:shrinkColumns:设置可收缩的列,内容过多就收缩显示到第2行

android:stretchColumns:设置可伸展的列,将空白区域填满整列

android:collapseColumns:设置要隐藏的列

单元格属性:单元格属性有2个属性

android:layout_column:设置该单元格在第几列显示

android:layout_span:设置该单元格跨列占据的列数

例如:Android:layout_column="1"　该控件在第1列

　　Android:layout_span="2"　　该控件占了2列

注意:子控件所在列的索引序号从0开始。

任务内容

1. 了解表格布局特点;
2. 用表格布局创建"计算器"界面,见图4-33。

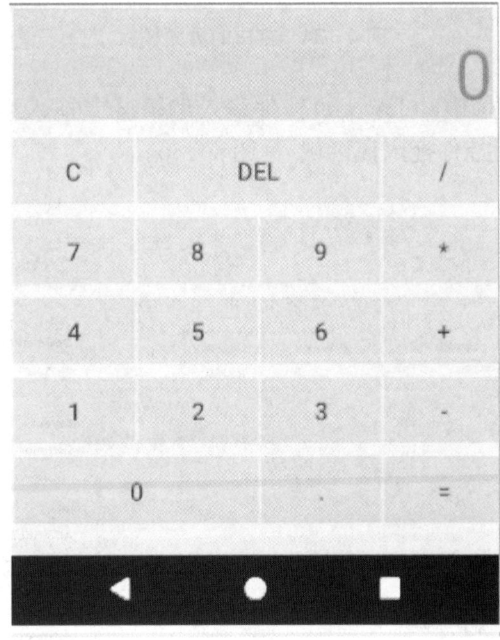

图4-33　表格布局计算器界面

任务实施

步骤 1 按照前面任务二相同的前 3 个步骤，建立空的“计算器”项目，在左侧区 res 文件夹 layout 中找到界面布局文件，双击打开界面文件“activity_main. xml”，其编辑区界面见图 4 - 34。

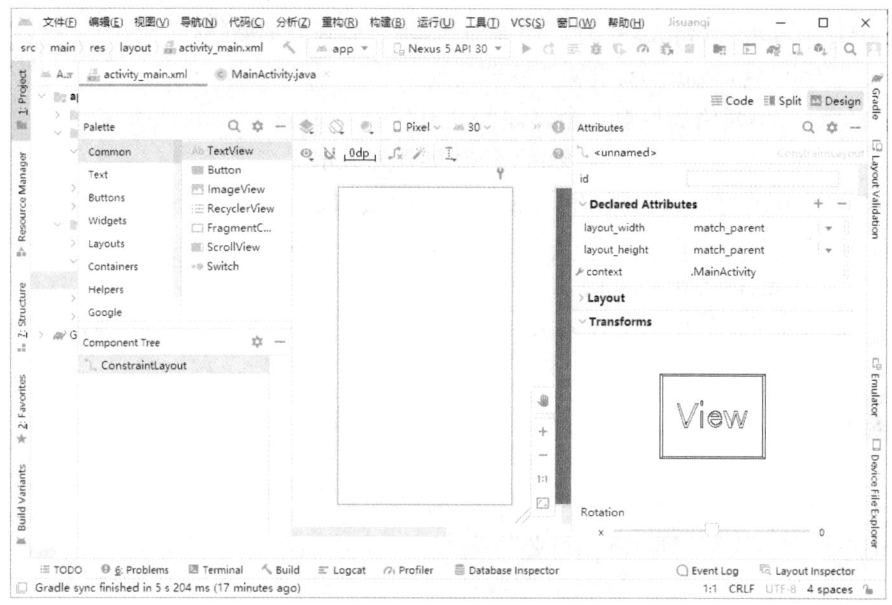

图 4 - 34　空白的界面模板

步骤 2 将表格布局(TableLayout)控件拖入编辑区或拖入组件树(Conponent Tree)区。然后再将 TableRow 控件拖入该区域，见图 4 - 35。

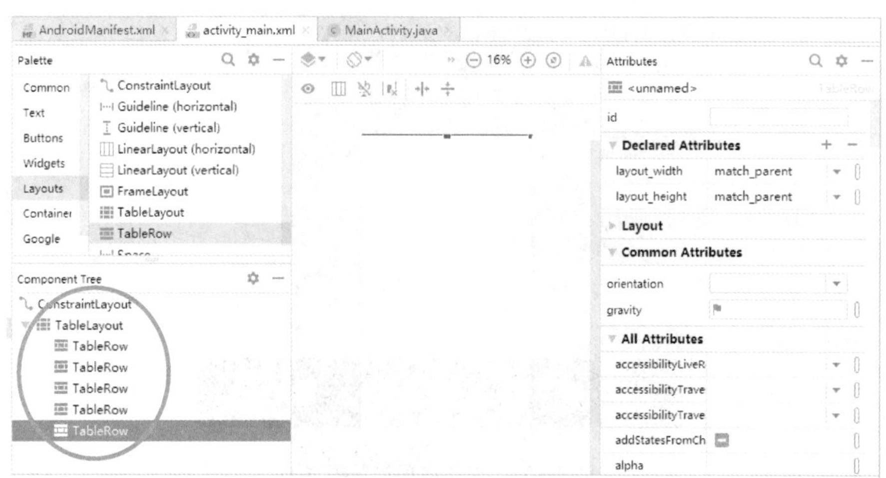

图 4 - 35　拖放 TableRow 到界面

步骤3　将文本框 TextView 拖入第1个 TableRow 下面。然后将5个按钮控件分别拖入下面其他 TableRow 下面，见图 4－36。

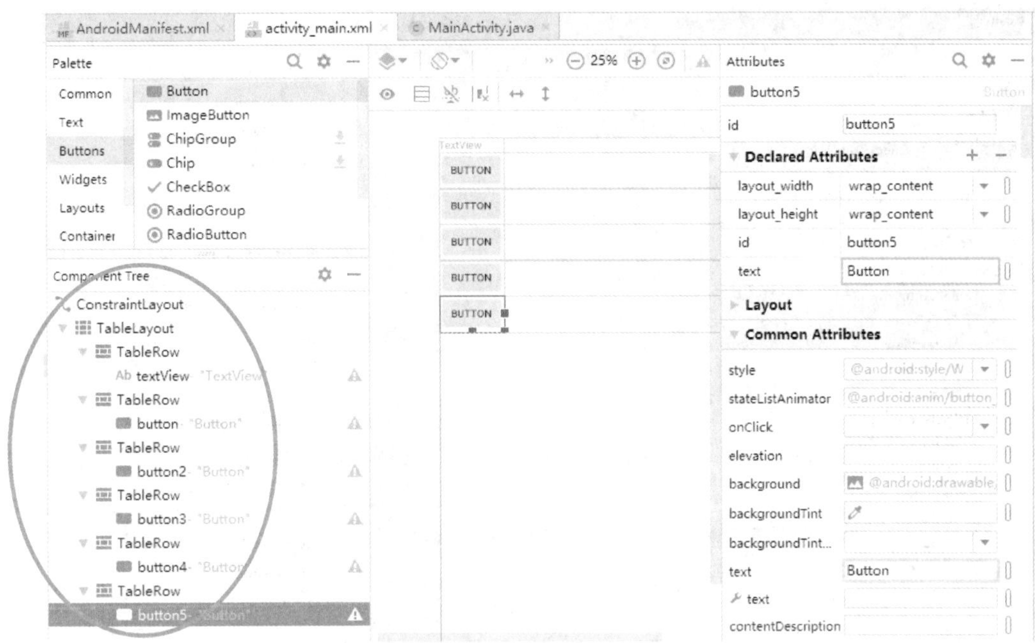

图 4－36　播放文本框及按钮到表格内

步骤4　修改各按钮的显示文字属性“Text”分别为 C、7、4、1、0，设置其背景属性“background”分别为预设的 Color 方案中的 android 中的 holo-blue-light 和 holo-orange-light。颜色设置见图 4－37。

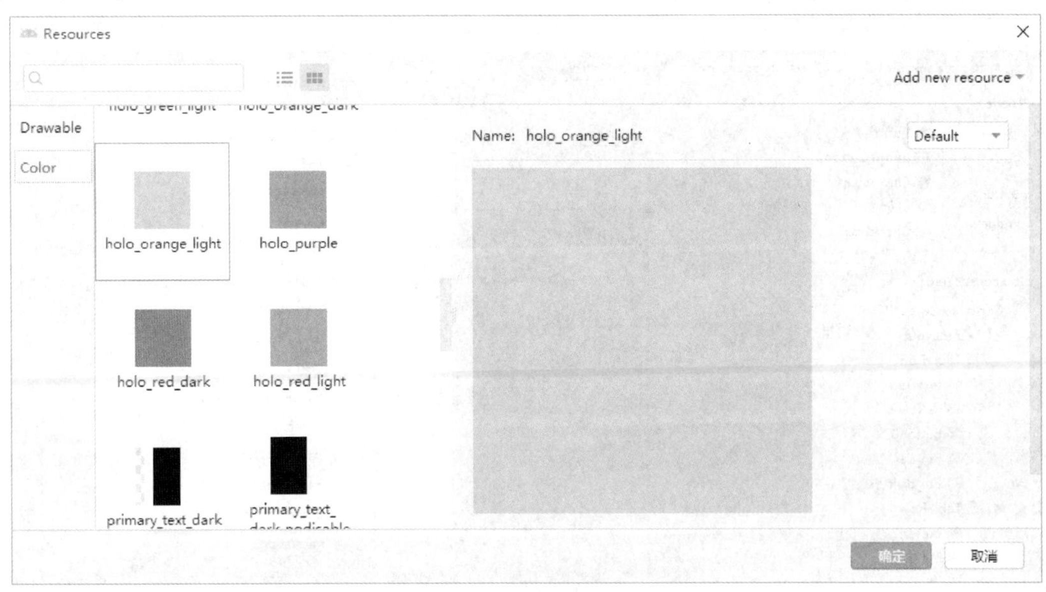

图 4－37　按钮背景颜色设置

完成设置的效果见图 4－38。

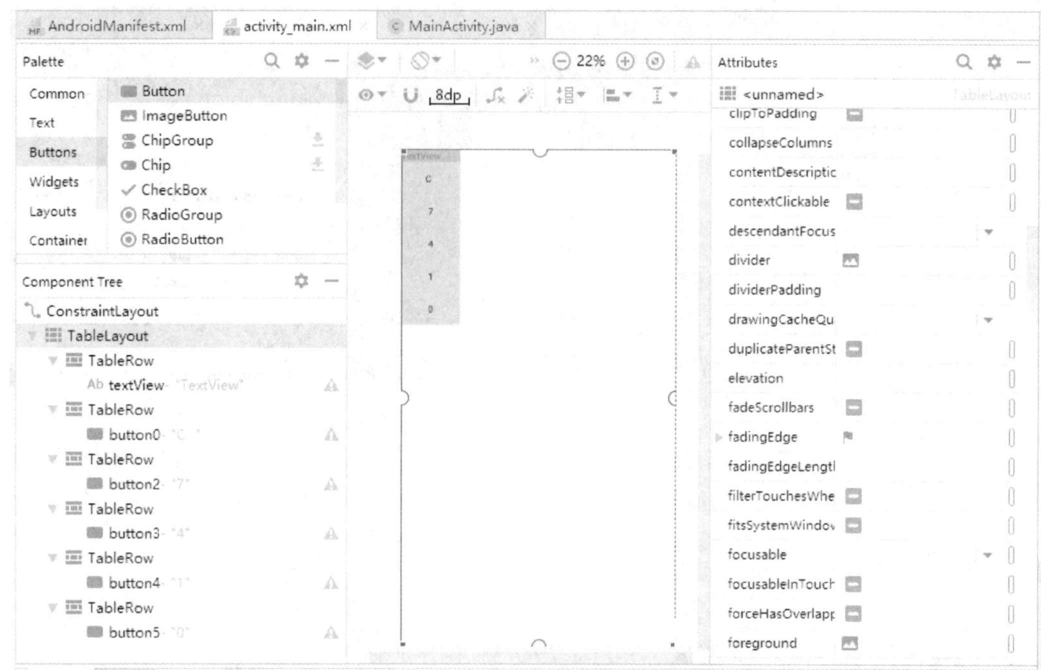

图 4－38　设置文本框及按钮颜色

步骤 5　按上面的操作方法，将其他 4 排的按钮全部拖放到界面中。

注意：设置 DEL 键和按键 0 跨列属性 layout_span=2，文本框的跨列属性为 4，设置文本框的 text 属性为 0，设置其对齐属性 text_alignment 为 textEnd（右对齐）。完成后的设计界面如图 4－39 所示。

知识拓展

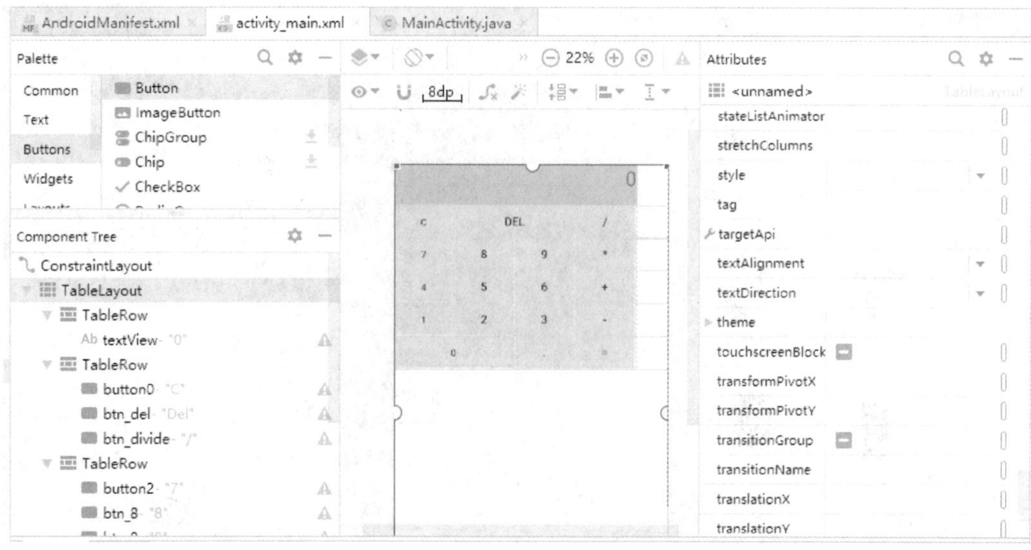

图 4－39　设计完成的表格布局计算器

项目评价

项目学习情况评价如表 4-1 所示。

表 4-1　项目学习情况评价表

项目	方面	等级(分别为 5、4、3、2、1 分)	自我评价	同伴评价	导师评价
态度情感目标	态度认真	1. 认真听导师的讲解； 2. 认真完成导师布置的作业； 3. 积极发言、讨论学习问题。			
	团结合作	1. 善于沟通； 2. 虚心听取别人的意见； 3. 能够团结合作。			
	分析思维	1. 能有条理地表达自己的意见； 2. 解决问题的过程清楚； 3. 能创新思考，做事有计划。			
知识技能目标	掌握知识	1. 了解创建项目界面布局的模板； 2. 了解界面布局的种类及特点； 3. 熟练掌握相对布局的操作方法； 4. 熟练掌握线性布局的使用方法。			
	职业能力	1. 能简述安卓的常用布局特点； 2. 掌握约束布局的界面设计操作； 3. 掌握线性布局的界面设计操作。			
综合评价					

项目四 习题

一、单选题

1. 下列属性中，用于设置线性布局方向的是(　　)。

A. orientation　　B. gravity　　C. layout_gravity　　D. padding

2. 下列选项中，不属于 Android 布局的是(　　)。

A. FrameLayout　　B. LinearLayout

C. TextView　　D. RelativeLayout

3. 帧布局 FrameLayout 中默认是将其中的组件放在自己的(　　)。

A. 左上角　　B. 右上角　　C. 左下角　　D. 右下角

4. 对于 XML 布局文件，android:layout_width 属性的值不可以是(　　)。

A. match_parent　　B. fill_parent

C. wrap_content　　D. match_content

5. 下列关于 RelativeLayout 的描述正确的是(　　)。

A. RelativeLayout 表示绝对布局，可以自定义控件的 x、y 的位置

B. RelativeLayout 表示帧布局，可以实现标签切换的功能

C. RelativeLayout 表示相对布局，其中控件的位置都是相对位置

D. RelativeLayout 表示表格布局，需要配合 TableRow 一起使用

6. 下列不属于 android 布局的是(　　)。

A. FrameLayout　　B. LinearLayout

C. BorderLayout　　D. TableLayout

E. RelativeLayout

7. 下列说法错误的是(　　)。

A. Button 是普通按钮组件，除此外还有其他的按钮组件

B. TextView 是显示文本的组件，TextView 是 EditText 的父类

C. EditText 是编辑文本的组件，可以使用 EditText 输入特定的字符

D. ImageView 是显示图片的组件，可以通过设置显示局部图片

8. 在表格布局中，android:collapseColumns="1,2"的含义是(　　)。

A. 在屏幕中，当表格的列能显示完时，显示 1,2 列

B. 在屏幕中，当表格的列显示不完时，折叠

C. 在屏幕中，不管是否能都显示完，折叠 1、2 列

D. 在屏幕中，动态决定是否显示表格。

9. 在相对布局中怎样使一个控件居中？(　　)

A. android:gravity="center"

B. android:layout_gravity="center"

C. android:layout_centerInParent="true"

D. android:scaleType="center"

10. 下列退出 Activity 错误的方法是(　　)。

A. finish()　　B. 抛异常强制退出

C. System.exit()　　D. onStop()

二、填空题

1. 安卓中的常见布局都直接或者间接地继承自________类。

2. 安卓中的 TableLayout 继承自________。

3. 表格布局 TableLayout 通过________布局控制表格的行数。

4. ________布局通过相对定位的方式指定子控件的位置。

5. 安卓中的布局文件通常放在________文件夹中。

6. 在 View 类中包括很多的子类，其中 ViewGroup 包含常用的五大布局，属于 View 的子类还包括________、________和 TextView。

7. 应用程序的界面布局主要有线性布局（LinearLayout）、________、相对布局（RelativeLayout）、________。

8. 安卓当中基本的所有的 UI 都是由________或者其子类实现的。

9. SDKManager 是________，双击它可以看到所有可下载的 Android SDK 版本。

10. 打开系统相机的方法是________。

三、简答题

1. 现行布局中属性 orientation 的作用是什么？

2. 列举 Android 中的常用布局，并简述它们各自的特点。

3. 说明 intent 的作用。

答案

代码分析及功能的实现

项目情景

小康同学接受的新任务是针对前一项设计的计算器的界面，完成后续的功能设计，即在前一个项目“计算器”界面设计的基础上，完成计算器程序代码的编写制作任务，实现计算器的运算功能。本项目通过对计算器功能部分代码的分析、编写、调试，达到理解程序代码、熟悉程序调试、理解项目界面与代码的整体关系，并最终掌握安卓应用项目整体工作机理的目地，为后续开发打下良好的基础。

学习目标

1. 了解 Android 项目界面设计代码的使用方法；
2. 理解 Android 项目主程序代码的结构及含义；
3. 熟悉 Android 项目主程序代码的调试及纠错；
4. 掌握 Android 项目主程序代码的编写及调试；
5. 理解应用项目界面、清单、程序等文件的内在关系。

任务一 分析项目主要文件的内容

任务描述

安卓系统是整合了多项技术的系统，在其应用项目开发设计过程中，主要有 2 类文件，一类是描述性、说明性的文件，如界面的布局定义文件，清单文件，字符串说明文件等。对于这种描述性的信息内容的定义，安卓系统采用了 XML 格式的标签命令的书写标准；另一类是程序代码文件，如负责交互操作的主类(程序)文件、附助类(程序)文件等。开发手段主要是以 Java 语言(也可以用 Kotlin 语言)为核心进行的。

任务分析

了解并掌握项目中主要文件的内容及结构是开发应用程序的基础，包括界面布局文件、项目清单文件等。应用程序的显示界面是由XML语言定义描述来实现的，虽然在图形界面开发编辑环境中可采用所见即所得的直观操作定义方式，但是较复杂的工程项目制作过程中，必然用到代码编辑方式。所以掌握用计算机语言代码表达界面构造，实现项目功能的知识与技能是程序开发人员的基本业务技能和重要职业素质。

在安卓(android)系统中，采用了XML文件进行界面定义的机制。通过这种描述性的标识语言，来精准地确定界面及界面上元素(控件)的大小、外形、颜色等。

另外，清单文件AndroidManifest.xml包含了项目的配置信息，系统需要根据此文件的内容运行应用程序的代码及显示界面，并依据此文件的权限许可控制访问权限，这个文件对系统的运行作用极大，也需要理解并掌握。

任务内容

1. 了解项目界面的代码设置操作；
2. 熟悉界面上控件元素的属性；
3. 理解清单文件的结构及内容；
4. 修改“Hello World!”界面显示，实现增大字符显示，设置字体颜色等。

界面效果，见图5-1。

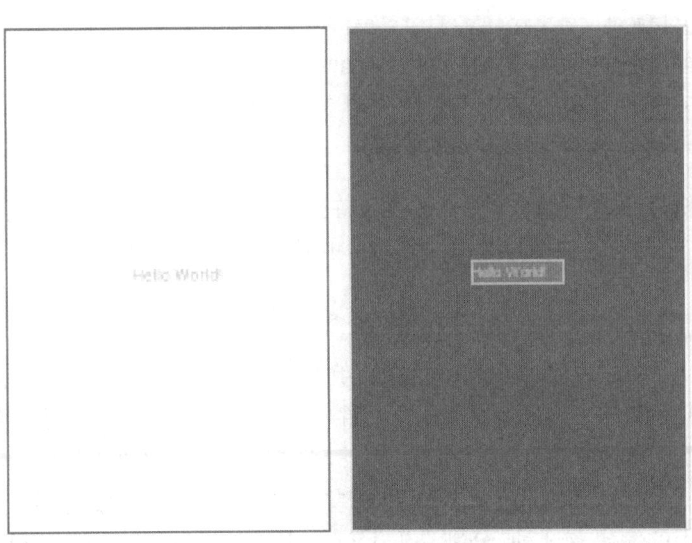

图5-1 空白界面模板

任务实施

一、分析界面布局文件，了解结构和功能

步骤 1 打开上一项目设计完成的“Hello World!”应用项目，打开该界面文件，切换到代码内容界面，可以看到 activity_main. xml 这个界面布局文件的内容，下面来分析这段设计代码中的标签命令的功能，代码为：

```
<?xml version = "1.0" encoding = "utf-8"?>
<androidx.constraintlayout.widget.ConstraintLayout
    xmlns:android = "http://schemas.android.com/apk/res/android"
    xmlns:app = "http://schemas.android.com/apk/res-auto"
    xmlns:tools = "http://schemas.android.com/tools"
    android:layout_width = "match_parent"
    android:layout_height = "match_parent"
    tools:context = ".MainActivity">
<TextView
        android:layout_width = "wrap_content"
        android:layout_height = "wrap_content"
        android:text = "Hello World! "
        android:textSize = "50dp"
        app:layout_constraintBottom_toBottomOf = "parent"
        app:layout_constraintLeft_toLeftOf = "parent"
        app:layout_constraintRight_toRightOf = "parent"
        app:layout_constraintTop_toTopOf = "parent"/>
</androidx.constraintlayout.widget.ConstraintLayout>
```

步骤 2 分析理解各行的构成命令代码，首先是关于这段代码的第一行命令解释。

“<>”第一行语句的尖括号是 XML 语言的特点，通常称为标签命令，所有标签命令都放在尖括号中；

“? xml”表明本文档的类型是 XML 格式；

“version="1.0"”定义了本 XML 文件的版本号是 1.0 版。

“encoding="UTF-8"”是定义 XML 文件中字符集采用并遵循的语言编码标准是国际标准的字符集的统一转换格式。其中，UTF-8 英文单词的原义即 Universal Character Set/Unicode Transformation Format 8。此处选择 UTF-8 是因为国际统一编码字符集 Unicode 可以使用的编码有 3 种，分别是 UTF-8、UTF16、UTF32，而 UTF-8 是一种可变长的编码方案，使用 1～6 个字节来存储字符信息，因为该方案兼容 ASCII 码(一个字符)，所以兼容性好，应用最为普遍。

注意：假如文档里有中文，编码方式不是 UTF-8，传输过去再解码的话，中文就会是乱码。

步骤 3　分析中段代码的功能。

这段代码的第二行命令及说明如下：

<androidx. constraintlayout. widget. ConstraintLayout

表明显示界面的布局方式为约束布局(ConstraintLayout)，其中的前缀 androidx 表示与原始 Android 支持库区别开的、有重大改进的新支持库，contrantlayout. widget 表示在新支持库中的约束布局中的器件库，以此说明约束布局支持库的位置。

第三行代码：xmlns：android＝http：//schemas. android. com/apk/res/android

此命令中 xmlns 英文为 XML namespace，是 XML 文档的意思，中文翻译为 XML 命名空间。它是为了解决 XML 元素和属性命名冲突而设置的，因为 XML 中的标签并不是预定义的，它与 HTML 中的标签是预定义有所区别，因此会遇到命名冲突的问题。该行代码可统一表达成下面的形式：

xmlns：namespace-prefix＝"namespaceURI"这行命令内容一共分成 3 个部分：

xmlns　：android＝http：//schemas. android. com/apk/res/android

第一部分　第二部分　　　　　　第三部分

这 3 个部分的功能分别为：

第一部分："xmlns："是声明命名空间的保留字，其实就是 XML 中元素的一个属性项；

第二部分：这部分可以统一表示为 namespace-prefix 即命名空间的前缀，这个前缀与某个命名空间相关联，目前我们碰到的 xmlns 前缀一共有 3 种：

xmlns：android＝"http：//schemas. android. com/apk/res/android"

xmlns：tools＝"http：//schemas. android. com/tools"

xmlns：app＝"http：//schemas. android. com/apk/res-auto"

android 项用于 Android 系统定义的一些属性。

tools 项可以理解为一个工具(tools)的命名空间，是帮助开发人员的工具。它的作用只在开发阶段显现，当 app 被打包时，所有关于 tools 的属性将都会被摒弃掉，不会增加应用的空间占用。

app 项用于应用用户自定义的一些属性，这个与 Android 自定义属性和系统控件扩展有关系。当 Android 自带的控件不能满足用户的设计需求时，用户会自己去绘制一些 View，而要为这些自定义 View 加上自定义的属性时，这时候就需要自己去创建属于自己的命名空间，即自定义控件属性。

第三部分：namespaceURI 是命名空间支持库的统一资源标识，其中 schemas 是 xml 文档的 2 种约束文件其中的一种，规定了 xml 中有哪些元素(标签)、元素有哪些属性及各元素的关系，当然从面向对象的角度理解 schemas 文件，可以认为它是被约束的 xml 文档的"类"或"模板"。

步骤 4　理解中段代码的第 6、第 7 行命令的含义，具体说明如下：

android：layout_width＝"match_parent"

此命令说明定义布局控件的宽度与父控件匹配。属性名称前面的 android，是该属性名称来自 androidSDK 的命名空间。

android：layout_height＝"match_parent"

此命令说明定义布局控件的高度与父控件匹配。属性名称前面的 android，是该属性名称来自 androidSDK 的命名空间。

步骤 5 本段代码的第 8 行命令的含义说明如下：

tools：context＝". MainActivity"

此命令说明当前的 Layout 所在的渲染上下文是 activity name 对应的那个活动 activity，此处是本程序所在的". MainActivity"。

步骤 6 末段代码的第 9 行至第 17 行命令，说明如下：

即<TextView... />表示一个文本显示控件，能显示文体信息。为说明方便，我们直接在命令行下面用双斜线开头进行注释说明

<TextView

android：layout_width＝"wrap_content"

//设置该控件宽度为按自身内容匹配(与自身的内容一样长)

//还有一种属性值为"match_parent"是与父控件容器的大小匹配

android：layout_height＝"wrap_content"

//设置该控件高度为按自身内容匹配(由自身内容的总行高决定)

android：text＝"Hello World!"

//控件显示的文字内容为"Hello World!"

android：textSize＝"50dp"

//设置显示文字的大小为 50dp，dpi 全称是 dots per inch，对角线每英寸的像素点的个数，定义在 dpi＝160 的设备上的 1px＝1dp，所以 px 和 dp 的转换公式为：px＝dp * (dpi/160)。

app：layout_constraintBottom_toBottomOf＝"parent"

//将所需视图的底部与另一个视图(parent：上级布局)的底部对齐。

app：layout_constraintLeft_toLeftOf＝"parent"

//将所需视图的左边与另一个视图(parent：上级布局)的左边对齐。

app：layout_constraintRight_toRightOf＝"parent"

//将所需视图的右边与另一个视图(parent：上级布局)的右边对齐

app：layout_constraintTop_toTopOf＝"parent"/>

//将所需视图的顶部与另一个视图(parent：上级布局)的顶部对齐。

</androidx. constraintlayout. widget. ConstraintLayout>

//约束布局结束。

说明：这就是用 XML 定义界面布局的原理及方法。

步骤 7 增大"Hello World!"的显示字体。

在设计界面上，点击选择文字框控件，在编辑区窗口最右侧上部，找到属性按钮，点击打开对应控件的属性窗口，见图 5－2 椭圆框图的部分。

步骤 8 文本框的文字大小属性是 textSize，由于是 android 系统提供的属性，所以在属性栏中找到 android：textSize 项，此项系统默认的大小为 14sp。

现在要将其修改为"48sp"，手工输入 48sp，或在右侧三角号打开的下拉列表中选择，注意此处的大小单位为 sp 是安卓系统为适应多种尺寸的屏幕而统一设定的单位，与 dp 相似

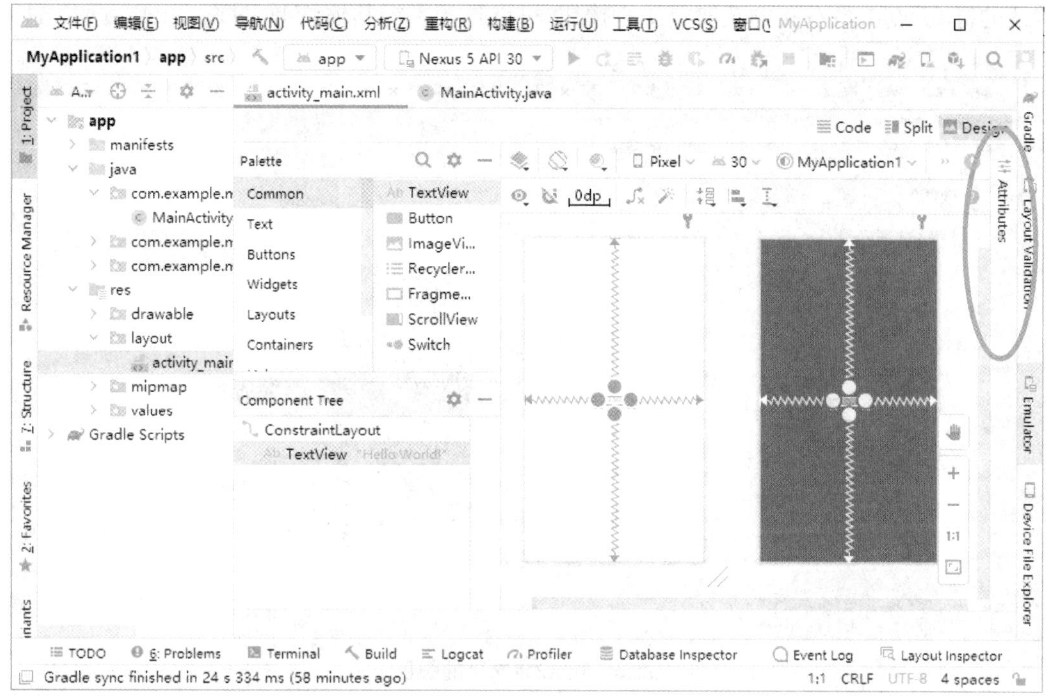

图 5－2　打开控件的属性窗口

但有区别，区别是如果显示时手机字体调大了，那设置的 app 的字体单位是 sp 时，字体就会随之变大以适应屏幕，如果用 dp 作为单位则不会变化，见图 5－3。

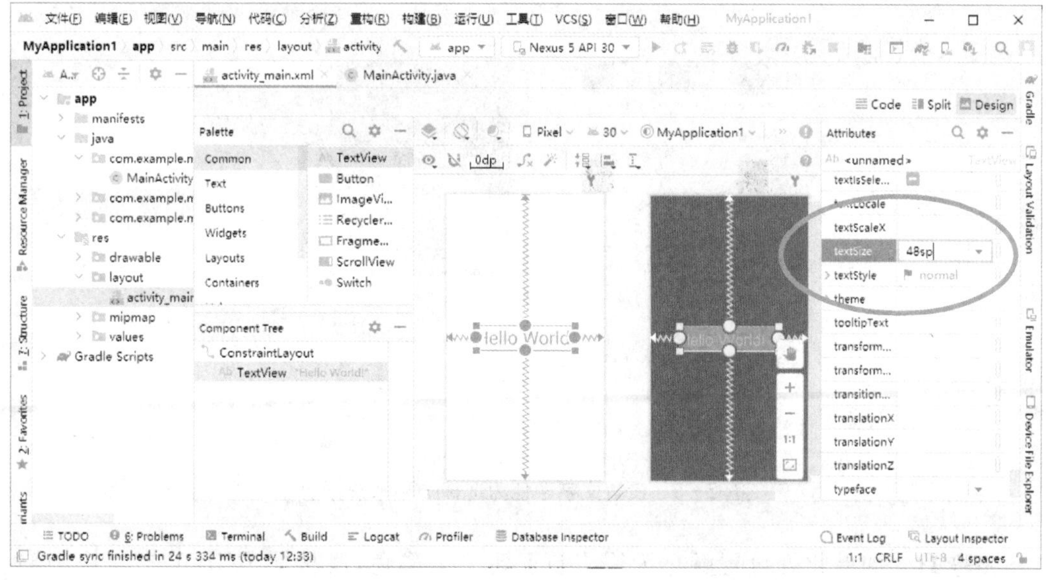

图 5－3　设置文字大小为 50sp

步骤 9 设置文字的颜色。找到文字颜色的属性栏：textColor，显示的灰色信息为系统默认的样式，点击最右侧的获取资源小按钮，可以打开系统其他资源，见图 5-4。

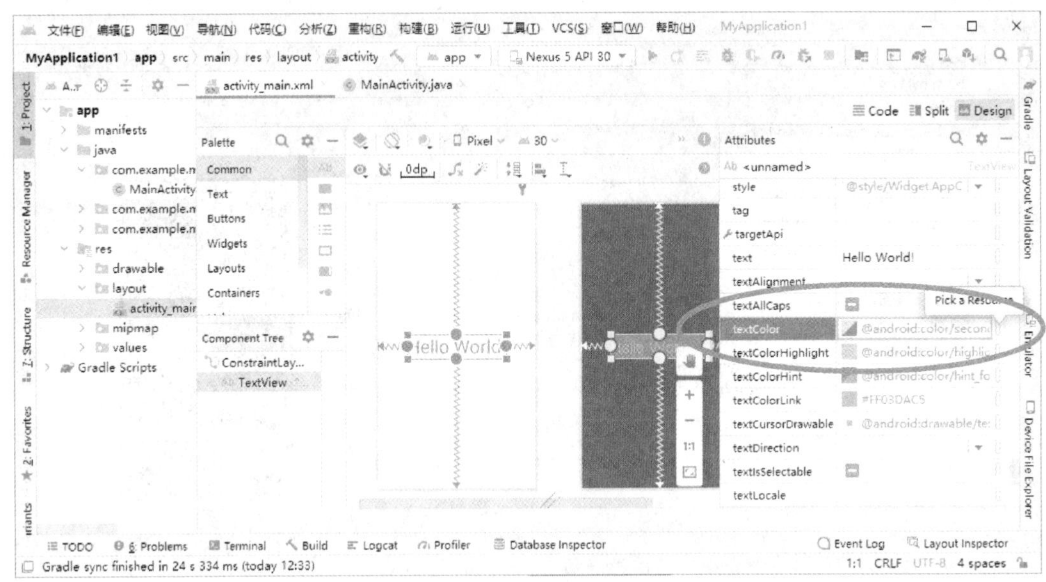

图 5-4 设置文字的颜色

步骤 10 在打开的系统其他资料窗口中，在左侧类别项中选择 android 类，在类别区域选择第 2 行第 3 列的方案，即 holo_blue_dark，然后点击右下角的"确定"按钮退出，则在预览区域看到文字为蓝色了，见图 5-5。

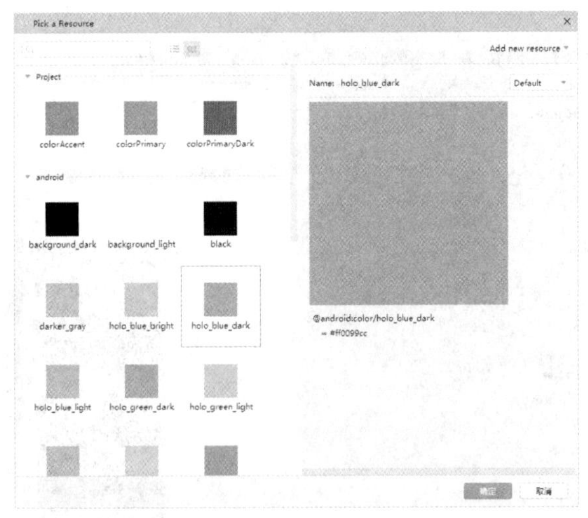

图 5-5 设置文字颜色为选择一种系统颜色

步骤 11 如果此处设置颜色为用户自己定义的颜色，则按照 RGB 的书写规则输入 #XXXXXX 颜色值即可，此处设置为红色值为 #FF0000，则显示出的效果为红色了，见图 5-6。

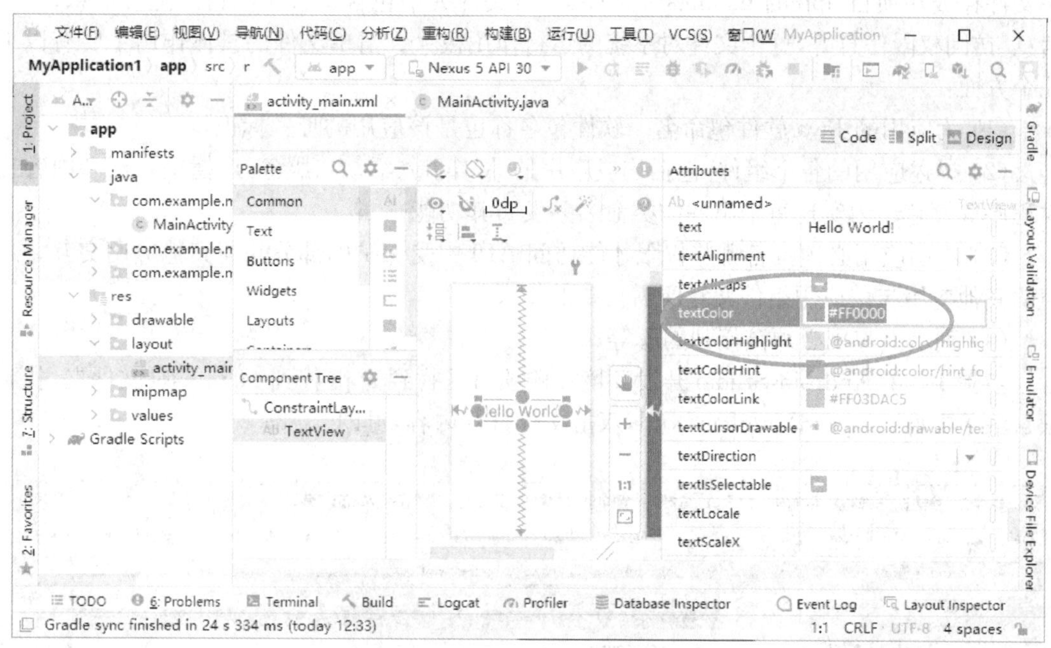

图 5-6 设置文字的前景色为红色

步骤 12 设置参数完毕,可以点击运行项目,显示运行结果了。

点击程序运行按钮,在虚拟机中显示运行结果,见图 5-7。

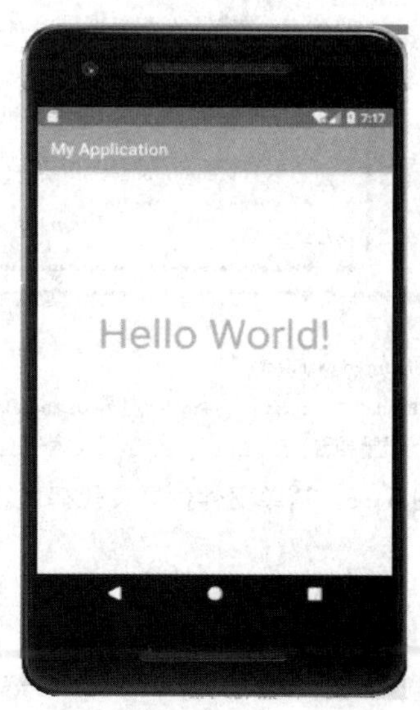

图 5-7 显示调整后的 Hello World! 界面

二、分析项目清单文件,了解代码含义

清单文件 AndroidManifest. xml,是每个应用中都必须包含的,并且文件名始终一样。

该文件存放在项目 app 的 manifests 文件夹下，文件夹中包含了整个项目的配置信息、界面信息、访问权限信息等，这个文件对系统的运行作用极大。清单文件的具体作用主要有以下几个方面：

(1) 为应用的 Java 软件包命名。软件包名称也是该应用的唯一标识符。

(2) 描述应用的各个组件，包括构成应用的 Activity(活动)、服务、广播接收器和内容提供程序等。它还为实现每个组件的类命名并发布其功能。

(3) 声明应用必须具备哪些权限才能访问 API 中受保护的部分并与其他应用交互。还声明其他应用与该应用组件交互所需具备的权限。

(4) 列示出应用必须链接到的库等。

步骤 1 在 Android Studio 开发环境左侧项目区找到 app，找到 manifests 文件夹，找到项目清单文件 AndroidManifest. xml，双击文件打开内容，见图 5-8。

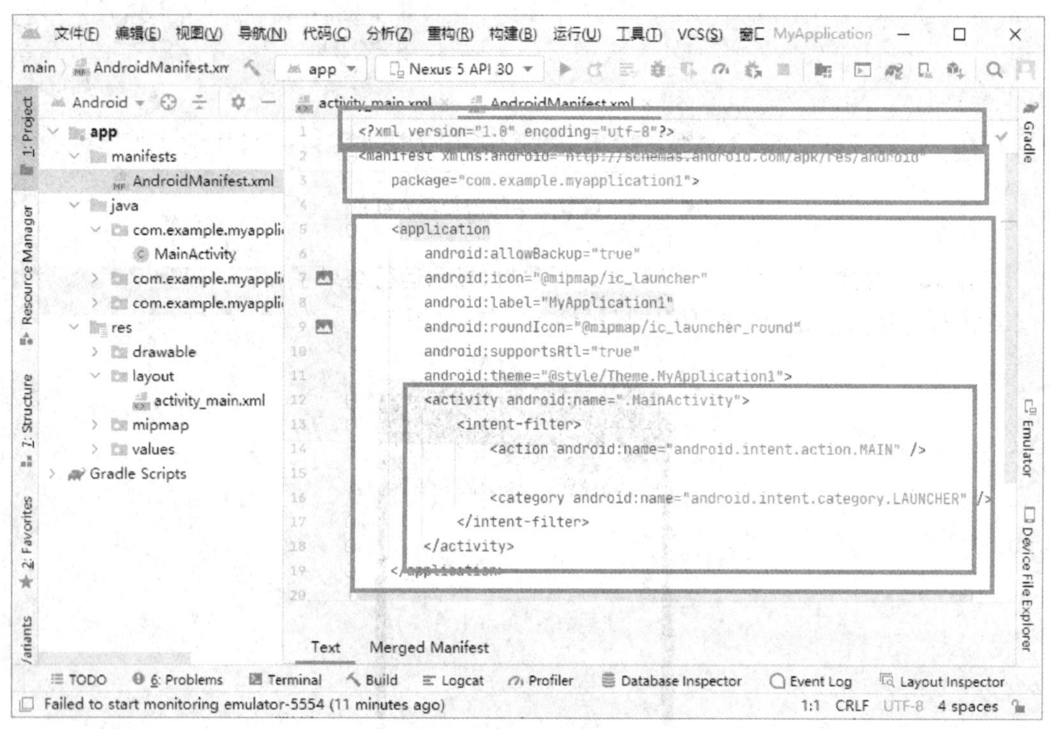

图 5-8 清单文件位置及代码内容

步骤 2 分析其内容及结构，划分节点范围。

整个 AndroidManifest. xml 的文件结构，可以划分成 4 个部分，见图 5-8 中的 4 个线框部分。

步骤 3 分析、理解各个部分的功能。

1. 第一部分是第 1 行

它表明本文件的结构是 XML 格式，版本号为 1.0，代码字符集为 utf-8。

2. 第二部分包括第 2、第 3 行，这是一个长命令行的分开行书写，它表明 Manifest 的属性：

（1）xmlns:android 是定义 android 的命名空间，一般默认为：http://schemas.android.com/apk/res/android，这样使得 Android 中各种标准属性能在文件中使用，提供了大部分元素中的数据。

（2）package 是指定本应用内 java 主程序包的包名，它也是一个应用进程的默认名称。

3. 第三部分是应用项目“＜Application＞”的属性层，一个 AndroidManifest.xml 中必须含有一个 Application 标签，这个标签声明了一个应用程序的组件及其属性（如 icon，label，permission 等）。

android:allowBackup="true"

本属性设置是否允许备份应用的数据，默认是 true，即当备份数据的时候，它的数据会被备份下来。如果设为 false，那么不会备份应用的数据。

android:icon="@mipmap/ic_launcher"

本命令是设置系统的图标显示，内容为资源库的 ic_launcher。

android:label="@string/app_name"

本命令是设置系统的标签名为默认的 app_name 名称。

android:roundIcon="@mipmap/ic_launcher_round"

本命令是设置圆形图标为资源文件夹中的 ic_launcher_round。

android:supportsRtl="true"

本命令设置的是系统(application)是否支持从右到左(原来 RTL 就是 right-to-left 的缩写)的布局。

android:theme="@style/AppTheme"＞

本命令是设置系统的主题是样式文件夹中的 AppTheme。

4. 第四部分为设置＜Activity＞的属性。

＜activity android:name=".MainActivity"＞

该命令是指定当前文件关联的交互类的名称为当前包下的类 MainActivity。

5. 第五部分为设置项＜intent-filter＞，可理解为行为过滤器，它指定了启动应用程序的 Intent 对象的动作和类型，其中：

＜action android:name="android.intent.action.MAIN"/＞//决定应用程序最先启动

＜category android:name="android.intent.category.LAUNCHER"/＞

此句表示这个 activity 种类，要加到 LAUNCHER 程序列表里。

步骤 4 清单文件的重要作用除了包括包的声明、注册所用组件外，另一个重要作用就是申请权限。例如：登录互联网需要通过下面的命令：

＜uses-permission android:name="android.permission.INTERNET"/＞

才可申请获得允许互联网访问的权限。另外，下面的两条命令：

＜uses-permission android:name="android.permission.READ_EXTERNAL_STORAGE"/＞

＜uses-permission android:name="android.permission.WRITE_EXTERNAL_STORAGE"/＞

则允许对外部存储器 SD 卡的读写。

这些命令要加在＜application＞节点的前面，见图 5-9。

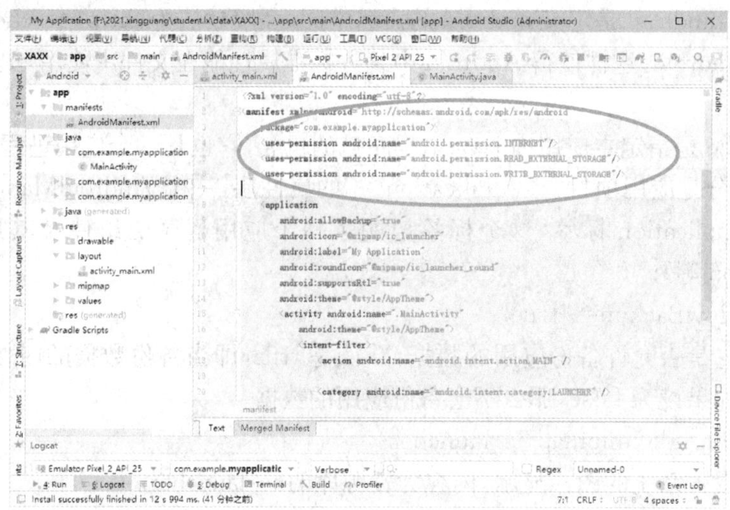

图 5-9　设置权限许可

至此，Android App 工程的主要文件介绍完毕，对于更多的其他命令，同学们需要在今后的学习中不断接触、了解、熟悉，直到熟练地掌握。至于程序代码文件，后面将作专门介绍。

任务二　分析项目的主类(程序)文件代码

任务描述

安卓系统的内核是 Linux，其编程语言采用的是 Java 语言。这是因为 Java 语言是一个相当成熟的计算机编程语种，除了基础类库完善，各种高效的第三方组件极其丰富外，更重要的一点是 Java 虚拟机规范是开放的，只要按照标准的虚拟机规范很容易写出一套虚拟机。同时 Java 的程序员众多，此类程序员转向安卓开发十分容易，这吸引了更多的技术员开发出应用程序 App。

任务分析

主程序位于工程包名下，如 app\java\XXX(包名)\MainActivity. java，文件的扩展名为. java。

当创建工程项目采用默认的模版建立了一个新的工程项目后，就会自动生成了一个能显示“Hello World”的最基础的界面框架。整个工程项目文件全部存在 app 文件夹下，而主程序位置在 app\src\main\java\下的文件夹中，形式为 XXX\YYY\ZZZ，其中各文件夹的名称根据创建应用项目时输入的包名称决定，由于新创建工程项目时用的包名称为 com. mobildevelop. first1，所以本教材的真实的程序文件夹就是在 java 文件夹下的 com\

mobildevelop\first1\的文件夹中。

任务 内容

1. 了解主程序的结构；
2. 掌握常用命令的功能；
3. 了解程序间的调用；
4. 理解程序调试的信息分析等。

任务 实施

一、分析主程序文件代码

步骤 1　打开 MainActivity. java 文件，代码为：

```
package com.mobildevelop.first1;
import androidx.appcompat.app.AppCompatActivity;
import android.os.Bundle;
public class MainActivity extends AppCompatActivity {
    @Override
    protected void onCreate(Bundle savedInstanceState) {
        super.onCreate(savedInstanceState);
        setContentView(R.layout.activity_main);
    }
}
```

步骤 2　分析程序构成，划分程序主要结构部分。

本程序内容主要由 3 大段组成，第 1 行是第一部分，定义包的名称；第 2、第 3 行是第二部分，功能是导入程序所需要的工具类包；从第 4 行开始，public class 及后面的部分直至结束为第三部分，是用户自己对创建的公共类的定义。

步骤 3　分别详细分析各大组成部分。

第 1 行，package com. mobildevelop. first1；

其中 Package 命令是定义项目的包名，其格式为：

package 包名. 子包名. 孙包名

命名时使用的圆点号“. ”代表目录层级，每加“. ”一次，就代表递进一层文件目录。

该命令是用来给当前 java 文件设置包名的，告诉编译器把当前源文件的所有类在编译生成. class 文件后，要保存的包目录结构是什么样的。

在设计命名包名时要遵循基本的原则，包括声明要遵循“简明知意”原则，同时要避免使用相同类名时出现冲突，通过包的概念可以在不同包中出现相同名称的类，避免了发生冲突的可能性。

步骤 4 分析第二部分代码的功能。

本部分为 2 个导入命令操作，将开发时用到的其他工具包导入本应用程序。

import 命令的作用是告诉编译器去哪里找到本程序运行时需要用到的类，应用时可以直接引用这个类的简单类名实现。

步骤 5 分析第三部分的内容，即定义公共类内容。通过该类，能够定义内部的方法，实现具体的程序功能。

public class MainActivity extends AppCompatActivity { }

本命令是新创建一个公共类 MainActivity，其功能继承(extends)自 AppCompatActivity。

花括号代表类的边界，关于此类的所有操作都放在花括号之内。

@Override //@Override 是伪代码，表示重写的方法(重写父类的方法)

protected void onCreate(Bundle savedInstanceState) { }

该命令是新建一个受保护的方法，空返回值。当 Activity 创建时，该方法被调用。

onCreate 带有一个参数，这是一个 Bundle 类型的参数，savedInstanceState 是保存当前 Activity 的状态信息。

super. onCreate(savedInstanceState)；

是调用父创建方法，实现保存界面状态信息功能。

setContentView(R. layout. activity_main)；

setContentView 也是调用父类(Window)中的 setContentView 方法，按工程中定义的 activity_main 界面文件实现界面布局显示。

以后为此类增加、扩展的功能全都放在这个方法的后面，实现主程序(类)创建完成后，界面布局实现后的其他功能的实现。

此处我们介绍调试程序常用的日志显示类 Log 及其方法。

二、了解程序调试命令

步骤 6 理解调试程序时的信息显示方法。程序调试离不开对相应信息的显示，巧妙设计输出提示信息能极大地帮助用户快速确定问题点。分析 Android 问题有 2 种显示调试信息的方法，一种是调用 Log 类，另一种是调用 Toast 工具类。其中 Log(android. util. log)是 Android Studio 中的日志工具类，log 类有五个方法，级别由低到高分别是：Log. v、Log. d、Log. i、Log. w、Log. e，其格式可以统一表示为：

Log. <x>(TAG,"XXX 信息内容") //<x>可替换为 v,d,i,w,e

具体内容分别为

1) Log. v：字母 v 代表 Verbose 唠叨的意思，即不厌其烦。对应的等级为 VERBOSE。采用该等级的 log，任何消息都会输出。

2) Log. d：字母 d 代表 Debug 调试的意思，对应的等级为 DEBUG。采用该等级的 log，除了 VERBOSE 级别的 log 外，剩余的 4 个等级的 log 都会被输出。

3) Log. i：字母 i 代表 information，为一般提示性的消息，对应的等级为 INFO。采用该等级的 log，不会输出 VERBOSE 和 DEBUG 信息，只会输出剩余 3 个等级的信息。

4) Log. w：字母 w 代表 warning 警告信息，一般用于系统提示开发者需要优化 android 代码等场景，对应的等级为 WARN。该级别 log，只会输出 WARN 和 ERROR 的信息。

5）Log. e：字母 e 代表 error 错误信息，一般用于输出异常和报错信息。该级别的 log，只会输出该级别信息。一般 Android 系统在输出关乎致命信息的时候，都会采用该级别的 log。

步骤 7　在该主程序代码中，在 onCreate 方法内，在 setContentView 方法后，加入 Log 命令，分别显示不同的内容，见图 5－10。

图 5－10　加入日志显示命令

步骤 8　运行项目，运行成功后查看 Logcat 栏的信息，见图 5－11。

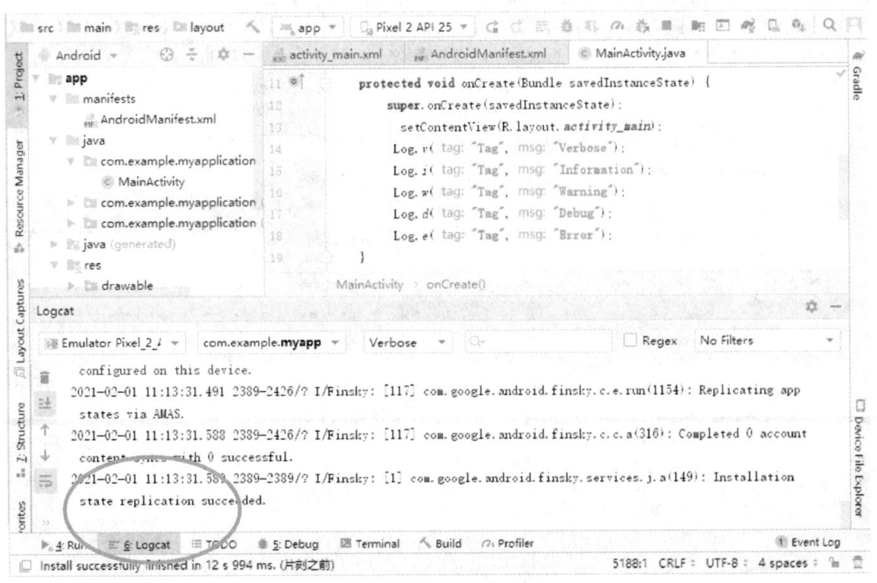

图 5－11　查看日志栏信息

步骤 9 在 Logcat 栏右上角部分，选择编辑过滤器(Edit Filter Configuration)，将打开过滤器对话窗口，见图 5-12。

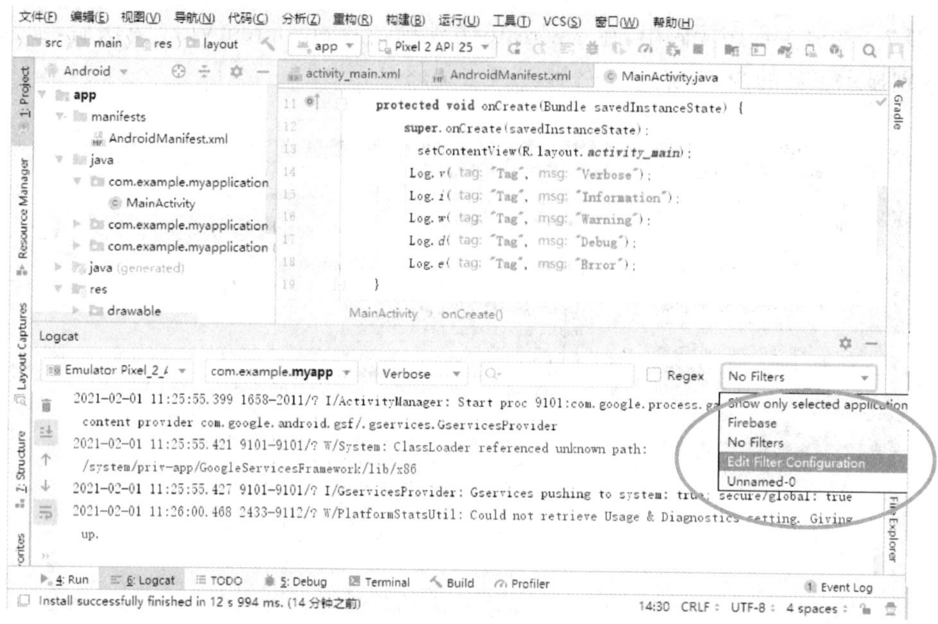

图 5-12 设置信息过滤

步骤 10 在过滤器设置对话框中，过滤器名称保持默认名称，在 Log Tap 中输入我们使用 Log 时用的名称项，此处为“Tag”，勾选上后面的 Regex 项，然后确定，见图 5-13。

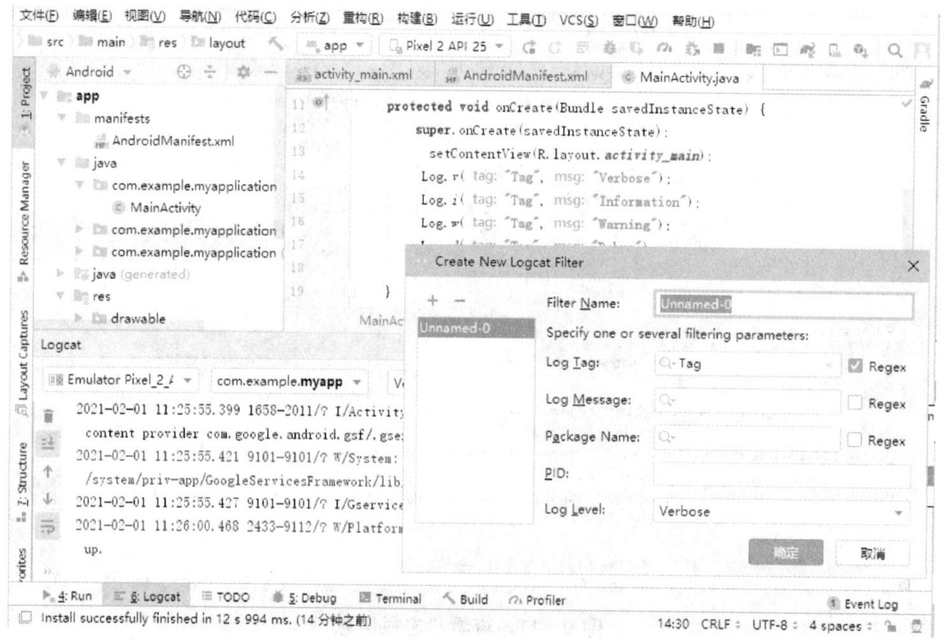

图 5-13 设置标签过程器

步骤 11 过滤完成后的信息显示如图 5－14 所示。

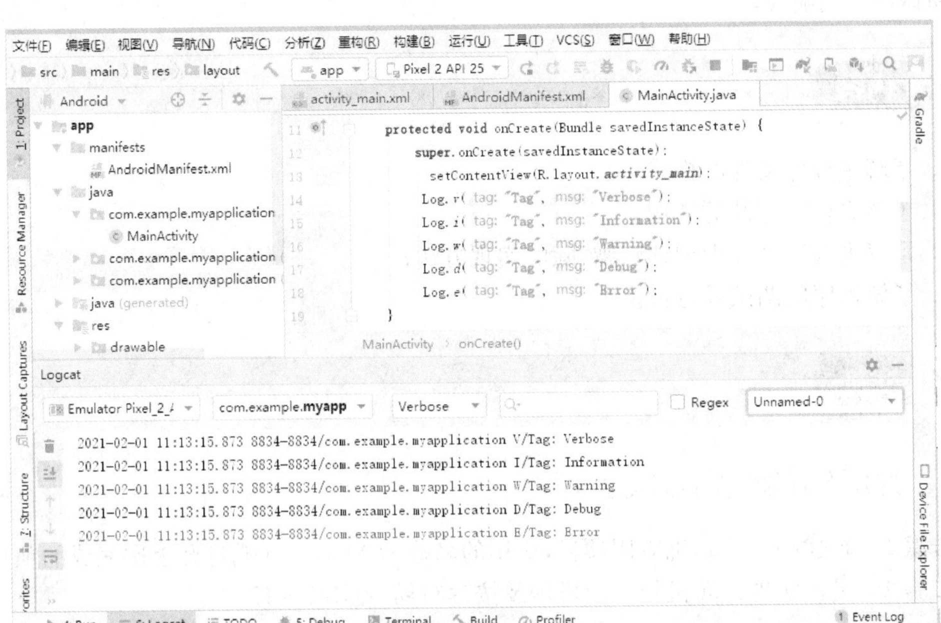

图 5－14 过滤后显示的日志信息

在实际应用中，用户可将该显示信息的命令放到所需要的位置，通过对这些命令的分析，即可得到运行的状态信息，找到问题症结，解决错误问题。

任务三 编写代码实现计算器计算功能

任务描述

通过前面的学习，知道一个应用项目的实现，主要由两大功能部分组成：一个是界面定义部分，如 layout 文件夹中的 activity_maint. xml；另一个是功能实现部分，以主程序文件为核心，文件名称为 MaintActivity. java。以后多界面的更复杂功能的项目也是由这两部分功能实现的。

本任务要通过编写代码完成计算器功能的应用。要从 2 个方面进行，由于计算器的界面在上一个项目中已经设计完成了，本任务的内容仅就主程序的代码编写为实践目标，实现各按钮的功能，最终实现整个计算器项目的功能。

任务分析

Java 语言的语法知识内容较多，此处不做系统的内容讲授，仅就实现计算器的四则运算功能的过程来分析介绍。主要原理是通过对按钮进行监听，获取相应按钮的值，并根据不同的按钮做出不同响应。

任务内容

1. 了解主程序文件的格式；
2. 了解主程序文件的结构；
3. 了解主程序文件中加、减、乘、除的实现方法；
4. 了解程序的调试及运行。

任务实施

一、打开并编辑界面布局文件

步骤 1 新建一个计算机应用项目，应用的名称为 Mycalcu（或打开上次完成的项目）。
步骤 2 设计实现计算机的界面显示及按键布局，见图 5 - 15。

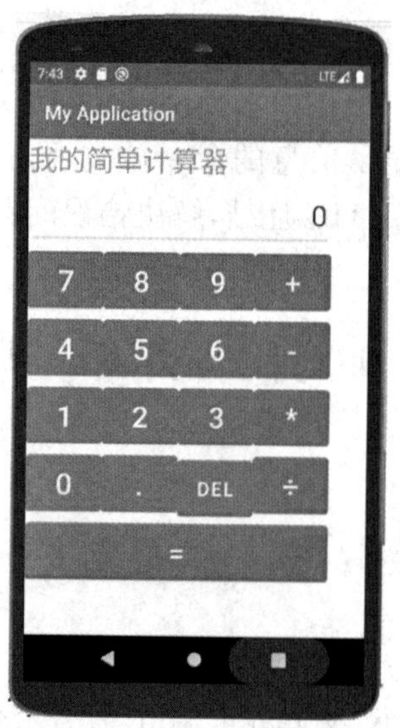

图 5 - 15 计算器界面

本应用的界面布局采用表格式布局形式，界面文件的代码为：

```
<?xml version = "1.0" encoding = "utf-8"?>
<LinearLayout xmlns:android = "http://schemas.android.com/apk/res/android"
    android:orientation = "vertical" android:layout_width = "fill_parent"
    android:layout_height = "fill_parent" android:id = "@ + id/myLayout">
    <TextView
```

```
    android:id="@+id/textView"
    android:layout_width="match_parent"
    android:layout_height="wrap_content"
    android:textSize="30dp"
    android:text="我的简单计算器"/>
<EditText android:id="@+id/tv_result" android:layout_width="320dp"
    android:layout_height="wrap_content" android:gravity="center_vertical|right"
    android:height="70dip" android:text="0"
     android:textSize="30dp"></EditText>
<TableLayout android:id="@+id/buttonArea"
    android:layout_width="fill_parent" android:layout_height="wrap_content">
    <TableRow android:layout_width="fill_parent"
        android:layout_height="70dip">
        <Button android:layout_height="70dip" android:layout_width="80dip"
            android:id="@+id/btn7" android:onClick="onButtonClickHandler"
            android:textSize="30dp" android:text="7"
            android:gravity="center"></Button>
        <Button android:layout_height="70dip" android:layout_width="80dip"
            android:id="@+id/btn8" android:onClick="onButtonClickHandler"
            android:textSize="30dp"   android:text="8"
            android:gravity="center"></Button>
        <Button android:layout_height="70dip" android:layout_width="80dip"
            android:id="@+id/btn9" android:onClick="onButtonClickHandler"
            android:textSize="30dp"   android:text="9"
            android:gravity="center"></Button>
        <Button android:layout_height="70dip" android:layout_width="80dip"
            android:id="@+id/btnAdd" android:onClick="onButtonClickHandler"
            android:textSize="30dp" android:text="+"
            android:gravity="center"></Button>
    </TableRow>
    <TableRow android:layout_width="fill_parent"
        android:layout_height="70dip">
        <Button android:layout_height="70dip" android:layout_width="80dip"
            android:id="@+id/btn4" android:onClick="onButtonClickHandler"
            android:textSize="30dp"   android:text="4"
            android:gravity="center"></Button>
        <Button android:layout_height="70dip" android:layout_width="80dip"
            android:id="@+id/btn5" android:onClick="onButtonClickHandler"
            android:textSize="30dp"   android:text="5"
            android:gravity="center"></Button>
        <Button android:layout_height="70dip" android:layout_width="80dip"
```

```
            android:id="@+id/btn6" android:onClick="onButtonClickHandler"
            android:textSize="30dp"  android:text="6"
            android:gravity="center"></Button>
        <Button android:layout_height="70dip" android:layout_width="80dip"
            android:id="@+id/btnMinus" android:onClick="onButtonClickHandler"
            android:textSize="30dp"  android:text=" - "
            android:gravity="center"></Button>
    </TableRow>
    <TableRow android:layout_width="fill_parent"
        android:layout_height="70dip">
        <Button android:layout_height="70dip" android:layout_width="80dip"
            android:id="@+id/btn1" android:onClick="onButtonClickHandler"
            android:textSize="30dp"  android:text="1"
            android:gravity="center"></Button>
        <Button android:layout_height="70dip" android:layout_width="80dip"
            android:id="@+id/btn2" android:onClick="onButtonClickHandler"
            android:textSize="30dp"  android:text="2"
            android:gravity="center"></Button>
        <Button android:layout_height="70dip" android:layout_width="80dip"
            android:id="@+id/btn3" android:onClick="onButtonClickHandler"
            android:textSize="30dp"  android:text="3"
            android:gravity="center"></Button>
        <Button android:layout_height="70dip" android:layout_width="80dip"
            android:id="@+id/btnMultiply" android:onClick="onButtonClickHandler"
            android:textSize="30dp"  android:text=" * "
            android:gravity="center"></Button>
    </TableRow>
    <TableRow android:layout_width="fill_parent"
        android:layout_height="70dip">
        <Button android:layout_height="70dip" android:layout_width="80dip"
            android:id="@+id/btn0" android:onClick="onButtonClickHandler"
            android:textSize="30dp"  android:text="0"
            android:gravity="center"></Button>
        <Button android:layout_height="70dip" android:layout_width="80dip"
            android:id="@+id/btnPoint" android:onClick="onButtonClickHandler"
            android:textSize="30dp"  android:text=". "
            android:gravity="center"></Button>
        <Button
            android:id="@+id/btnDel"
            android:layout_width="80dip"
            android:layout_height="70dip"
```

```
        android:onClick = "onButtonClickHandler"
        android:text = "del"
        android:textSize = "24dp">
        </Button>
    <Button android:layout_height = "70dip" android:layout_width = "80dip"
        android:id = "@ + id/btnDivide" android:onClick = "onButtonClickHandler"
        android:textSize = "30dp"   android:text = " ÷ "
        android:gravity = "center"></Button>
  </TableRow>
  <TableRow
      android:layout_width = "379dp"
      android:layout_height = "40dp">
  <Button
        android:id = "@ + id/btnEqual"
        android:layout_width = "wrap_content"
        android:layout_height = "70dip"
        android:onClick = "onButtonClickHandler"
        android:text = " = "
        android:layout_span = "4"
        android:textSize = "30dp">
  </Button>
  </TableRow>
</TableLayout>
</LinearLayout>
```

二、打开并编辑主程序文件

总的设计思路是：创建各按钮及显示控件对象，建立与界面布局上控件的连接，设置按钮事件的侦听，定义按钮事件功能，最终实现结果的显示。

步骤 3　找到主程序文件 MainActivity. java，编写主程序文件的 java 语言代码。

（需要注意的是，文件中的第 1 行语句，包名可能与同学们创建的不完全一致，所以输入时应注意第 1 行语句，同学们要用自己创建项目包的包名。同时，还要注意类的名称与存储的文件名也要一致。）

1. 创建各按钮及显示对象（部分）

```
private TextView calculator_monitor;
private Button but_0,but_1,but_2,but_3,but_4,but_5,but_6,but_7,
      but_8,but_9,but_clear,but_divide,but_multiply,but_add,but_minus,
      but_radic,but_dot,but_equal,but_percent;
      ...
```

2. 建立与界面布局上控件的连接及对应(部分)

```
calculator_monitor = (TextView)findViewById(R.id.tv_result);
but_0 = (Button)findViewById(R.id.btn0);
but_1 = (Button)findViewById(R.id.btn1);
but_2 = (Button)findViewById(R.id.btn2);
but_3 = (Button)findViewById(R.id.btn3);
but_4 = (Button)findViewById(R.id.btn4);
but_5 = (Button)findViewById(R.id.btn5);
but_6 = (Button)findViewById(R.id.btn6);
but_7 = (Button)findViewById(R.id.btn7);
but_8 = (Button)findViewById(R.id.btn8);
but_9 = (Button)findViewById(R.id.btn9);
...
```

3. 设定按钮事件的侦听(部分)

```
but_0.setOnClickListener(new MyOnClickListener());//加侦听监视
but_1.setOnClickListener(new MyOnClickListener());
but_2.setOnClickListener(new MyOnClickListener());
but_3.setOnClickListener(new MyOnClickListener());
but_4.setOnClickListener(new MyOnClickListener());
but_5.setOnClickListener(new MyOnClickListener());
but_6.setOnClickListener(new MyOnClickListener());
but_7.setOnClickListener(new MyOnClickListener());
but_8.setOnClickListener(new MyOnClickListener());
but_9.setOnClickListener(new MyOnClickListener());
...
```

4. 设计按钮行为,实现数字输入(按钮功能的实现)(片段)

```
class MyOnClickListener implements View.OnClickListener{
 public void onClick(View v){//点击事件的处理方法
    switch (v.getId()){
        case R.id.btn0:
            String str0 = calculator_monitor.getText().toString();//获取输入的内容并
转换为 string 型
            str0 + = "0";
            calculator_monitor.setText(str0);
            break;
        case R.id.btn1:
            String str1 = calculator_monitor.getText().toString();
            str1 + = "1";
```

```
            calculator_monitor.setText(str1);
            break;
...
...
```

5. 实现功能(加法)定义(片段)

```
case R.id.btnAdd:
            String stradd = calculator_monitor.getText().toString();
            if(stradd.equals(null)){
               return;
            }
            num1 = Double.valueOf(stradd);
            stradd + = " + ";
            calculator_monitor.setText(null);
            operation = 1;
            break;
...
...
```

6. 实现功能操作(加法功能)(片段)

```
   switch(operation){
      case 1:                              //加法
            result = num1 + num2;
             calculator_monitor.setText(String.valueOf(num1) + " + " + String.valueOf
(num2) + " = " + String.valueOf(result));
            break;
      case 2:                              //减法
          result = num1-num2;
           calculator_monitor.setText(String.valueOf(num1) + " - " + String.valueOf
(num2) + " = " + String.valueOf(result));
          break;
   ...
   ...
```

完整程序的代码为：

```
package com.mobildevelop.mycalcu;

import android.os.Bundle;
import android.view.View;
import android.widget.Button;
```

```
import android.app.Activity;
import android.widget.TextView;
import android.widget.Toast;

import androidx.appcompat.app.AppCompatActivity;

public class MyCalcu1 extends AppCompatActivity {
    private TextView calculator_monitor;
    private Button but_0,but_1,but_2,but_3,but_4,but_5,but_6,but_7,but_8,but_9,but_clear,
but_divide,but_multiply,but_add,but_minus,but_radic,but_dot,but_equal,but_percent;
    double num1 = 0,num2 = 0;
    double result = 0;           //Calculation results
      int operation = 0;        //Operands

@Override
protected void onCreate(Bundle savedInstanceState) {
      super.onCreate(savedInstanceState);
      setContentView(R.layout.activity_main);
      calculator_monitor = (TextView)findViewById(R.id.tv_result);
      but_0 = (Button)findViewById(R.id.btn0);
      but_1 = (Button)findViewById(R.id.btn1);
      but_2 = (Button)findViewById(R.id.btn2);
      but_3 = (Button)findViewById(R.id.btn3);
      but_4 = (Button)findViewById(R.id.btn4);
      but_5 = (Button)findViewById(R.id.btn5);
      but_6 = (Button)findViewById(R.id.btn6);
      but_7 = (Button)findViewById(R.id.btn7);
      but_8 = (Button)findViewById(R.id.btn8);
      but_9 = (Button)findViewById(R.id.btn9);
      but_add = (Button)findViewById(R.id.btnAdd);
      but_clear = (Button)findViewById(R.id.btnCl);
      but_divide = (Button)findViewById(R.id.btnDivide);
      but_dot = (Button)findViewById(R.id.btnPoint);
      but_equal = (Button)findViewById(R.id.btnEqual);
      but_minus = (Button)findViewById(R.id.btnMinus);
      but_multiply = (Button)findViewById(R.id.btnMultiply);

      but_0.setOnClickListener(new MyOnClickListener());  //加侦听监视
      but_1.setOnClickListener(new MyOnClickListener());
      but_2.setOnClickListener(new MyOnClickListener());
      but_3.setOnClickListener(new MyOnClickListener());
```

```
    but_4.setOnClickListener(new MyOnClickListener());
    but_5.setOnClickListener(new MyOnClickListener());
    but_6.setOnClickListener(new MyOnClickListener());
    but_7.setOnClickListener(new MyOnClickListener());
    but_8.setOnClickListener(new MyOnClickListener());
    but_9.setOnClickListener(new MyOnClickListener());
    but_clear.setOnClickListener(new MyOnClickListener());
    but_divide.setOnClickListener(new MyOnClickListener());
    but_minus.setOnClickListener(new MyOnClickListener());
    but_add.setOnClickListener(new MyOnClickListener());
    but_equal.setOnClickListener(new MyOnClickListener());
    but_multiply.setOnClickListener(new MyOnClickListener());
    but_dot.setOnClickListener(new MyOnClickListener());
    //but_radic.setOnClickListener(new MyOnClickListener());
    //but_percent.setOnClickListener(new MyOnClickListener());

}
class MyOnClickListener implements  View.OnClickListener{
    public void onClick(View v){                          //点击事件的处理方法
        switch (v.getId()){
            case R.id.btnCl:
                calculator_monitor.setText(null);
                break;
            case R.id.btn0:
                String str0 = calculator_monitor.getText().toString();//获取输入的内容
并转换为 string 型
                str0 + = "0";
                calculator_monitor.setText(str0);
                break;
            case R.id.btn1:
                String str1 = calculator_monitor.getText().toString();
                str1 + = "1";
                calculator_monitor.setText(str1);
                break;
            case R.id.btn2:
                String str2 = calculator_monitor.getText().toString();
                str2 + = "2";
                calculator_monitor.setText(str2);
                break;
            case R.id.btn3:
                String str3 = calculator_monitor.getText().toString();
```

```
            str3 + = "3";
            calculator_monitor.setText(str3);
            break;
        case R.id.btn4:
            String str4 = calculator_monitor.getText().toString();
            str4 + = "4";
            calculator_monitor.setText(str4);
            break;
        case R.id.btn5:
            String str5 = calculator_monitor.getText().toString();
            str5 + = "5";
            calculator_monitor.setText(str5);
            break;
        case R.id.btn6:
            String str6 = calculator_monitor.getText().toString();
            str6 + = "6";
            calculator_monitor.setText(str6);
            break;
        case R.id.btn7:
            String str7 = calculator_monitor.getText().toString();
            str7 + = "7";
            calculator_monitor.setText(str7);
            break;
        case R.id.btn8:
            String str8 = calculator_monitor.getText().toString();
            str8 + = "8";
            calculator_monitor.setText(str8);
            break;
        case R.id.btn9:
            String str9 = calculator_monitor.getText().toString();
            str9 + = "9";
            calculator_monitor.setText(str9);
            break;
        case R.id.btnPoint:
            String strdot = calculator_monitor.getText().toString();
            strdot + = ".";
            calculator_monitor.setText(strdot);
            break;
        case R.id.btnAdd:
            String stradd = calculator_monitor.getText().toString();
            if(stradd.equals(null)){
```

```
            return;
        }
        num1 = Double.valueOf(stradd);
        stradd + = "+";
        calculator_monitor.setText(null);
        operation = 1;
        break;
    case R.id.btnMinus:
        String strminus = calculator_monitor.getText().toString();
        if(strminus.equals(null)){
            return;
        }
        num1 = Double.valueOf(strminus);
        strminus + = "-";
        calculator_monitor.setText(null);
        operation = 2;
        break;
    case R.id.btnMultiply:
        String strmultiply = calculator_monitor.getText().toString();
        if(strmultiply.equals(null)){
            return;
        }
        num1 = Double.valueOf(strmultiply);
        strmultiply + = "*";
        calculator_monitor.setText(null);
        operation = 3;
        break;
    case R.id.btnDivide:
        String strdivide = calculator_monitor.getText().toString();
        if(strdivide.equals(null)){
            return;
        }
        num1 = Double.valueOf(strdivide);
        strdivide + = "/";
        calculator_monitor.setText(null);
        operation = 4;
        break;
    case R.id.btnEqual:
        String strequ = calculator_monitor.getText().toString();
        num2 = Double.valueOf(strequ);
        //calculator_monitor.setText(null);
```

```
                switch(operation){
                    case 1:
                        result = num1 + num2;
calculator_monitor.setText(String.valueOf(num1) + " + " + String.valueOf(num2) + " = " +
String.valueOf(result));
                        break;
                    case 2:
                        result = num1-num2;
                        calculator_monitor.setText(String.valueOf(num1) + " - "
 + String.valueOf(num2) + " = " + String.valueOf(result));
                        break;
                    case 3:
                        result = num1 * num2;
calculator_monitor.setText(String.valueOf(num1) + " × " + String.valueOf(num2) + " = " +
String.valueOf(result));
                        break;
                    case 4:
                        if(num2 = = 0){
                            calculator_monitor.setText("被除数不能为 0!");
                        }
                        else {
                            result = num1/num2;
                            calculator_monitor.setText(String.valueOf(num1)
+ " ÷ " + String.valueOf(num2) + " = " + String.valueOf(result));
                        }
                        break;
                    case 5:
                        result = num1/100;
                        calculator_monitor.setText(String.valueOf(num1) + " % "
+ " = " + String.valueOf(result));
                        break;
                    default:
                        result = 0;
                        break;
                }
            }
        }
    }
}
```

步骤 4　在虚拟机中运行程序，调试并验证该计算器的功能，见图 5－16。

图 5-16 计算器的运算结果

任务四 样式、主题与国际化*(选学)

任务描述

在 Android 系统中,为了实现更好的界面效果和操作体验,在界面设计上,系统提供了很多样式和主题,这些样式和主题可以定义布局在界面上的控件的显示风格。

任务分析

样式:是包含一个或者多个 View 控件属性的集合。其作用与网页中的 CSS 样式相似,是作为界面元素定义外观显示风格。样式只能作用于单个 View,如 EditText、TextView,使用样式可以对多个控件具有的重复属性统一抽取出来进行编写,避免书写大量重复代码。

主题:是包含一个或者多个 View 控件样式的集合,与样式的功能有相似之处,但样式是针对 View 的,比如 TextView、Button 等控件,主题是针对 Activity 整个应用的。主题通过 AndroidManifest. xml 中的<application>和<activity>节点作用在整个应用项目或者整个 Activity 上,其影响是全局性的。

要注意的情况是,如果一个应用中使用了主题,同时应用下的 View 也使用了样式,此时主题和样式中的属性发生冲突,则样式的优先级高于主题。

国际化则是主题样式在不同的语言环境中的拓展应用。所谓国际化,就是指软件在开发时就应该具备支持多种语言和地区的功能,所开发的软件能同时应对不同国家和地区的用户访问,并针对不同国家和地区的用户,提供相应的、符合来访者阅读习惯的页面或数据。由于国际化 Internationalization 这个单词的首字母"I"和尾字母"N"之间有 18 个字符,因此国际化被简称为 I18N。

任务内容

1. 了解风格样式的实现方法;
2. 了解主题设置的操作方法;
3. 了解国际化的实现方法。

任务实施

由于安卓采用 XML 文件来管理资源文件,因此设置样式、主题、国际化等都可简单的通过设置相应项来实现。下面分别介绍各项操作。

一、样式设置

步骤 1 新建一个项目,或打开项目四中的登录界面,进入 Androidstudio 平台环境界面。

步骤 2 在左侧资源目录区的右侧 res/values 文件夹右击,在快捷菜单中选择新建 XML 文件中的 XML 类中的 Values XML Files,见图 5-17。

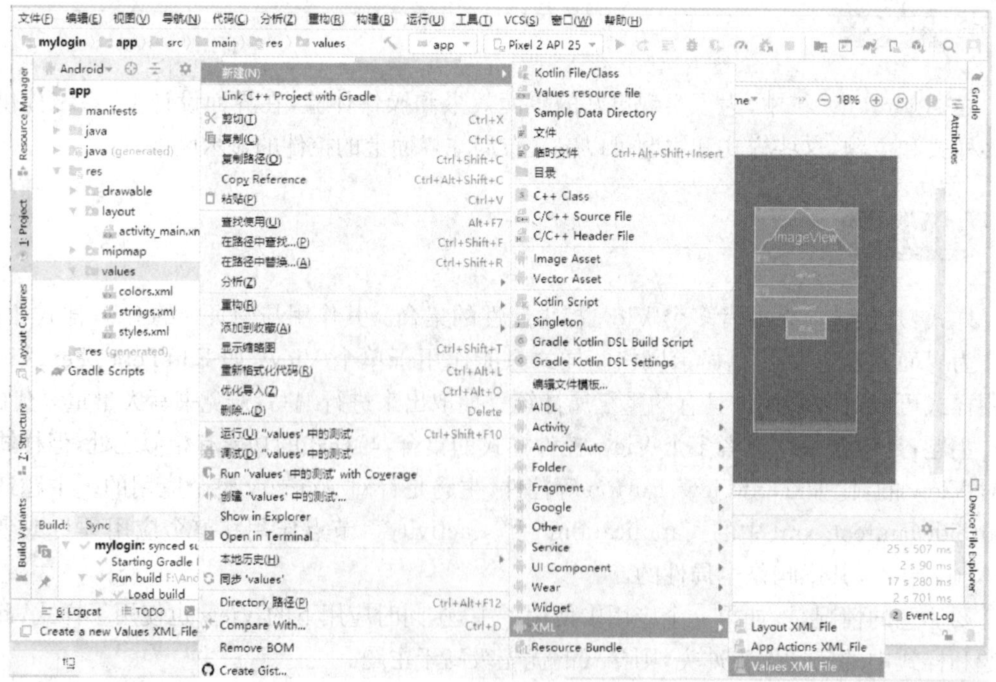

图 5-17 新建 XML 样式文件

步骤 3　在新弹出的对话窗口中，输入文件的名称，此处输入“mystyles”。然后点击确定，见图 5－18。

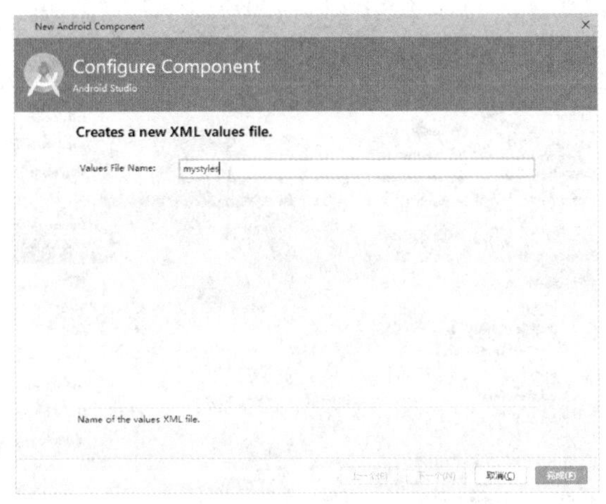

图 5－18　输入样式文件名称

步骤 4　在编辑区 mystyle. xml 文件中，在<resource>节点命令之间，输入自定义的属性项，见图 5－19。包括字体、大小、颜色、风格。

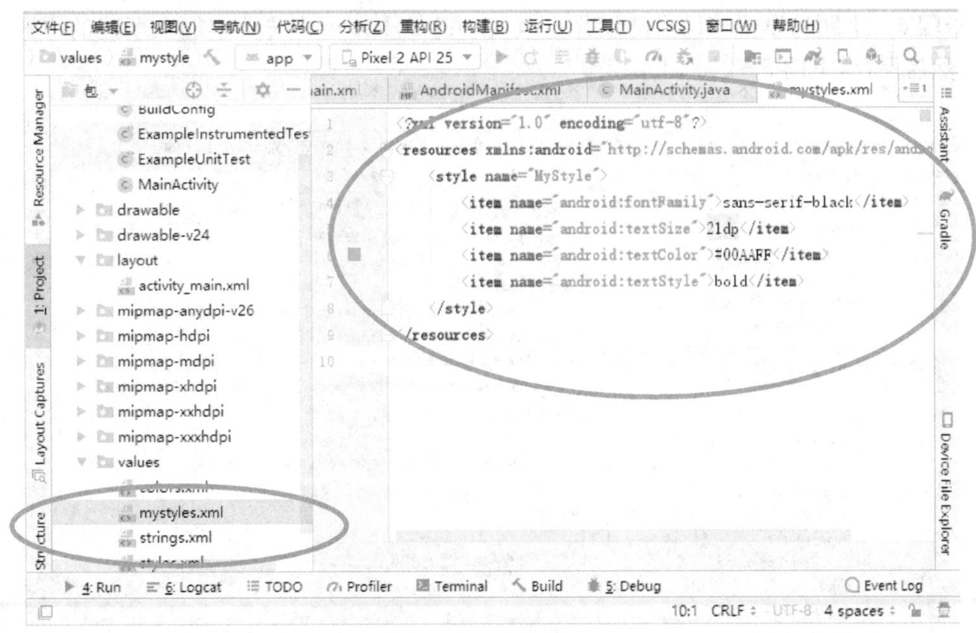

图 5－19　编辑样式文件

步骤 5　在<resource>节点输入定义颜色、字体大小、风格等的样式命令，其次保存关闭文件，然后选择指定的控件，此处还是选择贴号文本框控件，设置其 style 属性为用户自定义的样式文件，见图 5－20。

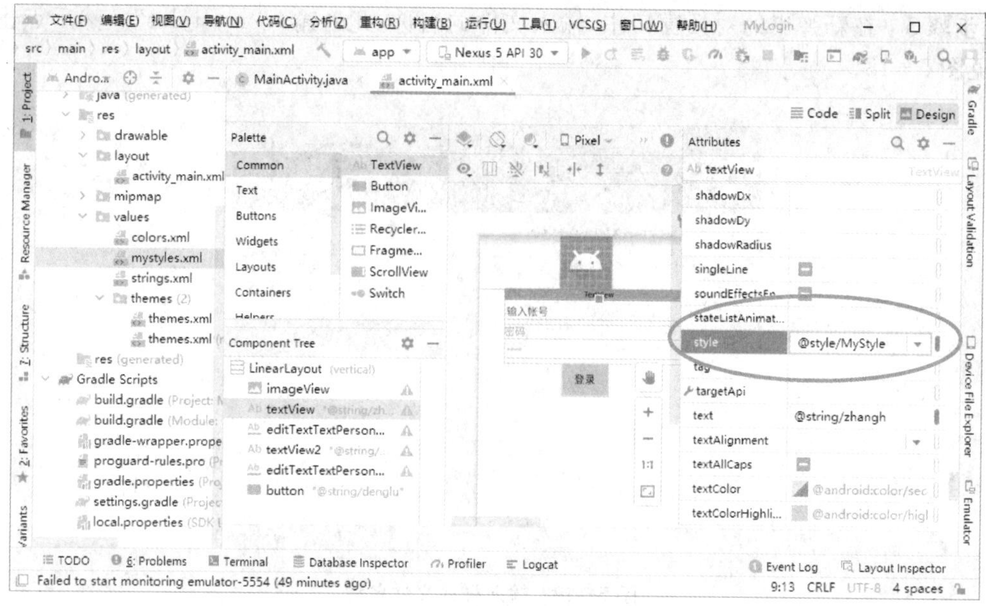

图 5-20　设置文本框控件的风格

二、主题设置

步骤 6　主题的设置与风格的设置相似，在 mystyles.xml 文件中加入新建的主题命令标签，然后保存，见图 5-21。

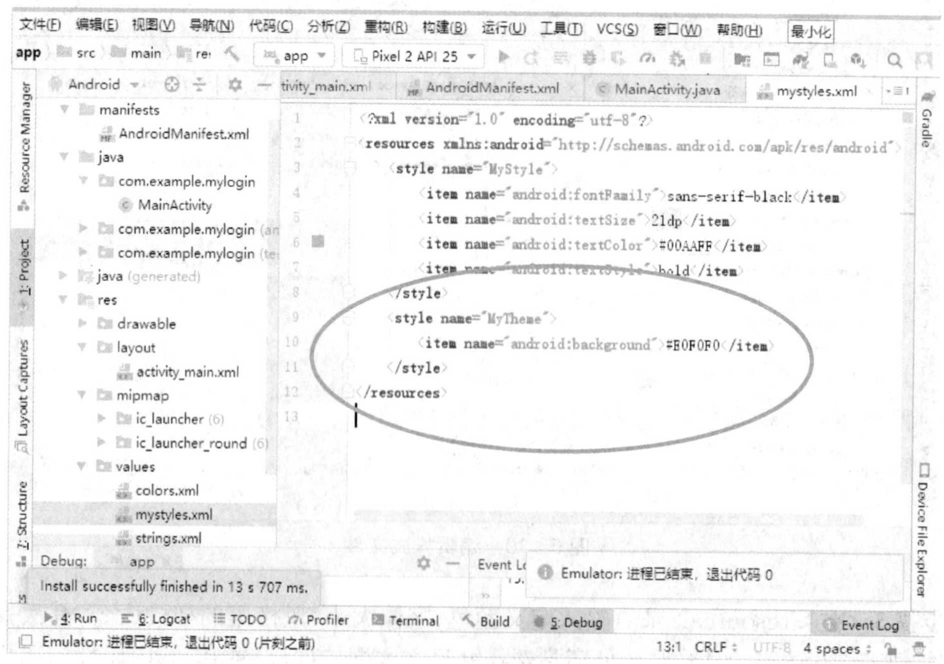

图 5-21　加入主题设置命令

步骤 7 在设计界面中，选中最外层的整个布局，在属性栏上找到 theme 属性项，选择@style/MyTheme 项目，即完成了主题的设置，具体效果见图 5－22。

图 5－22 应用主题的效果

三、国际化设置

项目国际化实质就是对界面控件的外观等属性做多套方案的配置，需要注意的是，在匹配资源时系统会先找语言、地区完全匹配的。如果没有地区匹配的，则查找语言匹配的。本处以中英 2 个方案加以说明。

具体原理为，创建 2 个 strings. xml 字符串说明文件，strings. xml(zh)和 strings. xml(en)即分别有中文和英文的后缀，文件的内容是对默认 strings. xml 同一名称的字符串代表的内容分别用中文和英文进行定义。这样当启动时系统会按本地语言查找对应的 Strings. xml 定义的内容进行显示解析。操作步骤如下所述。

步骤 8 在左侧目录区找到 res 下 values 文件夹，右击后弹出快捷菜单，选择新建 values 的资源文件(new->Values Resource File)参见图 5－23。

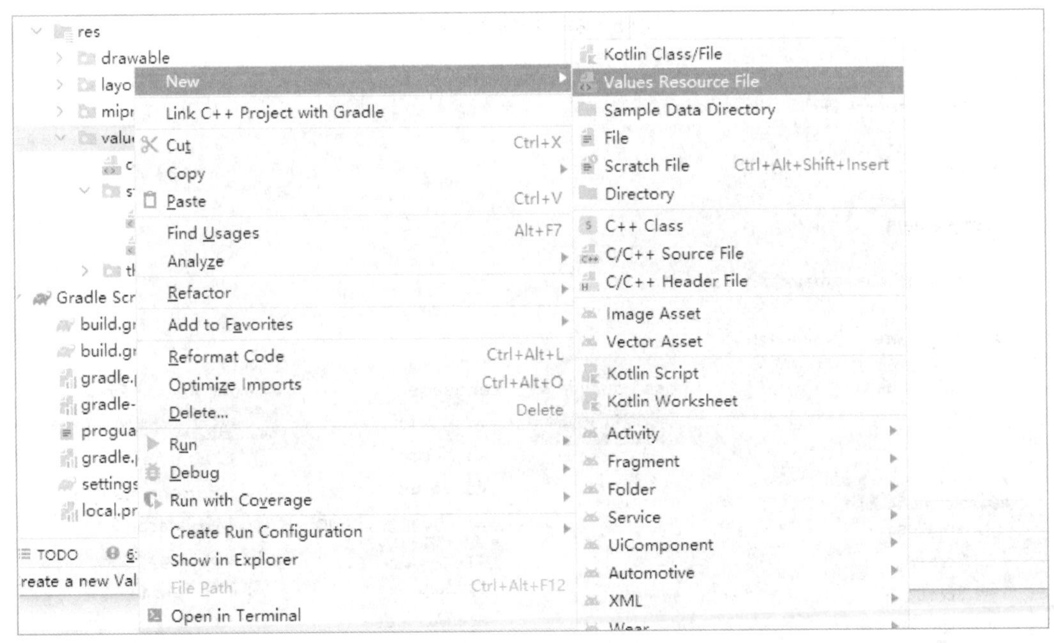

图 5－23 新建 values 资源文件

步骤 9 在新弹出的对话框中，文件名称栏输入文件名称：strings，其他三项默认，在左侧最下方资格选项中选择 local 项，然后单击中间的右移按钮，参见图 5－24。

步骤 10 在弹出的资格选项窗口中 language 栏选择 zh：Chinese，区域选择 Any Region，然后点击 OK 按钮确定，创建了中文的 strings. xml(zh)，参见图 5－25。

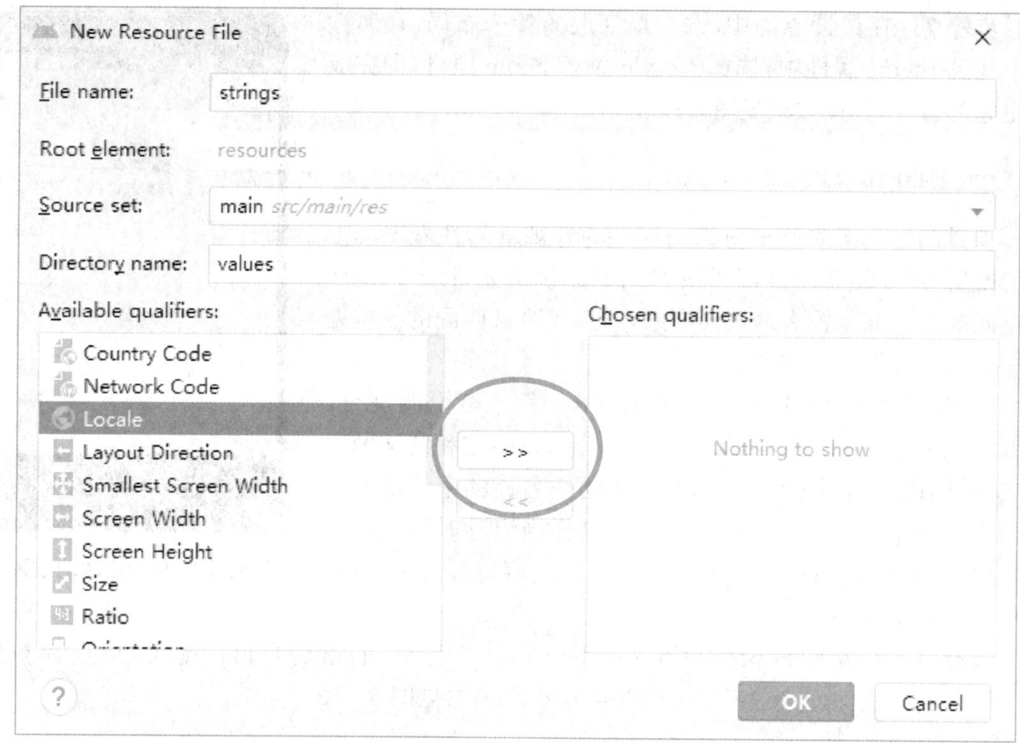

图 5－24　选择本地项目

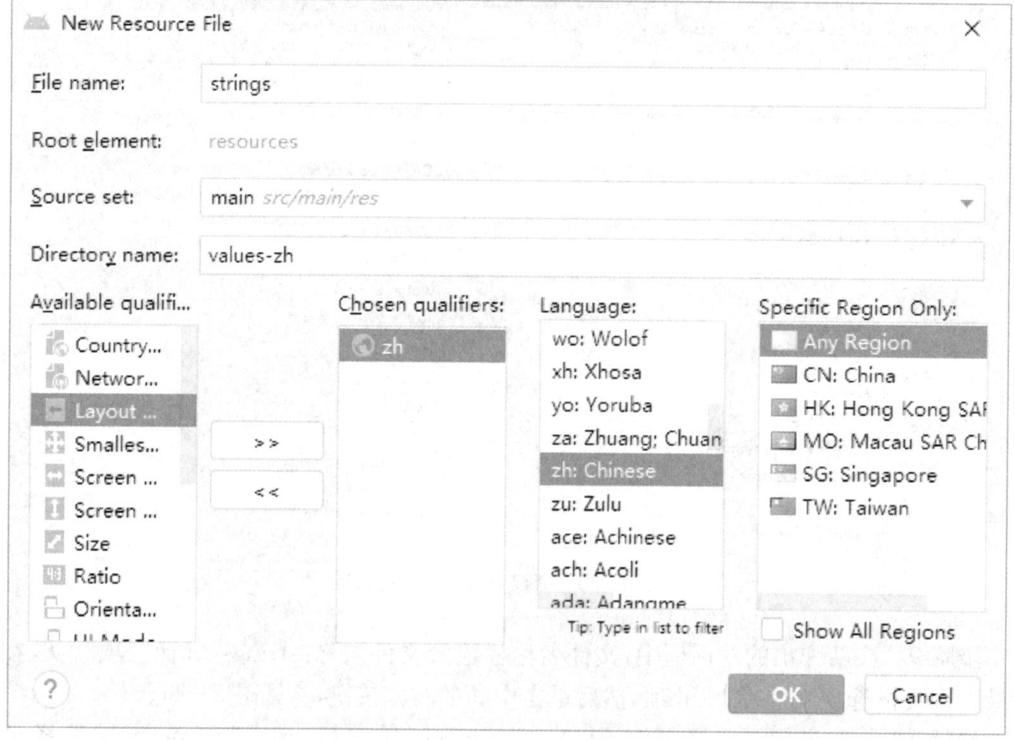

图 5－25　选择 zh：Chinese 中文项目

步骤 11　用同样的方法创建英文版的 strings. xml(en),创建完成后分别添加文件中各字符串定义的文字内容,参见图中的红线框部分,修改完成的内容,如图 5-26 所示。

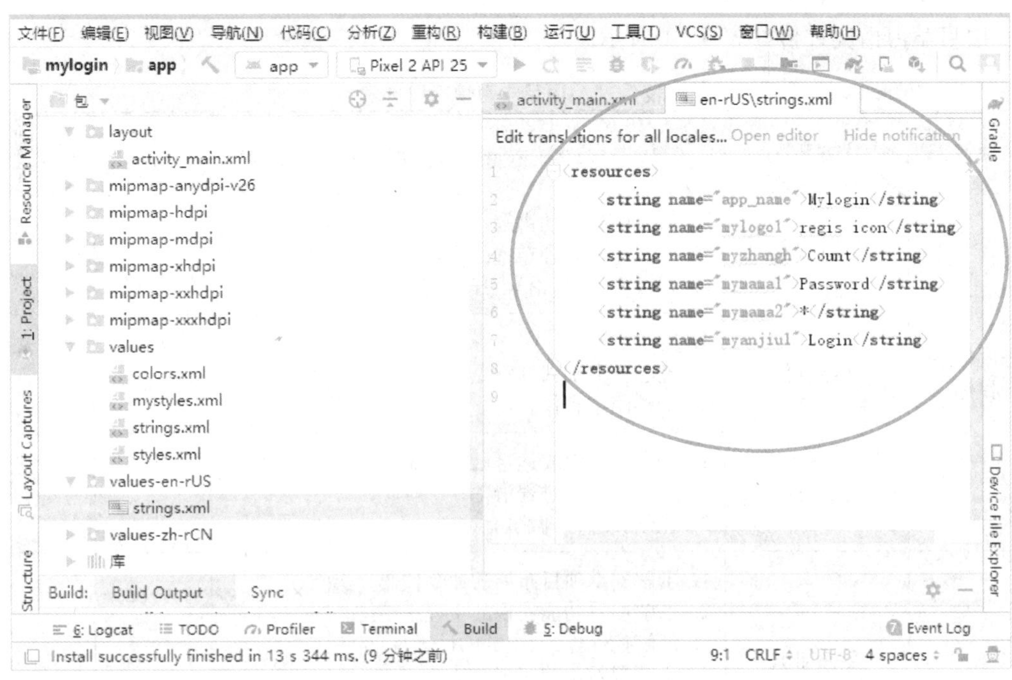

图 5-26　分别设置中、英版 stringx. xml 文档定义的字串内容

步骤 12　在虚拟机中,设置本机语言环境第一位置为英文,参见图 5-27。

步骤 13　在重新启动项目后,屏幕上显示的是英文的界面,参见图 5-28。

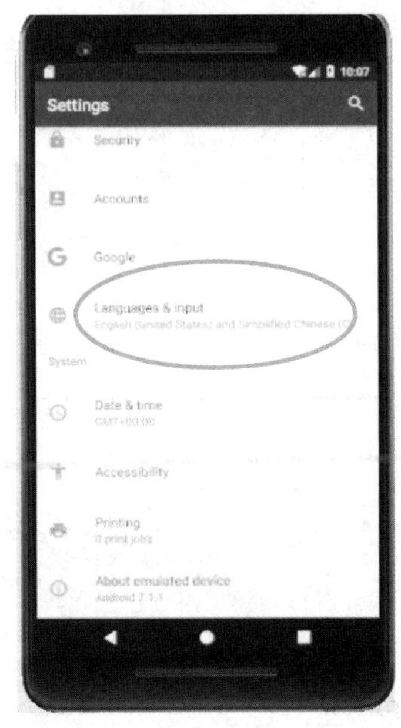

图 5-27　设置虚拟手机的语言环境

图 5-28　英文界面的环境

知识拓展

项目评价

项目学习情况评价如表 5-1 所示。

表 5-1　项目学习情况评价表

项目	方面	等级(分别为 5、4、3、2、1 分)	自我评价	同伴评价	导师评价
态度情感目标	态度认真	1. 认真听导师的讲解; 2. 认真完成导师布置的作业; 3. 积极发言、讨论学习问题。			
	团结合作	1. 善于沟通; 2. 虚心听取别人的意见; 3. 能够团结合作。			
	分析思维	1. 能有条理地表达自己的意见; 2. 解决问题的过程清楚; 3. 能创新思考,做事有计划。			
知识技能目标	掌握知识	1. 了解安卓项目布局的命令代码; 2. 了解项目功能实现的主程序结构; 3. 理解控件样式、主题的设置; 4. 了解国际化的实现方法; 5. 了解 Log 类的方法; 6. 了解计算器的实现思路。			
	职业能力	1. 能简述实现样式、主题的操作; 2. 能讲述实现国际化的过程及方法; 3. 能说明实现计算机功能的思路; 4. 掌握程序调试的 Log 类的使用。			
综合评价					

项目五 习题

一、单选题

1. 安卓 AndroidManifest. xml 文件的子节点不包括(　　)。

A. application　　B. services　　C. permission　　D. provider

2. Android 项目启动时最先加载的是 AndroidManifest. xml 文件,如果有多个

Activity，以下哪个属性决定了该Activity最先被加载？（　　）

A. android.intent.action.LAUNCH　　B. android:intent.action.ACTIVITY

C. android:intent.action.MAIN　　D. android:intent.action.VIEW

3. 以下关于安卓的国际化的说法正确的是（　　）。

A. 安卓国际化就是将app上架到各国的安卓应用商店

B. 安卓国际化就是将安卓app相关显示数据设置不同语言版本

C. 安卓国际化就是将安卓操作系统进行定制

D. 安卓国际化就是将安卓app适配各国际品牌手机

4. 关于主题的说法，不正确的是（　　）。

A. 它是属性集合　　B. 它可以在程序中来设置

C. 它通常用于一个或所有Activity　　D. 它可以用于单个TextView上

5. 在android程序中，log.w（　　）用于输出什么级别的日志信息？（　　）

A. 调试　　B. 信息　　C. 警告　　D. 错误

6. 在Activity中需要找到一个id是bookName的TextView组件，下面哪种语句写法是正确的？（　　）

A. TextView tv=this.findViewById(R.id.bookName)

B. TextView tv=(TextView)this.findViewById(R.id.code)

C. TextView tv=(TextView)this.findViewById(R.id.bookName)

D. TextViewtv=(TextView)this.findViewById(R.string.bookName)

7. 如果将一个TextView的android:layout_height属性值设置为wrap_content，那么该组件将是以下哪种效果显示？（　　）

A. 该文本域的宽度将填充父容器宽度

B. 该文本域的宽度仅占据该组件的实际宽度

C. 该文本域的高度将填充父容器高度

D. 该文本域的高度仅占据该组件的实际高度

8. 当Activity被销毁时，如何保存它原来的状态？（　　）

A. 实现Activity的onSaveInstanceState()方法

B. 实现Activity的onSaveInstance()方法

C. 实现Activity的onInstanceState()方法

D. 实现Activity的onSaveState()方法

9. 下面的自定义style的方式正确的是（　　）。

A.
```
<resources>
    <style name="myStyle">
        <item name="android:layout_width">fill_parent</item>
    </style>
</resources>
```

B.
```
<style name="myStyle">
    <item name="android:layout_width">fill_parent</item>
</style>
```

C. <resources>
<item name="android:layout_width">fill_parent
</item>
</resources>

D. <resources>
<style name="android:layout_width">fill_parent
</style>
</resources>

10. 下面说法不正确的是(　　)。

A. Android 应用的 gen 目录下的 R. java 被删除后还能自动生成

B. res 是一个特殊目录,包含了应用程序的全部资源,命名规则可以支持数字(0～9)下横线(_),大小写字母(a～z,A～Z)

C. AndroidManifest. xml 文件每个项目必须有,且是项目应用的全局描述。用来指定程序的包名,指定 android 应用的某个组件的名字,申请许可权限等

D. assets 和 res 目录都能存放资源文件,但是与 res 不同的是,assets 支持任意深度的子目录,在它里面的文件不会在 R. java 里生成任何资源 ID

二、填空题

1. 元素中 layout_width 的取值有 wrap_content、________、fill_parent、自定义长度。

2. 创建只显示文本的 Toast 对象时,建议使用________方法。

3. android 虚拟设备的缩写是________。

4. android 中要访问网络,必须先在________中注册,申请网络访问权限。

5. android 中要实现 Toast 的显示,必须在最后调用________方法。

6. android 中进行程序调试通常采用 Log 类来实现,Log 类有________种方法。

7. log. i(Tag,"XXX");是显示______________信息。

8. 给 Activity 指定主题的属性是________。

三、是非题

1. 一个 Activity 就是一个可视化的界面或者看成控件的容器。(　　)

2. res/raw 目录会转换为二进制的格式,然后原封不动地存储到设备上。(　　)

3. 安卓项目放在 res/和 assets/下的资源文件都会在 R. java 文件里生成相应的编号。(　　)

4. 给 Activity 指定样式的属性是 theme。(　　)

5. 网格布局是 Android 4.0 新增的布局,它实现了控件的交错显示,能够避免因布局嵌套对设备性能的影响,更利于自由布局的开发。(　　)

6. 在 Android 开发中,想让软件支持简体中、英语两种系统环境,需要在 res 目录下新建两个 values 文件夹,分别命名为 values-zh-rCN、values-en-rUS。

7. 在 Android UI 开发中,通常情况下使用主题定义一个界面或者整个软件界面的风格,使用样式定义控件的风格。(　　)

8. 当用@string/xxx 方式引用一个文本资源时，Android 首先判断手机设置的语言和地区，然后去对应的 values 目录下找到 strings. xml 文件，引用其中的内容。（　　）

9. 国际化 Internationalization 这个单词的首字母“I”和尾字母“N”之间有 18 个字符，因此国际化简称为 I18N。（　　）

四、简答题

1. 简述清单文件 AndroidManifest. xml 的用途。

答案

2. AndroidManifest. xml 主要包含哪些功能？

3. Android 工程 build/generated 某特定目录下有一个 R. java 文件，该文件的作用是什么？

4. 在 Logcat 栏中的 Log 信息显示哪些内容？

5. 如何在程序清单文件 AndroidManifest. xml 中配置 Activity？

用户数据的文件存储

项目情景

用户数据的存储是移动应用中经常用到的功能，不论是用户注册的名称、密码信息，还是更大范围的用户资源、财富信息，都需要用到这个功能。

小康同学本项目的工作任务就是对用户登录注册时的用户信息进行保存，实现用户信息数据的长期可靠存储，在任务实施过程中了解并掌握数据存储的种类、方法，掌握存储文件的查看方法。

通过这个项目的实践，达到了解并掌握 Android 数据存储的相关技术及操作方法，了解后台数据的查看操作，并进一步熟悉开发环境及其应用，为后续开发任务实施奠定基础。

学习目标

1. 了解 Android 系统中数据存储的种类；
2. 掌握 Android 数据存储为内部文件的方法；
3. 掌握 Android 数据存储为外部文件的方法；
4. 掌握用 XML 格式保存数据信息的读写操作。

任务一 用内部文件存储用户注册数据

任务描述

Android 系统提供了多种数据存储方式，比较常用的方式有 5 种：分别是文件存储(file)、数据库存储(SQLite)、共享引用(SharePreferences)、内容提供者(Content Provider)和网络存储。本项目主要讲述文件存储的方法及操作。

文件存储是通过 I/O 数据流的形式把数据直接存储到文档中，根据文档存储位置的不同，文件存储又分为内部存储和外部存储。存储方式不同，操作方法不同，读写操作的命令和过程也略有不同。本任务主要是了解、掌握内部文件的存储操作。

内部存储是指将项目程序中的数据以文件方式存储到系统的内部(此处请注意是系统的内部)。由于形式固定,位置也是固定的,文件的位置位于 data/data/<packagename>/files/的目录下,其中的包名就是用户自己建立的项目包名称,内部存储的文件在权限上是私有属性,如果其他应用程序要操作该数据文件,则需要确定读写权限,只有当权限满足要求时才可以使用,这在安全上有了一定的保障。当创建的项目程序被卸载时,存储在内部的数据文件也随之被删除。

任务分析

本任务要求实现数据的内部存储,这需要使用 Android 系统中的 Context 组件提供的 openFileOutput()和 openFileInput()方法,这 2 个方法可以分别创建 FileOutpusStream 和 FileInputStream 对象,对数据文件进行读写操作,具体应用格式如下：

```
FileOutputSreeam   fos = openFileOutput(String name, int mode);
FileInputStream   fis = openFileInput(String name);
```

在第一条命令中,调用了 openFileOutput()方法读取文件,该方法的 2 个参数中,一个是定义的字符串名称,即文件的名称;另一个是读取模式参数即打开方式,类型为整型,该参数确定文件打开时采用的 4 种方式(状态)(即打开方式),即确定了打开文件时的安全限制等级和操作方法,如表 6 - 1 所示。

表 6 - 1　文件打开模式

常量	含　义
MODE_PRIVATE	私有模式,也是默认模式,文件只可以被当前的应用程序访问
MODE_APPEND	追加模式,即如果文件存在就向该文件的末尾加入数据,不覆盖原数据
MODE_WORLD_READABLE	读取模式,所有的应用程序都可对该文件读取文件内容的权限
MODE_WORLD_WRITEABLE	写入模式,赋予所有的应用程序能对该文件写入新内容的权限

任务内容

1. 新创建一个工程项目的注册界面;
2. 界面设置有注册名称、密码及确认密码的信息;
3. 界面上包括提交和返回 2 个按钮控件;
4. 点击提交(注册)按钮,保存数据,信息保存到内部文件 user1. txt 中;
5. 点击返回按钮,退出应用程序。

具体样式见图 6 - 1。

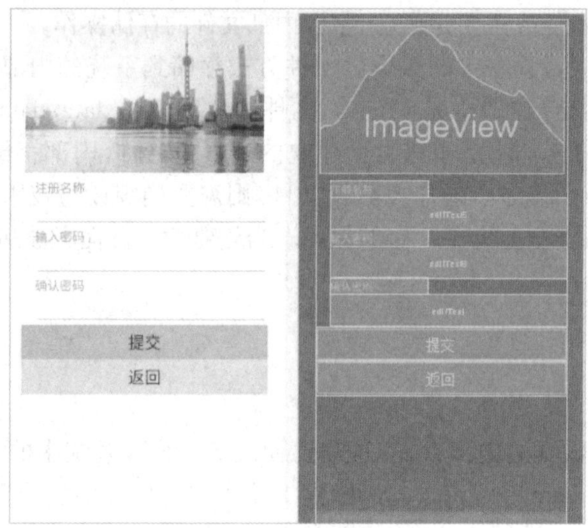

图 6-1 注册信息界面

任务实施

一、存储内部文件

步骤 1 创建应用项目的“注册”界面，利用前面介绍的可视化设计的方法来全新构建。此处的操作过程省略（注意，在界面文件中，要设置两个按钮的单击属性），界面文件代码为：

```
<?xml version="1.0" encoding="utf-8"?>
<androidx.constraintlayout.widget.ConstraintLayout
xmlns:android="http://schemas.android.com/apk/res/android"
    xmlns:app="http://schemas.android.com/apk/res-auto"
    xmlns:tools="http://schemas.android.com/tools"
    android:layout_width="match_parent"
    android:layout_height="match_parent"
    android:orientation="vertical"
    tools:context=".MainActivity">
<LinearLayout
        android:layout_width="wrap_content"
        android:layout_height="0dp"
        android:layout_marginStart="8dp"
        android:layout_marginTop="8dp"
        android:layout_marginEnd="8dp"
        android:layout_marginBottom="8dp"
        android:layerType="software"
        android:orientation="vertical"
```

```
    app:layout_constraintBottom_toBottomOf = "parent"
    app:layout_constraintEnd_toEndOf = "parent"
    app:layout_constraintStart_toStartOf = "parent"
    app:layout_constraintTop_toTopOf = "parent">
<ImageView
        android:id = "@ + id/imageView3"
        android:layout_width = "349dp"
        android:layout_height = "209dp"
        android:layout_gravity = "center"
        android:layout_marginTop = "10dp"
        android:background = "@drawable/dongfangmingzhub"/>
<TextView
        android:id = "@ + id/textView"
        android:layout_width = "140dp"
        android:layout_height = "wrap_content"
        android:layout_marginStart = "20dp"
        android:layout_marginTop = "10dp"
        android:text = "注册名称"
        android:textSize = "18sp"/>
<EditText
        android:id = "@ + id/editText5"
        android:layout_width = "340dp"
        android:layout_height = "wrap_content"
        android:layout_marginStart = "20dp"
        android:ems = "10"
        android:importantForAutofill = "no"
        android:inputType = "textPersonName"
        android:layoutDirection = "inherit"
        tools:ignore = "LableFor"
        tools:targetApi = "o"/>
<TextView
        android:id = "@ + id/textView3"
        android:layout_width = "140dp"
        android:layout_height = "wrap_content"
        android:layout_marginStart = "20dp"
        android:text = "输入密码"
        android:textSize = "18sp"/>
<EditText
        android:id = "@ + id/editText8"
        android:layout_width = "340dp"
        android:layout_height = "wrap_content"
```

```
        android:layout_marginStart = "20dp"
        android:autofillHints = "no"
        android:ems = "10"
        android:inputType = "textPassword"
        android:layoutDirection = "inherit"
        tools:ignore = "LableFor"
        tools:targetApi = "o"/>
<TextView
        android:id = "@ + id/textView2"
        android:layout_width = "140dp"
        android:layout_height = "wrap_content"
        android:layout_marginStart = "20dp"
        android:text = "确认密码"
        android:textSize = "18sp"/>
<EditText
        android:id = "@ + id/editText"
        android:layout_width = "340dp"
        android:layout_height = "wrap_content"
        android:layout_marginStart = "20dp"
        android:ems = "10"
        android:inputType = "textPersonName"/>
<Button
        android:id = "@ + id/button2"
        android:layout_width = "match_parent"
        android:layout_height = "wrap_content"
        android:layout_gravity = "center"
        android:background = "#4CAF50"
        android:text = "提交"
        android:onClick = "onClock1"
        android:textSize = "24sp"/>
<Button
        android:id = "@ + id/button1"
        android:layout_width = "match_parent"
        android:layout_height = "50dp"
        android:layout_gravity = "center"
        android:width = "100dp"
        android:background = "#FFC107"
        android:gravity = "center"
        android:text = "返回"
        android:onClick = "onClick2"
        android:textSize = "24sp"/>
```

```
    </LinearLayout>
</androidx.constraintlayout.widget.ConstraintLayout>
```

步骤2　创建主程序文件，实现点击提交按钮保存用户信息的功能，此处调用保存方法为：

```
File file = new File("data/data/com.example.chapfo5/user1.txt");//创建建数据文件
FileOutputStream fos = new FileOutputStream(file);              //新建对象
fos.write((name + ":" + pass).getBytes());                      //保存文件内容
```

第一句为指定要保存的文件名称及路径；第二句为创建一个要写入操作的文件的对象fos；第三句为调用fos对象的写入方法保存文件信息。

整个主程序文件MainActivity.java代码为：

```
package com.example.chapfo5;

    import java.io.BufferedReader;
    import java.io.File;
    import java.io.FileInputStream;
    import java.io.FileOutputStream;
    import java.io.InputStreamReader;
    import android.os.Bundle;
    import android.app.Activity;
    import android.view.View;
    import android.widget.EditText;

public class MainActivity extends Activity {
    File file = new File("data/data/com.mobildevelop.mx5fi/user1.txt");
    @Override
    protected void onCreate(Bundle savedInstanceState) {
        super.onCreate(savedInstanceState);
        setContentView(R.layout.activity_main);
        loadAccount();
    }
    public void onClick1(View v) {
        //获取用户输入的账号和密码
        EditText et_name =  findViewById(R.id.edit_account);
        EditText et_pass =  findViewById(R.id.edit_pwd);
        String name = et_name.getText().toString();
        String pass = et_pass.getText().toString();
        saveAccount(name,pass);
    }
    public void onClick2(View v) {
```

```
    System.exit(0);
    }
    public void saveAccount(String name, String pass) {
        File file = new File("data/data/com.mobildevelop.mx5fi/user1.txt");//数据文件名
        try {
            FileOutputStream fos = new FileOutputStream(file);
            fos.write((name + ":" + pass).getBytes());
            fos.close();
        } catch (Exception e) {
            e.printStackTrace();
        }}
  public void loadAccount() {
        File file = new File("data/data/com.mobildevelop.mx5fil/user1.txt");
        if (file.exists()) {
            try {
                FileInputStream fis = new FileInputStream(file);
                //把字节流转换为字节流
          BufferedReader br = new BufferedReader(new InputStreamReader(fis));
                String text = br.readLine();
                String[] s = text.split("##");
                //获取用户输入的账号和密码
                EditText et_name = (EditText) findViewById(R.id.edit_account);
                EditText et_pass = (EditText) findViewById(R.id.edit_pwd);
                et_name.setText(s[0]);
                et_pass.setText(s[1]);
            } catch (Exception e) {
                e.printStackTrace();
            }
        }
    }
}
```

图 6-2　程序运行界面

步骤 3　运行程序,输入用户名为“wangwang1”,输入密码为“123456”,确认密码为“123456”,然后点击提交按钮,将用户名及密码保存在内部文件中,见图 6-2 所示的程序运行界面。

步骤 4　查看数据文件内容。点击“视图”菜单项,在“工具窗口”的“Device File Explorer”,打开设备文件查看窗口(或点击窗口右下角的“Device File Explorer”按钮),打开文件保存的默认位置“data/data/com.example.chapfo5”文件夹,找到 youinfo.txt 文件右击,在快捷菜单中选择“open”,在旁边小窗口中显示内部文件的结果,见图 6-3 框线处。

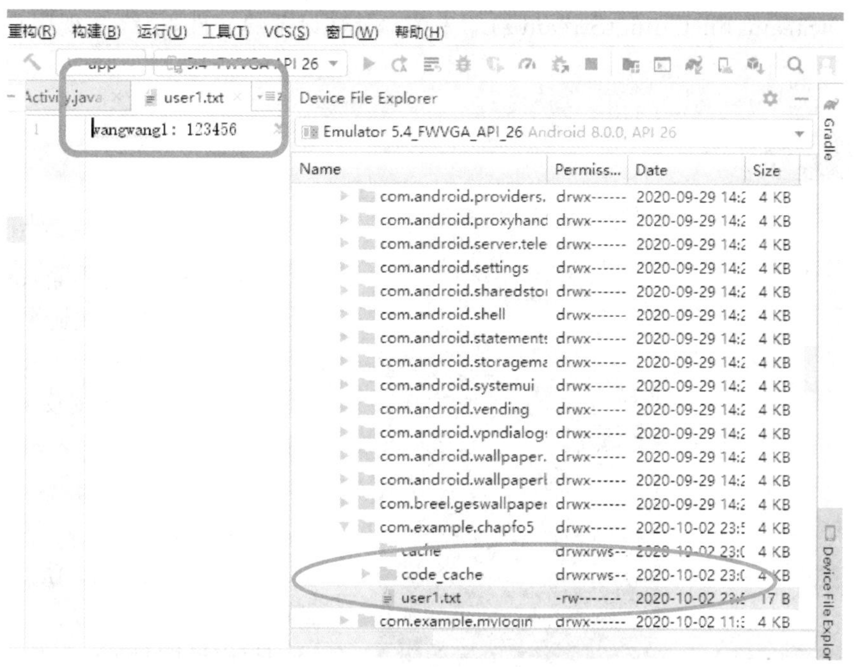

图 6-3　查看保存的文件内容

任务二　将用户数据存储为外部文件

任务描述

外部存储，直观理解是将文件存储到外部设备上，如 U 盘、SD 卡等。这种方式属永久式存储，其与内部存储最大的区别就是外部存储可以通过连接电脑时直接查看到。

在最新的 android 系统中，尤其是中高端机器上，机器自身的存储已经扩展到 8G 以上的空间，虽然在概念上还是分成内部存储和外部存储，但实质上他们都存储在手机内部，不一定需要有 SD 卡。

外部文档的存储一般是在 mnt/sdcard 目录下，不同厂商的位置可以有所不同。由于存储在外部，不随系统的卸载而消失。该存储文件可以与其他应用程序共享，当将外部存储设备连接到计算机时，这些文件可以被浏览、修改和删除，因此这种存储方式也存在着不安全的因素，这在未来的程序设计中要加以注意。

任务分析

实现外部存储，首先要确定外部设备可用，并且要具有读写的权限。查看权限许可一般可以使用 Environment. getExternalStorageState()方法进行，当确认外部设备可用后，再通过 FileInputSteam、FileOutputStream 对象来读写外部设备的文件，最终实现用户信息的读写功能。

任务内容

图 6 - 4 注册信息界面

1. 新建一个工程项目的注册界面(复制前一任务的界面)；

2. 界面设置有注册名称、输入密码、确认密码的提示；

3. 界面上包括提交和返回 2 个按钮控件；

4. 点击提交按钮，保存数据到外部文件 user3.txt 中；

5. 点击返回按钮，退出应用程序。

具体样式见图 6 - 4。

任务实施

一、存储外部文件

步骤 1 创建应用项目的“注册”界面，由于此项界面的构造与上一任务基本相同，此处可简便操作，可复制前面任务一的界面文件的原代码，再稍加界面修改而实现。也可利用前面介绍的可视化方法，全新设计该界面(本书此处调整了背景图)。

界面文件的代码为：

```
<?xml version = "1.0" encoding = "utf-8"?>
<androidx.constraintlayout.widget.ConstraintLayout
xmlns:android = "http://schemas.android.com/apk/res/android"
    xmlns:app = "http://schemas.android.com/apk/res-auto"
    xmlns:tools = "http://schemas.android.com/tools"
    android:layout_width = "match_parent"
    android:layout_height = "match_parent"
    android:orientation = "vertical"
    tools:context = ".MainActivity">

    <LinearLayout
```

```
android:layout_width = "wrap_content"
android:layout_height = "0dp"
android:layout_marginStart = "8dp"
android:layout_marginTop = "8dp"
android:layout_marginEnd = "8dp"
android:layout_marginBottom = "8dp"
android:layerType = "software"
android:orientation = "vertical"
app:layout_constraintBottom_toBottomOf = "parent"
app:layout_constraintEnd_toEndOf = "parent"
app:layout_constraintStart_toStartOf = "parent"
app:layout_constraintTop_toTopOf = "parent">

<ImageView
    android:id = "@ + id/imageView3"
    android:layout_width = "349dp"
    android:layout_height = "209dp"
    android:layout_gravity = "center"
    android:layout_marginTop = "10dp"
    android:background = "@drawable/yshanghai"/>
<TextView
    android:id = "@ + id/textView"
    android:layout_width = "140dp"
    android:layout_height = "wrap_content"
    android:layout_marginStart = "20dp"
    android:layout_marginTop = "10dp"
    android:text = "注册名称"
    android:textSize = "18sp"/>
<EditText
    android:id = "@ + id/editText5"
    android:layout_width = "340dp"
    android:layout_height = "wrap_content"
    android:layout_marginStart = "20dp"
    android:ems = "10"
    android:importantForAutofill = "no"
    android:inputType = "textPersonName"
    android:layoutDirection = "inherit"
    tools:ignore = "LableFor"
    tools:targetApi = "o"/>
<TextView
    android:id = "@ + id/textView3"
```

```
    android:layout_width = "140dp"
    android:layout_height = "wrap_content"
    android:layout_marginStart = "20dp"
    android:text = "输入密码"
    android:textSize = "18sp"/>
<EditText
    android:id = "@ + id/editText8"
    android:layout_width = "340dp"
    android:layout_height = "wrap_content"
    android:layout_marginStart = "20dp"
    android:autofillHints = "no"
    android:ems = "10"
    android:inputType = "textPassword"
    android:layoutDirection = "inherit"
    tools:ignore = "LableFor"
    tools:targetApi = "o"/>
<TextView
    android:id = "@ + id/textView2"
    android:layout_width = "140dp"
    android:layout_height = "wrap_content"
    android:layout_marginStart = "20dp"
    android:text = "确认密码"
    android:textSize = "18sp"/>
<EditText
    android:id = "@ + id/editText"
    android:layout_width = "340dp"
    android:layout_height = "wrap_content"
    android:layout_marginStart = "20dp"
    android:ems = "10"
    android:inputType = "textPersonName"/>
<Button
    android:id = "@ + id/button2"
    android:layout_width = "wrap_content"
    android:layout_height = "wrap_content"
    android:layout_gravity = "center"
    android:onClick = "onClick3"
    android:background = "#4CAF50"
    android:text = "提交确认"
    android:textSize = "24sp"/>
<Button
    android:id = "@ + id/button1"
```

```
        android:layout_width="wrap_content"
        android:layout_height="50dp"
        android:layout_gravity="center"
        android:width="100dp"
        android:background="#FFC107"
        android:gravity="center"
        android:text="返回"
        android:onClick="onClick4"
        android:textSize="24sp"/>
    </LinearLayout>
</androidx.constraintlayout.widget.ConstraintLayout>
```

步骤 2　编写主程序文件代码,特别说明的是向外部设备(SD卡)存储数据文件的主要代码为:

```
String state = Environment.getExtenalStorageState();            //获取外部存储设备状态
File SDPath = Environment.getExtenalStorageDirectory();
                                                                 //获取外部文件存放路径
File file = new File(SDPath,"user2.txt");                        //获取外部文件
FileOutputStreamfos = new FileOutputStream(file);                //创建写外部文件输出流
fos.write(data.getBytes());                                      //实施写外部文件
```

第一句为检查外部环境SD状态;第二句为设置获取SD卡存储路径;第三句为设置file对象位置名称;第四句为创建一个输出数据流对象fos,内容指向到上一命令确定的输出流对象;第五句为以字节方式向外部文件对象写入数据。

在Android 4.4以前读、写外部存储(包括公共目录和私有目录)文件,必须向清单文件AndroidManifest.xml加READ_EXTERNAL_STORAGE或WRITE_EXTERNAL_STORAGE系统权限,如下所示:

```
  <uses-permission android:name="android.permission.READ_EXTERNAL_STORAGE"/>
  <uses-permission android:name="android.permission.WRITE_EXTERNAL_STORAGE"/>
<uses-permission android:name="android.permission.MOUNT_UNMOUNT_FILESYSTEMS" tools:
ignore="ProtectedPermissions"/>
```

但从Android 4.4开始往后的版本,操作私有目录不再需要READ_EXTERNAL_STORAGE或WRITE_EXTERNAL_STORAGE权限。

本书案例兼容老版本,还需要设置权限,故在清单文件中加入读外部文件权限,同时还要动态地在程序中进行版本的判别及获取读写权限。

具体代码为:

```
package com.example.chapfo6;

    import java.io.BufferedReader;
```

```
    import java.io.File;
    import java.io.FileInputStream;
    import java.io.FileOutputStream;
    import java.io.IOException;
    import java.io.InputStreamReader;
    import android.Manifest;
    import android.content.pm.PackageManager;
    import android.os.Build;
    import android.os.Bundle;
    import android.app.Activity;
    import android.os.Environment;
    import android.util.Log;
    import android.view.View;
    import android.widget.EditText;
    import static android.content.ContentValues.TAG;
    import static android.os.Environment.*;

public class MainActivity<MEDIA_MOUNTED> extends Activity {
    private static final String TAG = "MainActivity";
    protected void onCreate(Bundle savedInstanceState) {
        super.onCreate(savedInstanceState);
        setContentView(R.layout.activity_main);
        loadAccount();
    }
    public void onClick3(View v) {
        //获取用户输入的账号和密码
        if (Build.VERSION.SDK_INT>=23) {
           int REQUEST_CODE_CONTACT = 101;
           String [] permissions = {
            Manifest.permission.WRITE_EXTERNAL_STORAGE};
           //验证是否许可权限
           for (String str:permissions) {
      if (MainActivity.this.checkSelfPermission(str) != PackageManager.PERMISSION_
GRANTED) {
           //申请权限
      MainActivity.this.requestPermissions(permissions,REQUEST_CODE_CONTACT);
           return;
        } else {
           //这里就是权限打开之后自己要操作的逻辑
           EditText et_name =  findViewById(R.id.editText1);
           EditText et_pass =  findViewById(R.id.editText2);
```

```
            String name = et_name.getText().toString();
            String pass = et_pass.getText().toString();
             saveAccount(name,pass);
                        }
                    }
                }
        }
    public void onClick4(View v) {
        //关闭界面的窗口,关闭应用程序
        System.exit(0);
    }
    public void saveAccount(String name,String pass) {
        File file = new File(Environment.getExternalStorageDirectory(),"user3.txt");
        try {
            FileOutputStream fos = new FileOutputStream(file);
            fos.write((name + ":" + pass).getBytes());
            fos.close();
        } catch (Exception e) {
            e.printStackTrace();
        }
    }
  public void loadAccount() {
        File file = new File(Environment.getExternalStorageDirectory(),"user3.txt");
        if (file.exists()) {
            try {
                FileInputStream fis = new FileInputStream(file);
                //把字节流转换为字节流
          BufferedReader br = new BufferedReader(new InputStreamReader(fis));
                String text = br.readLine();
                String[] s = text.split(":");
                //获取用户输入的账号和密码
                EditText et_name = (EditText) findViewById(R.id.editText1);
                EditText et_pass = (EditText) findViewById(R.id.editText2);
                et_name.setText(s[0]);
                et_pass.setText(s[1]);
            } catch (Exception e) {
                e.printStackTrace();
            }
        }
    }
}
```

运行程序的结果见图 6－5。

图 6－5　程序运行界面

步骤 3　运行程序成功后，该应用在外部存储器中保存了信息文件 user3. txt，打开设备文件查看工具 Device File Explorer，可以在外部文件存放位置找到 user3. txt，见图 6－6，操作步骤按椭圆框的顺序，即可在圆角矩形框处，找到信息文件 user3. txt，右击后，在快捷选择打开(OPEN)，即可在第 4 个方框处看到文件的内容。也可直接在窗口右下角的 Device Fiel Explorer 处打开，见右下角的竖框。

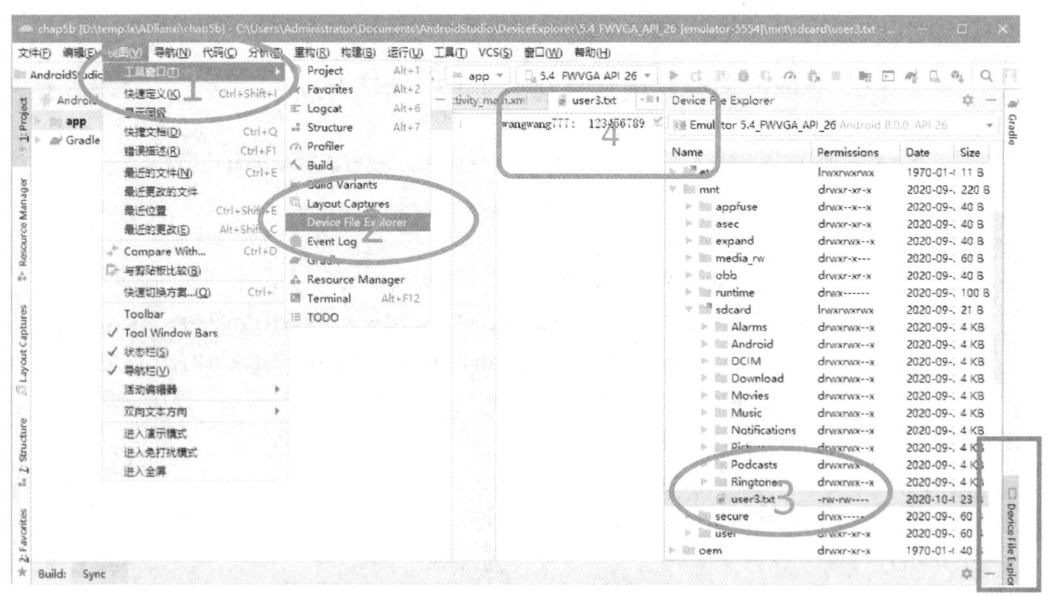

图 6－6　查看数据文件内容

任务三　数据文件的读写*(选学)

任务描述

利用XML格式文件进行信息存储，是Android系统的另一种常见方法。利用XML格式文件存储数据，结构简单，读写方便，但由于XML遵守结构化的文件规范，要实现XML文件的操作，首先要将XML文件内容逐条分离、读取出来，这个过程也叫解析。

依照具体过程的不同，解析的方法主要有文档树(DOM)形式、简单应用接口(SAX)、拉进(PULL)方式3种，而PULL方式是Android系统中常被推荐使用的解析XML的方式。本任务采用此方法进行操作。

任务分析

使用PULL解析XML文档，首先要创建XmlPullParser解析器，然后在XmlPullParser接口中只需要调用一个next方法，就可以获取下一个事件类型，共有5种事件类型：

(1) START_DOCUMENT：文档开始，如<? xml version="1.0" encoding="utf-8">。

(2) START_TAG：解析开始标签，在XML文件中，带有尖括号<>的都是开始节点。

(3) TEXT：解析到文本节点。

(4) END_TAG：解析到结束标签，带有</>的都是结束节点。

(5) END_DOCUMENT：文档结束。

XmlPullParser解析器的常用方法

public abstract String getAttributeValue (int index);　//获取索引属性值，索引从0开始

public abstract int getEventType ();　//返回当前事件类型。

public abstract String getText ();　//返回当前事件类型的内容字符串形式。

public abstract int next ();　//获取下一个解析事件类型。

public abstract String nextText ();　//返回该文本字符串，若下个元素是结束标签，返回空字符串或抛出异常。

下面通过一个天气预报的应用程序，介绍XML格式文件的读写操作。

任务内容

创建一个查看简单天气情况的应用程序，在XML格式文档中存有3个城市的数据内容，分别是北京、上海、成都，在主界面上有天气画面、天气数据，切换按钮，点击不同的按钮，可实现不同城市的画面、数据的切换。具体任务分解如下：

(1) 新建一个天气预报应用项目的显示界面；

(2) 界面设置有天气、城市信息、气象信息(温度、风力、天气、PM2.5)等内容；

(3) 界面上有北京、上海、成都 3 个切换按钮控件；

(4) 点击各城市按钮，界面可以在 3 个城市间切换显示对应的信息。

应用项目的具体界面样式，可见图 6－7。

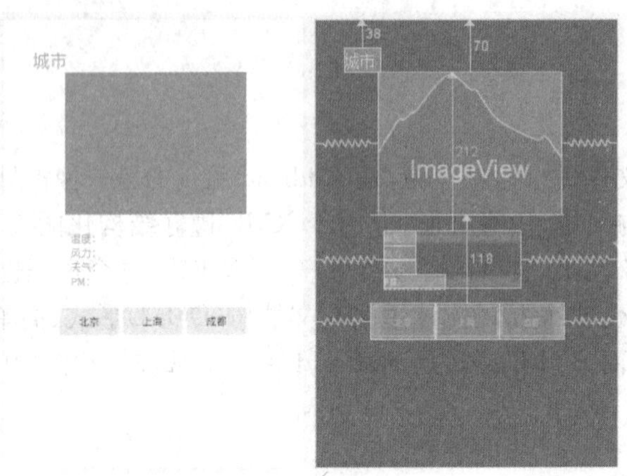

图 6－7　天气情况查询

任务实施

一、读取 XML 文件

步骤 1　创建“天气查询”应用项目，名称为 tianqi，框架依旧选择空白界面模板。

步骤 2　制作素材。本案例中要用到 3 幅城市图片，要准备好北京、上海、成都 3 个城市地标性的图片，统一设置图片的大小为 240×190 像素。复制到 app\res\drawable 文件夹中，见图 6－8，beijing. jpg、chengdu. jpg、shanghai. jpg。

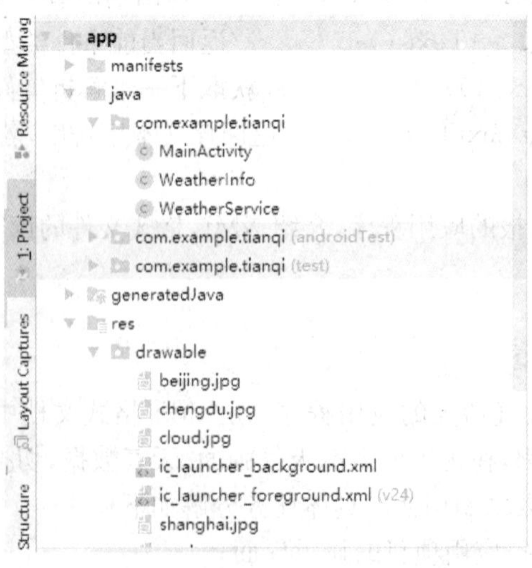

图 6－8　城市图片素材文件

步骤 3　准备数据文件，在 res\raw 的文件夹下新建 weathers.xml 界面文件，之所以放在 raw 文件夹下，是因为此文件夹的文件会自动编译，在注册文件 R.java 下可找到对应的 ID，方便调用，其代码为：

```
<?xml version="1.0" encoding="utf-8"?>
<resources>
<infos>
    <city id="bj">
        <temp>26℃/32℃</temp>
        <weather>晴</weather>
        <name>北京</name>
        <pm>90</pm>
        <wind>5 级</wind>
    </city>
    <city id="sh">
        <temp>24℃/30℃</temp>
        <weather>晴转多云</weather>
        <name>上海</name>
        <pm>80</pm>
        <wind>1 级</wind>
    </city>
    <city id="gz">
        <temp>15℃/23℃</temp>
        <weather>多云</weather>
        <name>成都</name>
        <pm>30</pm>
        <wind>3 级</wind>
    </city>
</infos>
</resources>
```

在上面的 XML 格式文档中，保存有 3 个城市的数据内容，<infos>标签是文档开始；<city id="sh">是城市代码标签；<temp>20℃/30℃</temp>为温度标签；<weather>晴天多云</weather>代表天气标签；<name>上海</name>代表城市名称标签；<pm>80</pm>为 PM2.5 参数标签；<wind>1 级</wind>为风力标签；</city>为文档结束标签。

步骤 4　主界面布局文件由 4 个布局控件组成，一个是总的相对局面控件，另外的分别为 2 个线性布局(也可省略不用)，放置城市图片和名称控件，第 3 个线性布局为垂直方向，放置 5 个天气参数，第 4 个线性布局为水平方向，放置 3 个城市的切换按钮。其布局文件 activity_main.xml 代码如下：

```
<?xml version = "1.0" encoding = "utf-8"?>
<RelativeLayout xmlns:android = "http://schemas.android.com/apk/res/android"
    xmlns:app = "http://schemas.android.com/apk/res-auto"
    xmlns:tools = "http://schemas.android.com/tools"
    android:id = "@ + id/activity_main"
    android:layout_width = "match_parent"
    android:layout_height = "match_parent">
    <TextView
        android:id = "@ + id/tv_city"
        android:layout_width = "wrap_content"
        android:layout_height = "wrap_content"
        android:layout_alignParentTop = "true"
        android:layout_marginLeft = "40dp"
        android:layout_marginTop = "191dp"
        android:text = "上海"
        android:textSize = "24sp"/>
    <ImageView
        android:id = "@ + id/iv_icon"
        android:layout_width = "250dp"
        android:layout_height = "190dp"
        android:layout_marginStart = "4dp"
        android:layout_marginTop = "4dp"
        app:srcCompat = "@color/colorAccent"/>
    <LinearLayout
        android:layout_width = "wrap_content"
        android:layout_height = "wrap_content"
        android:layout_alignTop = "@ + id/iv_icon"
        android:layout_gravity = "center"
        android:layout_marginStart = "40dp"
        android:layout_marginLeft = "40dp"
        android:layout_marginTop = "240dp"
        android:orientation = "vertical">
        <TextView
            android:id = "@ + id/tv_temp"
            android:layout_width = "wrap_content"
            android:layout_height = "wrap_content"
            android:text = " - 7C"/>
        <TextView
            android:id = "@ + id/tv_wind"
            android:layout_width = "wrap_content"
            android:layout_height = "wrap_content"
```

```
            android:text = "风力:3 级"/>
        <TextView
            android:id = "@ + id/tv_weather"
            android:layout_width = "wrap_content"
            android:layout_height = "wrap_content"
            android:gravity = "center"
            android:text = "多云"
            android:textSize = "14sp"/>
        <TextView
            android:id = "@ + id/tv_pm"
            android:layout_width = "wrap_content"
            android:layout_height = "wrap_content"
            android:text = "pm"/>
    </LinearLayout>
    <LinearLayout
        android:id = "@ + id/li_btn"
        android:layout_width = "wrap_content"
        android:layout_height = "wrap_content"
        android:layout_centerHorizontal = "true"
        android:layout_marginTop = "330dp"
        android:orientation = "horizontal">

        <Button
            android:id = "@ + id/btn_bj"
            android:layout_width = "wrap_content"
            android:layout_height = "match_parent"
            android:text = "北京"/>
        <Button
            android:id = "@ + id/btn_sh"
            android:layout_width = "wrap_content"
            android:layout_height = "wrap_content"
            android:text = "上海"/>
        <Button
            android:id = "@ + id/btn_cd"
            android:layout_width = "wrap_content"
            android:layout_height = "match_parent"
            android:text = "成都"/>
    </LinearLayout>
</RelativeLayout>
```

步骤 5　为方便 weather. xml 中的属性的调用，将其中的 6 个属性封闭在一个类中，形成类文件 WeathereInfo. java,代码为：

```
package com. example. tianqi;
public class WeatherInfo {
    private String id;
    private String temp;
    private String weather;
    private String name;
    private String pm;
    private String wind;
    public String getId() {
        return id;
    }
    public void setId(String id) {
        this. id = id;
    }
    public String getTemp(){
        return temp;
    }
    public void setTemp(String temp) {
        this. temp = temp;
    }
    public String getWeather() {
        return weather;
    }
    public void setWeather(String weather) {
        this. weather = weather;
    }
    public String getName() {
        return name;
    }
    public void setName(String name) {
        this. name = name;
    }
    public String getPm(){
        return pm;
    }
    public void setPm(String pm) {
        this. pm = pm;
    }
    public String getWind(){
```

```
        return wind;
    }
    public void setWind(String wind) {this.wind = wind;
    }
}
```

步骤 6 为便于解析 XML 文件,简化主程序,此处先创建一个专门的读 XML 信息类,实现信息读取的模块化操作。WeatherService.java 的文件代码为:

```
package com.example.tianqi;

  import android.util.Xml;
  import org.xmlpull.v1.XmlPullParser;
  import java.io.InputStream;
  import java.util.ArrayList;
  import java.util.List;
  public class WeatherService {
  public static List<WeatherInfo> getInfoFromXML (InputStream is) throws Exception {
    //创建一个列表型解析方法
    XmlPullParser parser = Xml.newPullParser();  //创建一个解析器
    parser.setInput(is,"utf-8");                  //设置解析器 xml 的数据流及输入类型
    List<WeatherInfo> weatherInfos = null;         //定义列表对象  初值为 null
    WeatherInfo weatherInfo = null;             //定义信息对象  初值为 null
    int type = parser.getEventType();           //得到当前事件类型
    while (type!= XmlPullParser.END_DOCUMENT) {  //若类型不文档结束则不停循环
      switch (type) {                            //根据类型选择开关
        case XmlPullParser.START_TAG:                    //如果为开始标签则执行
          if("infos".equals(parser.getName())) {         //如果是名称 infos
            weatherInfos = new ArrayList<WeatherInfo>();  //列表对象新建
          }else if("city".equals(parser.getName()))      {//如果是城市 city 执行
            weatherInfo = new WeatherInfo();                //新建天气对象
            String idStr = parser.getAttributeValue(0); //取节点内容赋值 idSr
            weatherInfo.setId(idStr);                       //设置信息对象 idSr 值
          } else if("temp".equals(parser.getName())){      //如是气温 temp 执行
            String temp = parser.nextText();                //取气温内容赋值 temp
            weatherInfo.setTemp(temp);                      //设置信息对象 temp 值
            }else if("weather".equals(parser.getName())){ //如果 weather 项
            String weather = parser.nextText();         //取天气值给 weather 赋值
            weatherInfo.setWeather(weather);            //设置信息对象 weather 值
          }else if("name".equals(parser.getName())){//如为名称项执行
            String name = parser.nextText();            //赋值名称 name 值
            weatherInfo.setName(name);                  //设置信息对象 name 值
```

```
            }else if("pm".equals(parser.getName())){//如为 PM 项执行
                String pm = parser.nextText();//赋值 PM
                weatherInfo.setPm(pm);//设置信息对象 PM 值
            }else if("wind".equals(parser.getName())){//如为 wind 项执行
                String wind = parser.nextText();//赋值 wind
                weatherInfo.setWind(wind);//设置对象 wind 值
            }
            break;                                  //中断选择
          case XmlPullParser.END_TAG:               //如果为结束标签执行
            if("city".equals(parser.getName())){ //如果是城市 city 标签项
                weatherInfos.add(weatherInfo);    //列表对象添加一个信息项
                weatherInfo = null;                 //信息对象清空
            }
            break;                  //中断选择
            }
        type = parser.next();       //类型赋值下一项
        }
      return weatherInfos;          //返回天气列表对象.
  }
}
```

步骤 7　编辑主程序文件 MainActivity.java。

```
package com.example.tianqi;
    import android.os.Bundle;
    import android.view.View;
    import android.widget.ImageView;
    import android.widget.TextView;
    import android.widget.Toast;
    import java.io.InputStream;
    import java.util.ArrayList;
    import java.util.HashMap;
    import java.util.List;
    import java.util.Map;
    import androidx.appcompat.app.AppCompatActivity;

public class MainActivity extends AppCompatActivity implements View.OnClickListener {
    private TextView tvCity;
    private TextView tvWeather;
    private TextView tvTemp;
    private TextView tvWind;
    private TextView tvPm;
```

```
private ImageView ivIcon;
private Map<String,String> map;            //定义一个 Map 键值对对象
private List<Map<String,String>> list; //定义一个 List 列表型 Map 对象
private String temp,weather,name,pm,wind;
@Override
protected void onCreate(Bundle savedInstanceState) {
  super.onCreate(savedInstanceState);
  setContentView(R.layout.activity_main);
  initView();
  try {
    InputStream is = this.getResources().openRawResource(R.raw.weathers);//获信息
    List<WeatherInfo> weatherInfos = WeatherService.getInfoFromXML(is);//一条记录
    list = new ArrayList<Map<String,String>>();         //新建列表项
    for (WeatherInfo info: weatherInfos) {
        map = new HashMap<String,String>();
        map.put("temp",info.getTemp());
        map.put("weather",info.getWeather());
        map.put("name",info.getName());
        map.put("pm",info.getPm());
        map.put("wind",info.getWind());
        list.add(map);
    }
  }catch (Exception e) {
      e.printStackTrace();
      Toast.makeText(this,"解析信息失败了",Toast.LENGTH_SHORT).show();
  }
  getMap(1,R.drawable.sun);
}
private void initView() {
    tvCity = (TextView) findViewById((R.id.tv_city));
    tvWeather = (TextView) findViewById(R.id.tv_weather);
    tvTemp = (TextView) findViewById(R.id.tv_temp);
    tvWind = (TextView) findViewById(R.id.tv_wind);
    tvPm = (TextView) findViewById(R.id.tv_pm);
    ivIcon = (ImageView) findViewById(R.id.iv_icon);
    findViewById(R.id.btn_sh).setOnClickListener(this);
    findViewById(R.id.btn_bj).setOnClickListener(this);
    findViewById(R.id.btn_cd).setOnClickListener(this);
}
public void onClick(View v) {
    switch (v.getId()) {
```

```
            case R.id.btn_sh:
                getMap(0,R.drawable.beijiing);
                break;
            case R.id.btn_bj:
                getMap(1,R.drawable.shang);
                break;
            case R.id.btn_cd:
                getMap(2,R.drawable.chengdu);
                break;
        }
    }
    private void getMap(int number,int iconNumber){
        Map<String,String> cityMap = list.get(number);
        temp = cityMap.get("temp");
        weather = cityMap.get("weather");
        name = cityMap.get("name");
        pm = cityMap.get("pm");
        wind = cityMap.get("wind");
        tvCity.setText("城市:" + name);
        tvWeather.setText("天气:" + weather);
        tvTemp.setText("温度:" + temp);
        tvWind.setText("风力:" + wind);
        tvPm.setText("PM2.5:" + pm);
        ivIcon.setImageResource(iconNumber);
    }
}
```

图 6 - 9　城市切换的显示效果

至此，整个项目的全部程序设计完毕。

步骤 8　查看程序运行的结果，观察实现三座城市的数据切换的显示效果，见图 6 - 9。

二、利用 JSON 实现文件读写

JSON(JavaScript Object Notation)是 Android 自带的一种轻量级的数据交换格式，与 XML 一样，广泛被采用的客户端和服务端交互的解决方案！具有良好的可读性和便于快速编写的特性。JSON 数据就是一段字符串，只不过是用分隔符将有不同意义的键值和数据分割开来而已。

下面创建一个 JSON 数据文件，用来存储天气信息。

步骤 9　在 res/raw 中创建一个数据文件，名称为 weather2.json，信息内容如下：

```
[
  {"temp":"20℃/30℃","weather":"晴转多云","name":"上海","pm":"80","wind":"1级"},
  {"temp":"15℃/24℃","weather":"晴","name":"北京","pm":"98","wind":"3级"},
  {"temp":"26℃/32℃","weather":"多云","name":"成都","pm":"30","wind":"2级"}
]
```

我们会注意到上面文档中的符号，里面有[]、{}等符号，其中

1. []中括号代表的是一个数组，用来存放一系列数据。

2. {}大括号代表的是一个对象，用来存放单个整记录数据。

3. 双引号“”表示的是属性值，用来记录最基本的数据。

4. 冒号:代表的是前后项之间的关系，冒号前面是属性的名称，后面是属性的值，这个值可以是基本数据类型，也可以是引用数据类型。

步骤 10　安装 Json 支持类库 GSON-2.8.0.jar。

Gson 是 Google 出品的 Json 解析函数库，可以将 Json 字符串反序列化为对应的 Java 对象，或者反过来将 Java 对象序列化为对应的字符串，免去了开发者手动通过 JSONObject 和 JSONArray 将 Json 字段逐个进行解析的烦恼，也减少了出错的可能性，增强了代码的质量。使用 gson 解析时候，须先安装 GSON 插件到系统库。

(1) 切换资源目录区视图模式为 project 工程模式。

(2) 找到库资源文件夹 libs。

(3) 将 GSON-2.8.0.jar 包复制到 libs 文件夹。

(4) 右击该 jar 包，在快捷菜单中选择“Add in librarys…将其加入系统库中。见图 6-10 线框及序号。

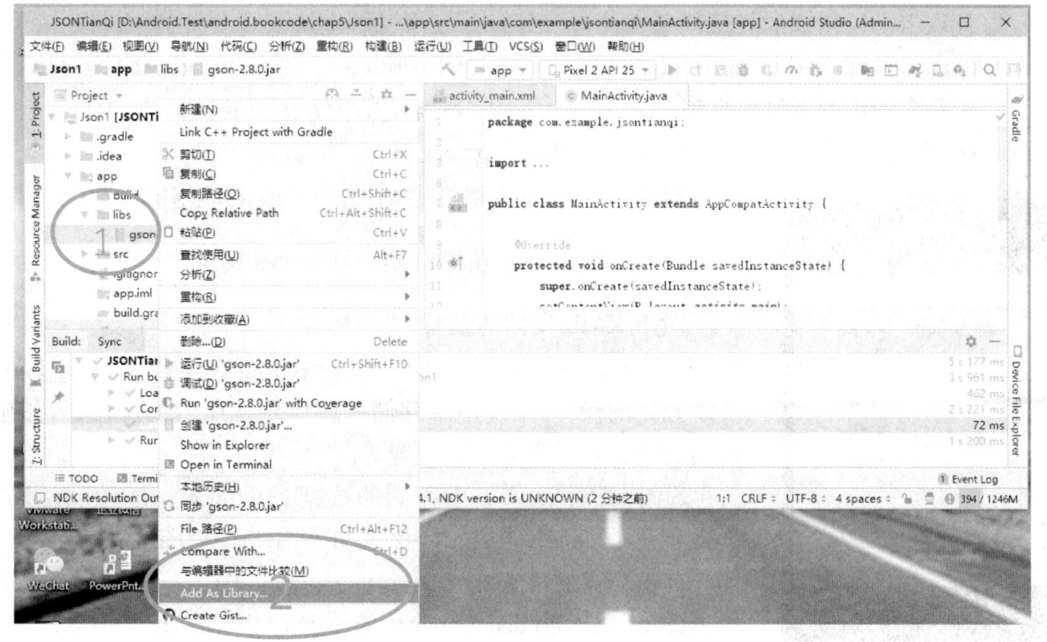

图 6-10　安装 GSON-2.8.0.jar 包

步骤 11 创建 JSON 读取数据的方法,添加到 WeatherInfo.java 类中。

```
public static List<WeatherInfo> getInfosFromJson(InputStream is2) throws IOException
{
    byte [] buffer = new byte [is2.available()];
    is2.read(buffer);
    String json = new String(buffer,"utf-8");
    //使用 gson 库解析 JSON 数据
    Gson gson = new Gson();
    Type listType = new TypeToken<List<WeatherInfo>>() {}.getType();
    List<WeatherInfo> weatherInfos = gson.fromJson(json,listType);
    return weatherInfos;
  }
```

这里用到了 GSON 工具类。

GSON 的特点是:解析没那么麻烦,代码量简洁,可以很方便地解析复杂的 Json 数据,而且谷歌官方也推荐使用。

步骤 12 修改主程序类获取天气信息文件中数据的方法。

在 XML 格式中,读取数据的方法为:

//读取 XML 格式的气象信息文件 weather1.xml 数据,从 raw 文件夹中读取。

InputStream is=this.getResources().openRawResource(R.raw.weather1);

//把每个城市的天气信息集合存到 weatherInfos 中,采用读 XMl 格式的方法。

List<WeatherInfo> weatherInfos=WeatherService.getInfoFromXML(is);

而在 JSON 格式中,读取数据的方法为:

//读取 JSON 格式的气象信息文件 weather2.json 数据,也从 raw 文件夹中读取。

InputStream is=this.getResources().openRawResource(R.raw.weather2);

//把每个城市的天气信息集合存到 weatherInfos 中,采用读 Json 格式的方法。

List<WeatherInfo> weatherInfos=WeatherService.getInfosFromJson(is);

步骤 13 运行虚拟机,显示最终的效果,见图 6-11。

图 6-11 JSON 解析效果

三、利用共享引用 SharePreferences 实现文件读写

对于 XML 文件的读写,安卓提供了一个存储工具——共享引用(SharedPreferences),即一个轻量级的存储类,它可以轻松实现数据的操作,主要用于存储一些应用程序的配置参数,如用户名、密码、自定义参数的设置等。

SharedPreferences 中存储的数据是以 key/value 键值对的形式保存在 XML 文件中,该文件位于"data/data/<包名>/shared_prefs"文件夹中。需要注意的是,中的 value 值只能是 float、int、long、boolean、string、StringSet 类型数据。

SharePreferences 的常用方法包括:

1. getSharedPreferences(name,mode)

其中,第一个参数为存放数据的文件名称,名称不用带后缀,Android 会自动加上;

第二个参数指定文件的操作模式,共有 4 种操作模式,分别为:

(1) MODE_APPEND:追加方式存储。

(2) MODE_PRIVATE:私有方式存储,其他应用无法访问。

(3) MODE_WORLD_READABLE:表示当前文件可以被其他应用读取。

(4) MODE_WORLD_WRITEABLE:表示当前文件可以被其他应用写入。

2. edit()方法

该方法为编辑数据对象。

Editor editor=sharedPreferences. edit();

editor 存储对象采用 key-value 键值对数据进行存放,命令格式为:

editor. putString("xxx(key)","XXXXX(value)");

3. commit()方法

该方法为提交数据。

与之对应的获取数据的方法:

SharedPreferences share = getSharedPreferences (" Acitivity ", Activity. MODE_WORLD_READABLE);

String str=share. getString("str","xxx");

boolean flag=share. getBoolean("flag",false);

getString()第二个参数为缺省值,如果 preference 中不存在该 key,那么将返回缺省值。

4. 删除 SharedPreferences 产生的数据文件

File file = new File ("/data/data/" + getPackageName ( ). toString ( ) +"/shared_prefs","Activity. xml");

if(file. exists()){

file. delete();

使用共享引用存储数据时,首先要通过 context. getSharedPreferences (String name, int mode) 获取 SharedPreferences 的实例对象(在 Activity 中可以直接使用 this 代表上下文,如果不是在 Activity 中,则需要传入一个 Context 对象获取上下文)

下面通过一个名片管理的项目实例,介绍共享引用的使用。

步骤 14　创建一个项目界面布局,如图 6 - 12 所示,背景可以自由选择。

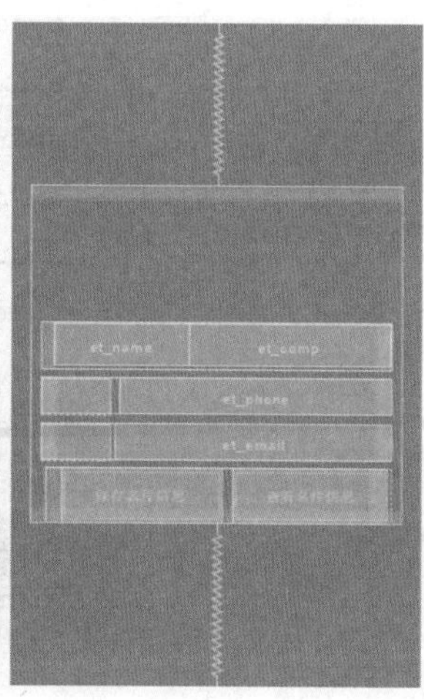

图 6 - 12　名片管理设计界面

文件代码为：

```
<?xml version="1.0" encoding="utf-8"?>
<RelativeLayout xmlns:android="http://schemas.android.com/apk/res/android"
    xmlns:tools="http://schemas.android.com/tools"
    android:layout_width="match_parent"
    android:layout_height="match_parent"
    android:background="@drawable/backgd"
        tools:context=".MainActivity">
    <LinearLayout
        android:layout_width="match_parent"
        android:layout_height="wrap_content"
        android:layout_centerVertical="true"
        android:layout_margin="20dp"
        android:orientation="vertical">

        <LinearLayout
            android:layout_width="match_parent"
            android:layout_height="wrap_content"
            android:layout_marginLeft="10dp"
            android:layout_marginTop="150dp"
            android:layout_marginRight="10dp"
        android:background="@android:drawable/editbox_dropdown_light_frame"
            android:orientation="horizontal">

            <EditText
                android:id="@+id/et_name"
                android:layout_width="0dp"
                android:layout_height="wrap_content"
                android:layout_marginLeft="10dp"
                android:layout_weight="2"
                android:hint="输入姓名"
                android:textSize="18sp"/>

            <EditText
                android:id="@+id/et_comp"
                android:layout_width="0dp"
                android:layout_height="wrap_content"
                android:layout_weight="3"
                android:hint="输入公司"
```

```
        android:textSize = "18sp"/>
    </LinearLayout>
    <LinearLayout
        android:layout_width = "match_parent"
        android:layout_height = "40dp"
        android:layout_gravity = "center_horizontal"
        android:layout_marginLeft = "10dp"
        android:layout_marginRight = "10dp"
        android:layout_marginTop = "10dp"
        android:background = "@android:color/white"
        android:orientation = "horizontal">
        <TextView
            android:layout_width = "0dp"
            android:layout_height = "40dp"
            android:layout_marginRight = "10dp"
            android:layout_weight = "1"
            android:gravity = "center"
            android:hint = "手机"
            android:textSize = "18sp"/>
        <EditText
            android:id = "@ + id/et_phone"
            android:layout_width = "0dp"
            android:layout_height = "40dp"
            android:layout_weight = "4"
            android:hint = "请输入手机号码"
            android:textSize = "18sp"/>
    </LinearLayout>
    <LinearLayout
        android:layout_width = "match_parent"
        android:layout_height = "40dp"
        android:layout_gravity = "center_horizontal"
        android:layout_marginLeft = "10dp"
        android:layout_marginRight = "10dp"
        android:layout_marginTop = "10dp"
        android:background = "@android:color/white"
        android:orientation = "horizontal">
        <TextView
            android:layout_width = "0dp"
            android:layout_height = "40dp"
            android:layout_marginRight = "5dp"
```

```
            android:layout_weight = "1"
            android:gravity = "center"
            android:hint = "邮件"
            android:textSize = "18sp"/>
        <EditText
            android:id = "@ + id/et_email"
            android:layout_width = "0dp"
            android:layout_height = "40dp"
            android:layout_weight = "4"
            android:hint = "请输入电子邮箱地址"
            android:textSize = "18sp"/>
    </LinearLayout>
    <LinearLayout
        android:layout_width = "match_parent"
        android:layout_height = "60dp"
        android:layout_marginLeft = "15dp"
        android:layout_marginRight = "15dp"
        android:layout_marginTop = "10dp"
        android:orientation = "horizontal">
    <Button
        android:id = "@ + id/btn_save"
        android:layout_marginLeft = "15dp"
        android:layout_width = "160dp"
        android:layout_height = "60dp"
        android:textSize = "18sp"
        android:text = "保存名片信息"/>
    <Button
        android:id = "@ + id/btn_query"
        android:layout_marginRight ="10dp"
        android:layout_marginLeft = "10dp"
        android:layout_width = "160dp"
        android:layout_height = "60dp"
        android:textSize = "18sp"
        android:text = "查看名片信息"/>
    </LinearLayout>
</LinearLayout>
</RelativeLayout>
```

步骤 15　创建显示名片信息界面文件，如图 6 - 13 所示。

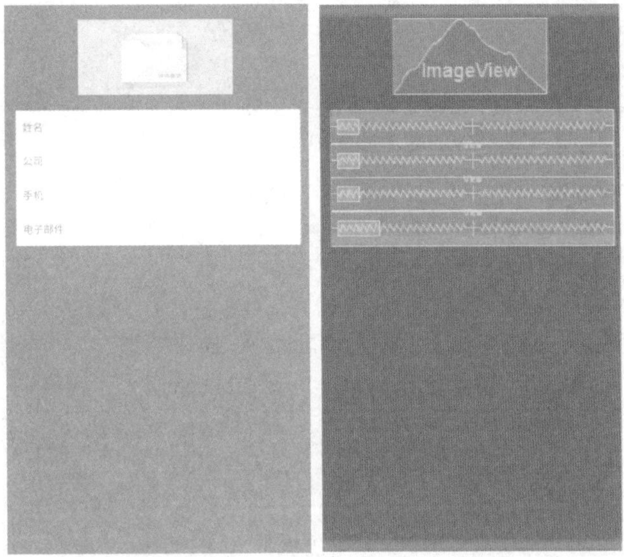

图 6-13　显示名片信息设计界面

文件代码为：

```
<?xml version = "1.0" encoding = "utf-8"?>
<LinearLayout xmlns:android = "http://schemas.android.com/apk/res/android"
    android:layout_width = "match_parent"
    android:layout_height = "match_parent"
    android:background = "@color/colorPrimary"
    android:orientation = "vertical">

    <ImageView
        android:layout_width = "210dp"
        android:layout_height = "100dp"
        android:layout_gravity = "center_horizontal"
        android:layout_marginTop = "20dp"
        android:background = "@drawable/logo1"
        android:scaleType = "centerInside"/>

    <LinearLayout
        android:layout_width = "match_parent"
        android:layout_height = "wrap_content"
        android:layout_marginLeft = "15dp"
        android:layout_marginTop = "20dp"
        android:layout_marginRight = "10dp"
        android:background = "@android:color/white"
```

```
    android:orientation = "vertical">

    <RelativeLayout
        android:layout_width = "match_parent"
        android:layout_height = "45dp"
        android:gravity = "center_vertical"
        android:padding = "9dp">

        <TextView
            android:layout_width = "wrap_content"
            android:layout_height = "wrap_content"
            android:text = "姓名"/>

        <TextView
            android:id = "@ + id/tv_name"
            android:layout_width = "wrap_content"
            android:layout_height = "wrap_content"
            android:layout_centerHorizontal = "true"/>
    </RelativeLayout>

    <View
        android:layout_width = "match_parent"
        android:layout_height = "1.0px"
        android:background = "#23000000"/>

    <RelativeLayout
        android:layout_width = "match_parent"
        android:layout_height = "45dp"
        android:gravity = "center_vertical"
        android:padding = "9dp">

        <TextView
            android:layout_width = "wrap_content"
            android:layout_height = "wrap_content"
            android:text = "公司"/>

        <TextView
            android:id = "@ + id/tv_comp"
            android:layout_width = "wrap_content"
            android:layout_height = "wrap_content"
            android:layout_centerHorizontal = "true"/>
```

```
</RelativeLayout>

<View
    android:layout_width = "match_parent"
    android:layout_height = "1.0px"
    android:background = "#23000000"/>

<RelativeLayout
    android:layout_width = "match_parent"
    android:layout_height = "45dp"
    android:gravity = "center_vertical"
    android:padding = "9dp">

    <TextView
        android:layout_width = "wrap_content"
        android:layout_height = "wrap_content"
        android:text = "手机"/>

    <TextView
        android:id = "@ + id/tv_phone"
        android:layout_width = "wrap_content"
        android:layout_height = "wrap_content"
        android:layout_centerHorizontal = "true"/>
</RelativeLayout>

<View
    android:layout_width = "match_parent"
    android:layout_height = "1.0px"
    android:background = "#23000000"/>

<RelativeLayout
    android:layout_width = "match_parent"
    android:layout_height = "45dp"
    android:gravity = "center_vertical"
    android:padding = "9dp">

    <TextView
        android:layout_width = "wrap_content"
        android:layout_height = "wrap_content"
        android:text = "电子邮件"/>
```

```
            <TextView
                android:id="@+id/tv_email"
                android:layout_width="wrap_content"
                android:layout_height="wrap_content"
                android:layout_centerHorizontal="true"/>
        </RelativeLayout>
    </LinearLayout>
</LinearLayout>
```

步骤 16 创建交互主类文件,代码为:

```
package com.example.xsharelx1;
import androidx.appcompat.app.AppCompatActivity;
import androidx.core.app.ActivityCompat;
import androidx.core.content.ContextCompat;

import android.Manifest;
import android.content.Context;
import android.content.Intent;
import android.content.SharedPreferences;
import android.content.pm.PackageManager;
import android.os.Bundle;
import android.text.TextUtils;
import android.view.View;
import android.widget.Button;
import android.widget.EditText;
import android.widget.Toast;
public class MainActivity extends AppCompatActivity implements View.OnClickListener {
private EditText mNameET;
private EditText mCompET;
private EditText mPhoneET;
private EditText mEmailET;
private Button btn_save,btn_query;
private SharedPreferences sp;
@Override
protected void onCreate(Bundle savedInstanceState) {
    super.onCreate(savedInstanceState);
    setContentView(R.layout.activity_main);
    sp = getSharedPreferences("data",Context.MODE_PRIVATE);
    mNameET = (EditText) findViewById(R.id.et_name);
    mCompET = (EditText) findViewById(R.id.et_comp);
```

```
    mPhoneET = (EditText) findViewById(R.id.et_phone);
    mEmailET = (EditText) findViewById(R.id.et_email);
    findViewById(R.id.btn_save).setOnClickListener(this);
    findViewById(R.id.btn_query).setOnClickListener(this);
}
@Override
public void onClick(View v) {
    int permission = ActivityCompat.checkSelfPermission(this, Manifest.permission.WRITE_
EXTERNAL_STORAGE);
     if (permission!= PackageManager.PERMISSION_GRANTED) {
             //We don't have permission so prompt the user
     ActivityCompat.requestPermissions(this,new
String [ ]{Manifest.permission.WRITE_EXTERNAL_STORAGE},300);
  }
    switch (v.getId()) {
    case R.id.btn_save:
        if(!TextUtils.isEmpty(mNameET.getText().toString().trim())){
            //将输入信息存储起来
            SharedPreferences.Editor edit = sp.edit();
            edit.putString("name",mNameET.getText().toString().trim());
                edit.putString("comp",mCompET.getText().toString().trim());
                edit.putString("phone",mPhoneET.getText().toString().trim());
                edit.putString("email",mEmailET.getText().toString().trim());
                edit.commit();
            }else{
                Toast.makeText(this,"姓名不能为空",Toast.LENGTH_SHORT).show();
            }
            break;
        case R.id.btn_query:
            //查询信息
                startActivity(new Intent(this,UserInfoActivity.class));
            break;
        }
    }
}
```

步骤 17　在清单文件中加入读写权限，再模拟手机上的显示运行效，如图 6－14 和图 6－15 所示。

图 6-14　主界面

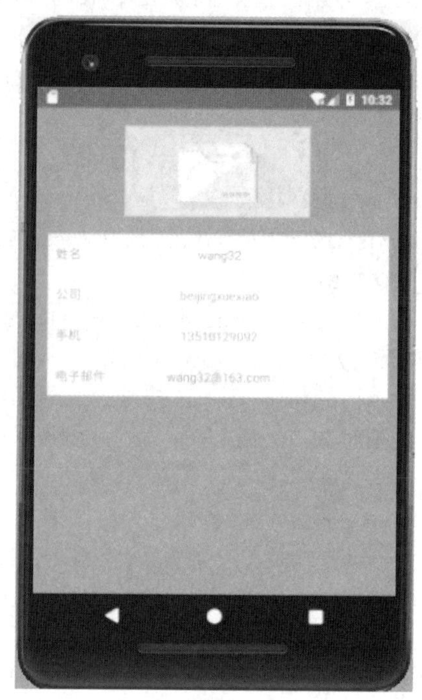

图 6-15　查询信息界面

知识拓展

项目评价

项目学习情况评价如表 6-2 所示。

表 6-2　项目学习情况评价表

项目	方面	等级(分别为 5、4、3、2、1 分)	自我评价	同伴评价	导师评价
态度情感目标	态度认真	1. 认真听导师的讲解； 2. 认真完成导师布置的作业； 3. 积极发言、讨论学习问题。			
	团结合作	1. 善于沟通； 2. 虚心听取别人的意见； 3. 能够团结合作。			
	分析思维	1. 能有条理地表达自己的意见； 2. 解决问题的过程清楚； 3. 能创新思考，做事有计划。			

续　表

项目	方面	等级(分别为5、4、3、2、1分)	自我评价	同伴评价	导师评价
知识技能目标	掌握知识	1. 了解实现用户信息存储的方法； 2. 熟悉实现内部文件存储的步骤； 3. 掌握实现外部文件存储的步骤； 4. 了解XM文件信息的操作； 5. 了解JSON的使用方法。			
	职业能力	1. 能简述数据文件的操作方法； 2. 能讲述实现文件读写的操作过程； 3. 能说明XML文件的读写操作过程； 4. 掌握JSON的读写操作。			
综合评价					

项目六 习题

一、选择题

1. 在程序中输出debug调试日志信息，我们应该使用方法(　　)。

A. Log. i(tag,msg)　　B. Log. e(tag,msg)

C. Log. d(tag,msg)　　D. Log. w(tag,msg)

2. 在文件四种打开模式中，最常用的默认的是(　　)。

A. 私有模式MODE_PRIVATE

B. 追加模式MODE_APPEND

C. 外部可读取模式MODE_WORLD_READABLE

D. 外部可写入模式MODE_WORLD_WRITEABLE

3. android数据存储与访问的方式不包括(　　)。

A. TextView　　B. 数据库SQLite

C. 文件File　　D. 内容提供者(ContentProvider)

4. 下列代码中，用于获取SD卡路径的是(　　)。

A. Environment. getSD()

B. Environment. getExternalStorageState()

C. Environment. getSD. Directory()

D. Environment. getExternalStorageDirectory()

5. 下列文件操作权限中，指定对文件内容追加的是(　　)。

A. MODE_PRIVATE
B. MODE_WORLD_READBLE
C. MODE_APPEND
D. MODE_WORLD_WRITEABLE

6. 下列选项中，关于文件存储数据的说法错误的是(　　)

A. 文件存储是以流的形式来操作数据的
B. 文件存储可以将数据存储到 SD 卡中
C. 文件存储可以将数据存储到内存中
D. Android 中只能使用文件存储数据

7. 下列选项中，关于 XML 序列化和解析描述不合理的是(　　)。

A. DOM 解析会将 XML 文件的所有内容以文档树方式存放在内存中
B. 在序列化对象时，需要使用 XmlSerialize 序列化器，即 XmlSerializer 类
C. XmlSerializer 类的 startDocument()方法用于写入序列号的开始节点
D. XmlSerializer 类的 setOutput()方法用于设置文件的编码方式

8. 在 Json 格式的数据文件中，关于里面的符号，说法不正确的是(　　)。

A. []中括号代表的是一个数组；
B. {}大括号代表的是一个对象
C. 双引号“”表示的是属性值
D. 逗号，代表的是前后之间的关系

9. 读取文件内容的首先使用的方法是(　　)。

A. openFileOutput
B. read
C. write
D. openFileInput

10. 在 activity 中实例化 SharedPreferences 是(　　)。

A. new SharedPreferences()
B. getSharedPreferences()
C. SharedPreferences. getInstance()
D. SharedPreferences. newInstance()

二、填空题

1. 通常情况下，解析 XML 格式文件有 3 种方式，分别为 DOM、SAX、________。

2. Android 中数据的存储方式有 5 种，分别是________、共享引用 Sharedpreferences、数据库 SQLite、内容提供 ContentProvider 和网络存储。

3. 当使用内部文件存储数据的时候，默认创建的文件会放在什么位置________。

4. 当创建外部文件存储数据的时候，默认创建的文件会放在什么位置________。

5. Json 也是一种常用的数据文件的读写方法，其全称为________。

6. java. io 包中的________和________类主要用于对对象(Object)的读写。

7. 下列对 SharedPreferences 存、取文件操作使用的路径是________。

三、是非题

1. android 系统中文件存储分为内部文件存储和外部文件存储两类。(　　)

2. 文件存储是通过 I/O 流的形式，把数据原封不动地存储到文档中。(　　)

3. XML 文件只能用来保存本地数据，不能在网络中传输。(　　)

4. 当用户将文件保存至 SD 卡时，需要在清单文件中添加权限许可。(　　)

5. 在 Android 的存储方式中，采用文件存储方式时，存储的数据可以在不同的应用间实现数据共享。(　　)

6. JSON 格式文档数据中不仅可以保存对象，还可以保存数组。(　　)

四、简答题

1. Android 系统中有几种数据存储方式，它们各自有什么特点？
2. 有哪些进行外部文件的读写操作的步骤？
3. 什么是 XML 的序列化？有哪些实现步骤？

答案

数据库存储技术应用

项目情景

普通文件存储数据信息操作简单，应用灵活，但在通用性上存在问题，在安全性上也有很大的隐患，而数据库技术的安全等级要高得多，所以在重要数据的存储场合，大多采用数据库存储技术来保存数据。

小康同学在本项目中需要完成的新任务就是掌握数据库技术，用数据库技术对登录、注册时的用户信息进行存储，保证用户信息数据能可靠存储、安全访问。

在 Android 系统中，对数据进行存储的方法一共有 5 种，数据库存储技术是其中最重要的存储方式之一。由于数据库技术有成熟的设计理念、强大的管理功能，在实践中应用极其普遍。

Android 系统中集成了一个嵌入式关系型数据库——SQLite，并提供了良好的操控性能。所以本项目的操作就以 SQLite 的应用为导引进行学习实践。

本项目通过一个数据库存储数据的应用实例来学习 Android 数据库技术的基本原理、存储及访问数据的操作方法，通过数据库操作的具体实践，来了解并掌握数据库的应用。

学习目标

1. 了解 Android 系统数据库技术；
2. 熟悉 SQLite 数据库的技术特点；
3. 掌握 Android 系统数据库操作方法；
4. 了解 Android 系统数据库应用。

任务一　用户数据的数据库存储、读取

任务描述

安卓系统内置了数据库——SQLite，它是一款轻量级的关系型数据库。所谓关系型数据库是指建立在关系模型基础上的数据库，这种关系型的数据最直接的呈现形式就是二维

表格，关系模型就是二维表格模型，因而一个关系型数据库就是由二维表及其表之间联系组成的一个数据管理系统。

由于 SQLite 属轻量级数据库，它的资源占用少，只需几百 KB，运算速度非常快，而且 SQLite 支持结构化查询语言（Structured Query Language, SQL），所以学习、掌握 SQLite 数据库技术十分必要，而且具有通用性，对学习其他数据库系统帮助极大。

任务分析

SQLite 属轻量级的数据库，它没有服务器进程，是通过文件保存数据的，而且该文件是跨平台的，它对数据的类型要求也不十分严格，操作起来相对简单。

在 Android 中使用 SQLite 创建和打开数据库可以有以下 3 种方式：

1. 使用自定义类且继承 SQLiteOpenHelper；
2. 使用 Context. openOrCreateDatabase()；
3. 使用 SQLiteDatabase. openOrCreateDatabase()。

方法一：使用 SQLiteOpenHelper 辅助类来创建数据库、打开文件，其中要用到类中 2 个关键的方法：

```
• onCreate(SQLiteDatabase db)
• onUpgrade(SQLiteDatabase db, int oldVersion, int newVersion)
```

新建一个数据库时会调用前者，实现创建表或视图的操作等。数据库版本升级时则会调用后者。

需要说明的是：通过该方法创建的数据库文件存放的目录是由系统固定的，具体的路径位置为/data/data/<packageName>/databases/。

方法二：使用 Context 类的 openOrCreateDatabase()方法来实现数据库的读写，其格式为：

```
openOrCreateDatabase(String dbName, int mode, CursorFactory factory);
```

dbName：为数据库的名称；

Int mode 为数据库的操作模式：默认值为 MODE_PRIVATE (0)，还有其他项可选值分别为：

MODE_WORLD_READABLE；

MODE_WORLD_WRITABLE；

MODE_ENABLE_WRITE_AHEAD_LOGGING。

factory：是附加的一个工厂类项，当 SQLiteDatabase 实例的 query 函数被调用时，会使用该工厂类返回一个 Cursor，Cursor 为游标，本质上是一个临时记录集，其值可为 null。

另外，该方法的数据库文件的存储路径是固定的，位置与上一个方法相同，即/data/data/packageName/databases/。

方法三：直接调用 SQLiteDatabase 类的静态方法 openOrCreateDatabases ( )，SQLiteDatabase 类有几个静态方法可直接打开或创建数据库：

• openOrCreateDatabase(String path, CursorFactory factory)

• openOrCreateDatabase(File file,CursorFactory factory)

• openOrCreateDatabase(String path, CursorFactory factory, DatabaseErrorHandler errorHandler)

需要说明的是：这第三种方法打开或创建的数据库文件与上述 2 个方法的路径不同。

如果写成代码模式，则 3 种方法的代码片段分别列示如下：

方法一：

```
SQLiteDatabase db=mySqliteOpenHelper. getReadableDatabase();
db. execSQL("alter table info add number1 vchar(20)");
```

方法二：

```
//先获取 dbinfo. db 的路径，再进行读写
File file=new File(getApplication(). getDatabasePath("dbinfo. db"). getPath());
SQLiteDatabase db1=SQLiteDatabase. openOrCreateDatabase(file,null);
db1. execSQL("alter table info add number2 vchar(20)");
```

方法三：

```
SQLiteDatabase db2=this. openOrCreateDatabase("dbinfo. db",0,null);
db2. execSQL("alter table info add number3 vchar(20)");
```

任务内容

1. 设置数据库操作界面，显示姓名、电话号信息；

2. 新建数据库文件 mytelno. db，包含姓名、电话号的字段信息；

3. 界面上包括添加、修改、删除、查询 4 个按钮控件；

4. 点击添加按钮，实现向数据库增添一条数据记录，点击修改按钮将更新的数据写回数据库，点击删除按钮删除一条记录，查询按钮可查询并显示当前的所有数据记录。

具体样式见图 7 - 1。

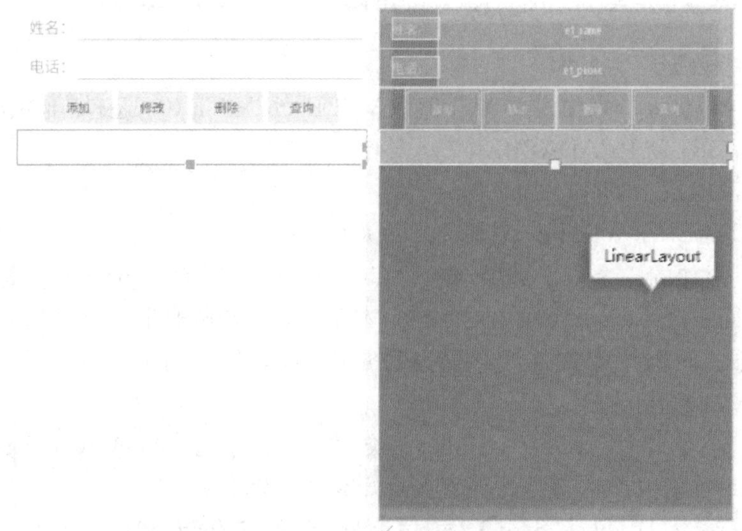

图 7 - 1　用户信息存储界面

任务实施

在具体操作数据库时，以数据库文件名“mytelno.db”为例，创建数据库的实现方法为：

```
public class dbHelper extends SQLiteOpenHelper {
  pulbic dbhelper(Content context) {
    super(context,"mytelno.db",null.2);
  }
  public void onCreatre(SQLiteDatabase db) {
    db.execSQL("CREATE TABLE information(_id INTEGER PRIMARYKEY AUTOINCREMENT, name
VARCHAR(20),price INTEGER)");
  public void onUpgrade(SQLiteDatabase db, int oldVersion, int newVersion){
}}
```

其中的 dbHelper 是自定义创建的一个类，它继承自 SQLiteOpenHelper，并创建了该类的构造方法 dbHelper()，在该方法中通过 super()方法调用父类的构造方法，并传入 4 个参数：上下文对象、数据库名称、游标工厂（通常为 null）、数据库版本号。然后重写了 onCreate()和 onUpgrade()方法，用于数据库启动时的初始化和版本号更新。

下面以实现登录数据的存储的数据库操作的案例，实现对数据库中表格记录数据的添加、删除、修改、查询操作。下面讲解具体操作过程。

步骤 1　创建程序工作界面，该界面有 2 个标签显示框，分别显示“姓名”“电话”2 个文本输入框，分别可输入姓名和电话内容。有 4 个按钮，分别是添加、修改、删除、查询按钮，按钮的下面是一个标签显示框，显示记录的姓名和电话的具体信息内容。

其界面文件 Activity_main.xml 的代码为：

```
<?xml version="1.0" encoding="utf-8"?>
<LinearLayout xmlns:android="http://schemas.android.com/apk/res/android"
    android:layout_width="fill_parent"
    android:layout_height="fill_parent"
    android:orientation="vertical">
    <TextView
        android:id="@+id/textView"
        android:layout_width="match_parent"
        android:layout_height="wrap_content"
        android:background="@android:color/holo_green_light"
        android:text="数据库操作案例"/>
    <LinearLayout
        android:layout_width="fill_parent"
        android:layout_height="wrap_content"
        android:addStatesFromChildren="true">
```

```
    <TextView
        android:layout_width="wrap_content"
        android:layout_height="wrap_content"
android:layout_marginStart="15dp"
        android:text="姓名:"
        android:textColor="?android:attr/textColorSecondary"/>
    <EditText
        android:id="@+id/et_name"
        android:layout_width="wrap_content"
        android:layout_height="wrap_content"
        android:layout_weight="1"
        android:singleLine="true"/>
  </LinearLayout>
  <LinearLayout
      android:layout_width="fill_parent"
      android:layout_height="wrap_content"
      android:addStatesFromChildren="true">
    <TextView
        android:layout_width="wrap_content"
        android:layout_height="wrap_content"
        android:layout_marginStart="15dp"
        android:text="电话:"/>
    <EditText
        android:id="@+id/et_phone"
        android:layout_width="wrap_content"
        android:layout_height="wrap_content"
        android:layout_weight="1"
        android:singleLine="true"/>
  </LinearLayout>
  <LinearLayout
      android:layout_width="fill_parent"
      android:layout_height="wrap_content"
      android:addStatesFromChildren="true"
      android:gravity="center">
    <Button
        android:id="@+id/bt_add"
        android:layout_width="wrap_content"
        android:layout_height="wrap_content"
        android:onClick="addbutton"
        android:text="添加"></Button>
    <Button
```

```
            android:id = "@ + id/bt_modify"
            android:layout_width = "wrap_content"
            android:layout_height = "wrap_content"
            android:onClick = "updatebutton"
            android:text = "修改"></Button>
        <Button
            android:id = "@ + id/bt_del"
            android:layout_width = "wrap_content"
            android:layout_height = "wrap_content"
            android:onClick = "updatebutton"
            android:text = "删除"></Button>
        <Button
            android:id = "@ + id/bt_query"
            android:layout_width = "wrap_content"
            android:layout_height = "wrap_content"
            android:onClick = "querybutton"
            android:text = "查询"></Button>
    </LinearLayout>
    <TextView
        android:id = "@ + id/TextView"
        android:layout_width = "match_parent"
        android:layout_height = "wrap_content"
        android:padding = "5dip"
        android:textSize = "22sp">
    </TextView>
</LinearLayout>
```

该界面应用了线性布局的嵌套，主体结构为垂直方向布局，最下面 4 个按钮采用了内嵌水平布局。

步骤 2　编写主程序代码，代码为：

```
package com.example.msuju;
    import androidx.appcompat.app.AppCompatActivity;
    import android.content.Context;
    import android.database.sqlite.SQLiteOpenHelper;
    import android.os.Bundle;
    import android.content.ContentValues;
    import android.database.Cursor;
    import android.database.sqlite.SQLiteDatabase;
    import android.util.Log;
    import android.view.View;
```

```
    import android.widget.Button;
    import android.widget.EditText;
    import android.widget.SimpleAdapter;
    import android.widget.TextView;
    import android.widget.Toast;
    import java.util.ArrayList;
    import java.util.Map;

public class MainActivity extends AppCompatActivity implements View.OnClickListener{
    DbHelper myHelper;
    private static String DB_NAME = "mytelno.db";
    private EditText et_name;
    private EditText et_phone;
    private ArrayList<Map<String,Object>> data;
    private SQLiteDatabase mydb;
    private Cursor cursor;
    private SimpleAdapter listAdapter;
    private View view;
    private TextView textview;
    private Button selBtn,addBtn,updBtn,delBtn;
    private Map<String,Object> item;
    private String selId;
    private ContentValues selCV;
    @Override
    public void onCreate(Bundle savedInstanceState) {
        super.onCreate(savedInstanceState);
        setContentView(R.layout.activity_main);
        myHelper = new DbHelper(this);
        init();                //初始化控件
    }
      private void init() {
        et_name = (EditText) findViewById(R.id.et_name);
        et_phone = (EditText) findViewById(R.id.et_phone);
        textview = (TextView) findViewById(R.id.TextView);
        selBtn = (Button) findViewById(R.id.bt_query);
        addBtn = (Button) findViewById(R.id.bt_add);
        updBtn = (Button) findViewById(R.id.bt_modify);
        delBtn = (Button) findViewById(R.id.bt_del);
        selBtn.setOnClickListener(this);
        addBtn.setOnClickListener(this);
        updBtn.setOnClickListener(this);
```

```
        delBtn.setOnClickListener(this);
    }
    @Override
    public void onClick(View v) {
    String cname;
    String cphone;
    SQLiteDatabase mydb;
    ContentValues cvalues;
    switch (v.getId()) {
        case R.id.bt_add:             //添加数据
         cname = et_name.getText().toString().trim();
         cphone = et_phone.getText().toString().trim();
         mydb = myHelper.getWritableDatabase();  //获取可读写对象
         cvalues = new ContentValues();         //创建内容值对象
         cvalues.put("name",cname);
         cvalues.put("phone",cphone);
         mydb.insert("information",null,cvalues);
         Toast.makeText(this,"数据添加成功",Toast.LENGTH_SHORT).show();
          mydb.close();
           break;
        case R.id.bt_query:             //查询数据
           mydb = myHelper.getReadableDatabase();
           Cursor cursor = mydb.query("information",null,null,null,null,null,null);
           if (cursor.getCount() = = 0){
                textview.setText("");
                Toast.makeText(this,"没有数据",Toast.LENGTH_SHORT).show();
           } else {
                cursor.moveToFirst();
                textview.setText("姓名:" + cursor.getString(1) + ";电话:" + cursor.
getString(2));
                }
           while (cursor.moveToNext()) {
                  textview.append("\n" + "姓名:" + cursor.getString(1) + ";电话:" +
cursor.getString(2));
                }
             cursor.close();
           mydb.close();
          break;
        case R.id.bt_modify:
          mydb = myHelper.getWritableDatabase();//修改数据
          cvalues = new ContentValues();
```

```
            cvalues.put("phone",cphone = et_phone.getText().toString().trim());
          mydb.update("information",cvalues,"name = ?",new String[]{et_name.getText().
toString().trim()});
            Toast.makeText(this,"信息已经修改",Toast.LENGTH_SHORT).show();
            mydb.close();
            break;
          case R.id.bt_del:
            mydb = myHelper.getWritableDatabase();//删除数据
            mydb.delete("information",null,null);
            Toast.makeText(this,"信息已经删除",Toast.LENGTH_SHORT).show();
            textview.setText("");
            mydb.close();
            break;
      }    }
      class DbHelper extends SQLiteOpenHelper {
        public DbHelper(Context context) {
          super(context,"mytelno.db",null,1);
      }
      @Override
      public void onCreate(SQLiteDatabase db) {
          db.execSQL("CREATE TABLE information(_id integer primary key autoincre ment,name
VARCHAR(10),phone VARCHAR(20))");
      }
      @Override
      public void onUpgrade(SQLiteDatabase db,int oldVersion,int newVersion) {
        }
    }
  }
```

在这段程序代码中,有 5 个方法需要特别注意:

一是系统指定了数据库的文件名,即

private static String DB_NAME="mytelno.db";

该语句指定新建数据库的文件。

二是系统指定了数据库里存放数据信息的表“information”,即语句

mydb.insert("information",null,cvalues);

三是系统初始化的方法为 init(),它的定义语句为 private void init(),在这个方法中,定义了界面控件的名称变量、按钮控件的变量,也定义了按钮的单击事件侦听。

四是在按钮事件中,通过 switch(v.getId())方法,侦听、判断哪个按钮被点击了,从而跳转到指定的 case 处理程序段,进行相应的处理(插入、删除、修改、查询)。

五是类构造方法 onCreate(SQLiteDatabase db),在这个方法中,随着程序的启动,创建了一个数据库文件,有 3 个字段,id 标号段、name 名称段、phone 号码段,为后期的数据存入

准备好了条件。

实现后的显示界面见图 7－2。

另外要注意的是：由于属内部文件存储，不需要在清单文件设置许可命令，另外，数据库文件存放位置为“/data/data/XXX(实际的包名)/databases/mytelno. db”这是采用了系统默认的文件存放位置。

图 7－2　实现数据记录保存

步骤 3　利用 Android Studio 自带的设备文件查看工具导出文件，打开“视图”→“工具窗口”→“Device File Explorer”(设备文件浏览)，见图 7－3。

步骤 4　找到数据库文件 mytelno. db，右击文件，在快捷键中选择“Open”打开查看，屏幕上显示的是乱码，不可以直接查看(数据库文件有加密，不能直接查看)，见图 7－4。

因此若需要查看文件内容，我们要在设备文件管理器中右击该文件，在快捷菜单中选择“Save as”，将文件导出存储到本计算机的其他位置，如 c:\mydata。

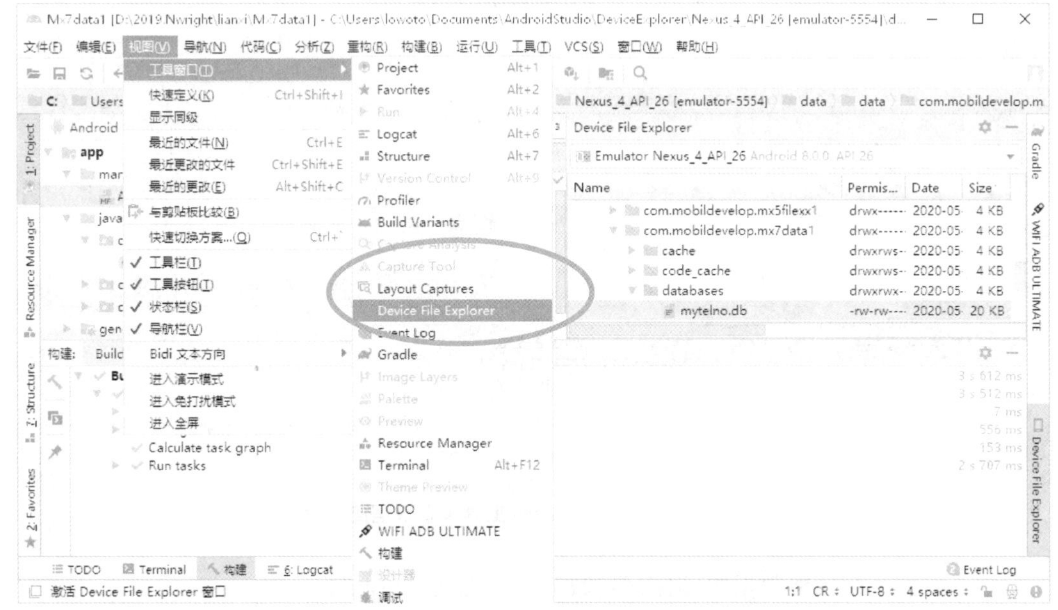

图 7－3　打开设备文件浏览工具

步骤 5　在本机安装好 SQLiteStudio 编辑工具，安装过程此处省略。安装完成后打开数据库工具，在数据库菜单中选择添加数据库命令，把刚导出的数据库文件添加到系统工具中，然后，选择该数据库的表文件“information”，在右侧数据浏览区，选择“数据”卡选项，即可查看数据库的内容。本项目保存的数据库中“information”的文件内容里面的 2 条记录见图 7－5。

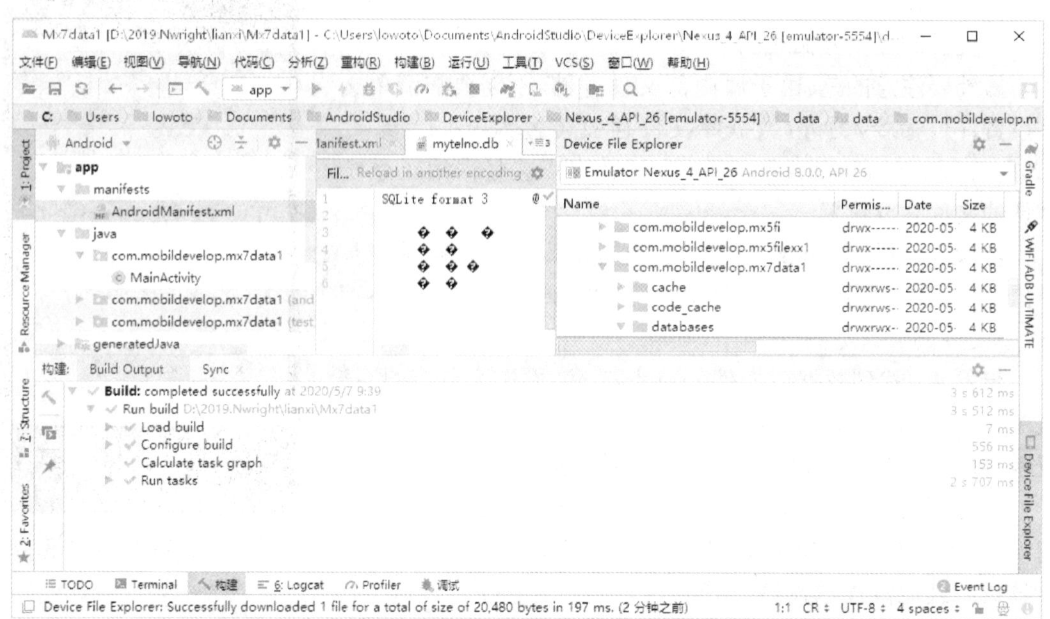

图 7－4　查看数据库文件(乱码)

图 7－5　用 SQLiteStudio 工具查看数据库文件

至此，我们实现了将数据内容保存到数据库内部文件的功能。

任务二　创建个人图书管理数据库管理

任务描述

Android 的应用开发经常涉及数据的存储和交互，当数据表的数量比较多、交互操作比较频繁时，就有必要采用规范通用的数据访问框架了，这个框架就是DAO模式。

数据访问对象(Data Access Object，DAO)本质上是一种应用程序编程接口(API)，允许程序开发者通过连接接口，直接连接到数据库表，大大简化了数据库表的操作。由于DAO对象封闭了访问函数，把上层业务和底层数据访问分隔开来，并支持访问其他的结构化查询语言(SQL)数据库。所以采用DAO模式能够更加专注于编写数据访问代码，更有助于系统的管理与维护。要注意的是，DAO模式仅适用于单机的应用程序或小范围、本地分布时使用。

任务分析

在Android系统中采用DAO模式进行数据读写的工作过程如图7-6所示。

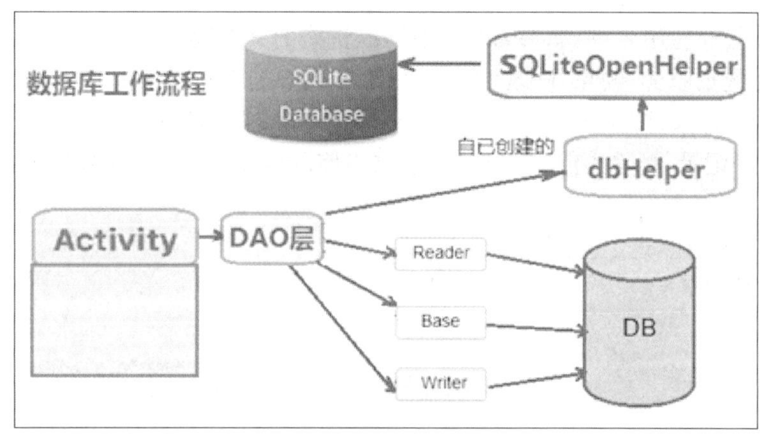

图7-6　数据库DAO模式工作示意图

一个典型的DAO实现有5个重要的组件，分别为

(1) 数据库连接类，连接数据库对象；

(2) VO类，即实体类，每一个类对应数据库的每一张表；

(3) DAO接口，提供数据库的连接；

(4) DAO实现类，实现具体的数据存储；

(5) DAO工厂类，产生DAO对象实例的工厂。

由于Android的SQLite支持大部分标准SQL语句，包括常用的命令：select(查询)、insert(插入)、update(更新)、delete(删除)等。

查询语句格式为：

select * from 表名 where 条件子句 group by 分组字句 having... order by 排序子句

例如：select * from person where 学号=2020

select * from person order by id desc

select name from person group by name having count(*)>1

插入语句格式为：

insert into 表名(字段列表)values(值列表)。

例如：insert into person(name,age) values('张三',3)

更新语句格式为：

update 表名 set 字段名=值 where 条件子句

例如：update person set name="张三"where id=10

删除语句格式为：

delete from 表名 where 条件子句

例如：delete from person where id=10

本实例是创建一个数据库应用项目，实现对图书的名称、出版社、价格的管理。

任务内容

1. 新建一个图书管理项目的界面；
2. 界面设置有应用名称、图书名称、出版社、价格的文本输入框；
3. 界面上包括添加、删除、修改、查询、关闭五个按钮控件；
4. 创建数据库文件"mybooks.db"，点击添加按钮、删除、修改、查询按钮，可以实现向数据库添加一条新记录、删除当前一条记录、修改当前的数据记录、查询数据库的全部数据的功能；
5. 点击关闭按钮，退出应用程序。

具体样式见图 7－7。

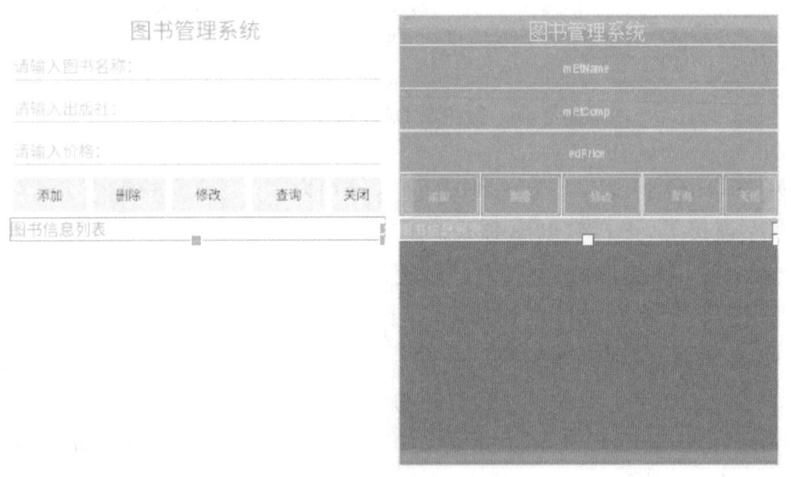

图 7－7　图书管理应用界面

任务实施

本任务就是以简化的图书管理数据库为操作对象，通过 DAO 模式实现对数据库中表的读写。整个工作的项目结构见图 7－8。

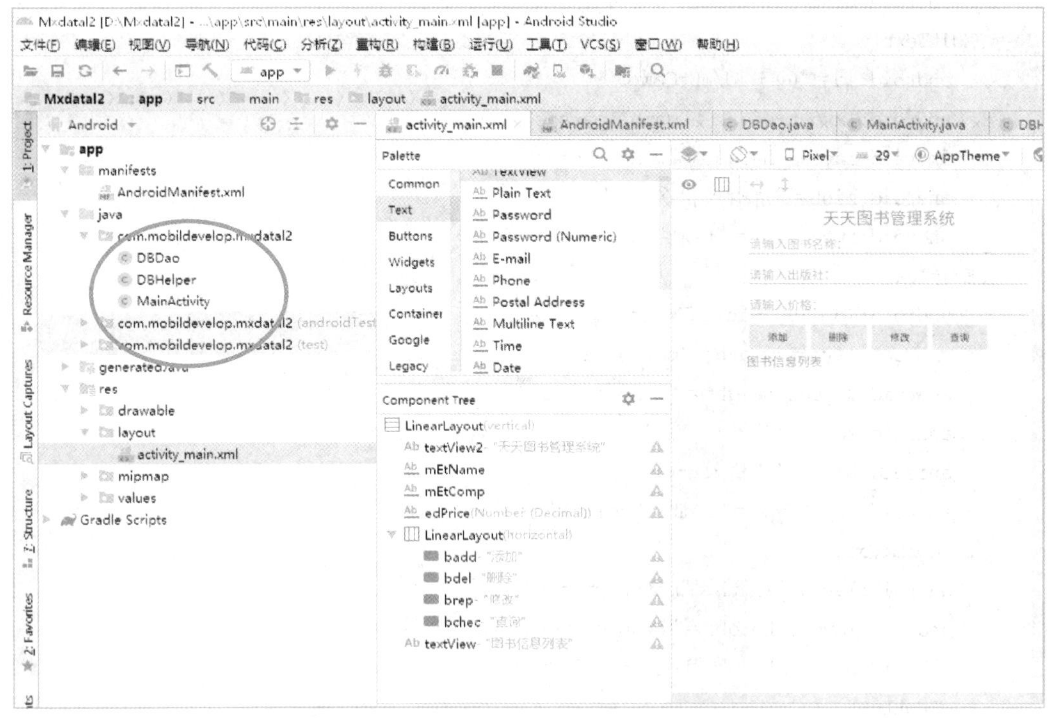

图 7-8 图书管理系统的项目结构及界面结构

步骤 1 设计界面布局，文件 activity_main.xml 具体代码为：

```
<?xml version="1.0" encoding="utf-8"?>
<LinearLayout xmlns:android="http://schemas.android.com/apk/res/android"
    xmlns:tools="http://schemas.android.com/tools"
      android:layout_width="match_parent"
      android:layout_height="match_parent"
      android:orientation="vertical"
      tools:context=".MainActivity">
  <TextView
      android:id="@+id/textView2"
      android:layout_width="match_parent"
      android:layout_height="wrap_content"
      android:text="天天图书管理系统"
      android:textAlignment="center"
      android:textSize="24sp"/>
  <EditText
      android:id="@+id/mEtName"
      android:layout_width="match_parent"
      android:layout_height="wrap_content"
```

```
    android:hint="请输入图书名称:"></EditText>
<EditText
    android:id="@+id/mEtComp"
    android:layout_width="match_parent"
    android:layout_height="wrap_content"
    android:hint="请输入出版社:"
    android:inputType="text"/>
<EditText
    android:id="@+id/edPrice"
    android:layout_width="match_parent"
    android:layout_height="wrap_content"
    android:ems="10"
    android:hint="请输入价格:"
    android:inputType="numberDecimal"/>
<LinearLayout
    android:layout_width="match_parent"
    android:layout_height="wrap_content"
    android:orientation="horizontal">
    <Button
        android:id="@+id/badd"
        android:layout_width="wrap_content"
        android:layout_height="wrap_content"
        android:onClick="badd"
        android:text="添加"/>
    <Button
        android:id="@+id/bdel"
        android:layout_width="wrap_content"
        android:layout_height="wrap_content"
        android:onClick="bdelete"
        android:text="删除"/>
    <Button
        android:id="@+id/brep"
        android:layout_width="wrap_content"
        android:layout_height="wrap_content"
        android:onClick="bupdate"
        android:text="修改"/>
    <Button
        android:id="@+id/bchec"
        android:layout_width="wrap_content"
        android:layout_height="wrap_content"
        android:onClick="bchec"
```

```
            android:text = "查询"/>
    </LinearLayout>
    <TextView
        android:id = "@ + id/textView"
        android:layout_width = "match_parent"
        android:layout_height = "wrap_content"
        android:text = "图书信息列表"
        android:textSize = "18sp"/>
</LinearLayout>
```

步骤 2　新建数据库帮助子类文件 DBHelper. java，实现数据库的新建与表的建立，代码为：

```
package com.mobildevelop.mxdatal;
    import android.content.Context;
    import android.database.sqlite.SQLiteDatabase;
    import android.database.sqlite.SQLiteOpenHelper;
     /**
     * 数据库 Helper 类,必须继承自 SQLiteOpenHelper
     * 继承 SQLiteOpenHelper 后需要复写两个方法,分别是 onCreate()和 onUpgrade()
     * onCreate():该方法在数据库创建时调用,用来初始化数据表结构和插入数据初始化的记录
     * onUpgrade():该方法在数据库版本升级的时候调用的,主要用来改变表结构
     * 数据库帮助类要做的事情特别简单:
     * 1.复写 onCreate()和 onUpgrade()方法
     * 2.在这两个方法里面填写相关的 sql 语句
     */
public class DBHelper extends SQLiteOpenHelper{
     public DBHelper(Context context) {
        /**
        * 参数说明:
        * 第一个参数:上下文
        * 第二个参数:数据库的名称
        * 第三个参数:null 代表的是默认的游标工厂
        * 第四个参数:是数据库的版本号  数据库只能升级,号码只能变大不能变小
        */
    super(context,"mybooks.db",null,2);  //创建了一个数据库,名为 mybooks.db
    }
    @Override
public void onCreate(SQLiteDatabase db) {
    db.execSQL("create table booklist (id integer primary key autoincrement, name varchar
(20),comp varchar(20),price varchar(10))");  //创建一个名为 booklist 表
```

```
    }
    @Override
    public void onUpgrade(SQLiteDatabase db, int oldVersion, int newVersion) {
      db.execSQL("alter table booklist add account varchar(20)");
    }
}
```

步骤 3 创建 DAO 类，实现数据表的添加、删除、修改、查询操作，文件名 DBDao.java，代码为：

```
package com.mobildevelop.mxdatal;

    import android.content.ContentValues;
    import android.content.Context;
    import android.database.Cursor;
    import android.database.sqlite.SQLiteDatabase;

    /**
    * DBDao  数据库操作类  dao后缀的都是数据库操作类
    * 这里增、删、改、查的方法都通过getWritableDatabase()去实例化了一个数据库实现
    * 做为成员变量,否则报错,若是觉得麻烦可以通过定义方法来置为null和重新赋值
    * ——其实dao类在这里做得事情特别简单:
    * 1.定义一个构造方法,利用这个方法去实例化一个数据库帮助类
    * 2.编写dao类的对应的"增、删、改、查"方法.
    **/
public class DBDao {
    private DBHelper mMyDBHelper;

    /**
     * dao类需要实例化数据库Help类,只有得到帮助类的对象,
     * 我们才可以实例化SQLiteDatabase
     */
public DBDao(Context context) {
    mMyDBHelper = new DBHelper(context);
    }
    //将数据库打开帮帮助类实例化,然后利用这个对象调用谷歌的api去进行增删改查
    //增加的方法,返回的是一个long值
public long addDate(String name, String comp, String price){
    //增删改查每一个方法都要得到数据库,然后操作完成后一定要关闭
    //getWritableDatabase();执行后数据库文件才会生成
    //数据库文件在data/data/包名/databases目录下,通过视图工具可查看
    SQLiteDatabase sqLiteDatabase = mMyDBHelper.getWritableDatabase();
```

```
    ContentValues contentValues = new ContentValues();
    contentValues.put("name",name);
    contentValues.put("comp",comp);
        contentValues.put("price",price);
        //返回,显示数据添加在第几行
        //如果添加了3行数据,再删掉第3行,然后再添加一条数据返回的是4不是3
        //因为该字段的值为自增长,计算机内部自行控制
        long rowid = sqLiteDatabase.insert("booklist",null,contentValues);
        sqLiteDatabase.close();
        return rowid;
    }
    //删除的方法,返回值是 int
public int deleteDate(String name){
        SQLiteDatabase sqLiteDatabase = mMyDBHelper.getWritableDatabase();
        int deleteResult = sqLiteDatabase.delete("booklist","name = ?",new String[]{name});
        sqLiteDatabase.close();      //关闭数据库
        return deleteResult;
    }
    /**
     *修改的方法
     */
public int updateData(String name,String newComp,String newPrice){
        SQLiteDatabase sqLiteDatabase = mMyDBHelper.getWritableDatabase();
        ContentValues contentValues = new ContentValues();
        contentValues.put("comp",newComp);
        contentValues.put("price",newPrice);
        int updateResult = sqLiteDatabase.update("booklist",contentValues,"name = ?",new
String[]{name});
        sqLiteDatabase.close();      //关闭数据库
        return updateResult;
    }
    /**
     *查询的方法(查找出版社)
     */
    }
}
```

步骤4 编辑完善主文件 MainActivity.java,代码如下:

```
package com.mobildevelop.mxdatal2;

   import androidx.appcompat.app.AppCompatActivity;
```

```
import android.database.Cursor;
import android.database.sqlite.SQLiteDatabase;
import android.database.sqlite.SQLiteOpenHelper;
import android.os.Bundle;
import android.text.TextUtils;
import android.view.View;
import android.widget.EditText;
import android.widget.TextView;
import android.widget.Toast;

public class MainActivity extends AppCompatActivity {
    private EditText mEtName;
    private EditText mEtComp;
    private EditText mPrice;
    private TextView mText;
    private DBDao mDao;
    private SQLiteDatabase mydb;
    private DBHelper myHelper;

    @Override
    protected void onCreate(Bundle savedInstanceState) {
        super.onCreate(savedInstanceState);
        setContentView(R.layout.activity_main);
        mDao = new DBDao(MainActivity.this);
        mEtName = findViewById(R.id.mEtName);
        mEtComp = findViewById(R.id.mEtComp);
        mPrice = findViewById(R.id.edPrice);
        mText = findViewById(R.id.textView);
    }

    public void badd(View view){

        String name = mEtName.getText().toString().trim();
        String comp = mEtComp.getText().toString().trim();
        String price = mPrice.getText().toString().trim();

if(TextUtils.isEmpty(name)||TextUtils.isEmpty(comp)||TextUtils.isEmpty(price)){
            Toast.makeText(this,"填写不完整",Toast.LENGTH_SHORT).show();
        return;
    }else{
        long addLong = mDao.addData(name,comp,price);
```

```
        if(addLong = = -1){
            Toast.makeText(this,"添加失败",Toast.LENGTH_SHORT).show();
        }else{
            Toast.makeText(this,"数据添加在第" + addLong + "行",Toast.LENGTH_SHORT).show();
          }
      }
  }

   public void bdelete(View view){
      String name = mEtName.getText().toString().trim();
      if(TextUtils.isEmpty(name)){
          Toast.makeText(this,"填写不完整",Toast.LENGTH_SHORT).show();
          return;
      }else{
          int deleteDate  =  mDao.deleteData(name);
          if(deleteDate = = -1){
              Toast.makeText(this,"删除失败",Toast.LENGTH_SHORT).show();
          }else{
              Toast.makeText(this,"成功删除" + deleteDate + "条数据",Toast.LENGTH_
              SHORT).show();
          }
      }
   }
   public void bupdate(View view){

      String name = mEtName.getText().toString().trim();
      String comp = mEtComp.getText().toString().trim();
      String price = mPrice.getText().toString().trim();

if(TextUtils.isEmpty(name)||TextUtils.isEmpty(comp)||TextUtils.isEmpty(price)){
          Toast.makeText(this,"填写不完整",Toast.LENGTH_SHORT).show();
          return;
       }else{
          int count = mDao.updateData(name, comp,price);
          if(count = = -1){
              Toast.makeText(this,"更新失败",Toast.LENGTH_SHORT).show();
          }else{
              Toast.makeText(this,"数据更新了" + count + "行",Toast.LENGTH_SHORT).show();
          }
      }
   }
```

```
    public void bquery(View view){
        String count = mDao.queryData();
        mText.setText(count);
    }

    public void bclose(View view){
        System.exit(0);
    }

}
```

步骤 5　在虚拟设备中运行应用程序，显示效果见图 7－9。

图 7－9　图书管理系统操作效果

步骤 6　查看生成的数据库文件的内容，用视图工具的中设备文件浏览器实现见图 7－10。

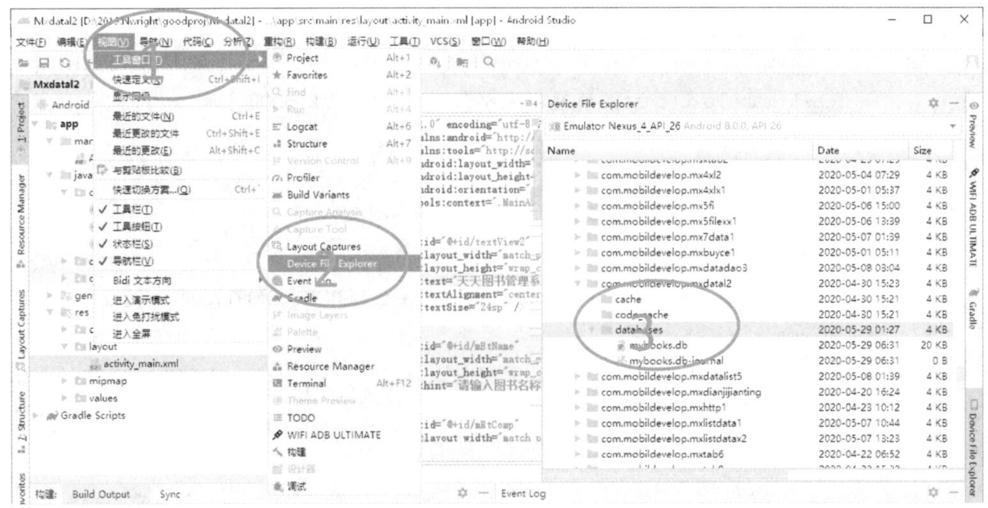

图 7－10　浏览项目运行结果，生成数据库文件 mybooks.db

步骤 7　导出数据库文件，在文件查看窗口中右击数据库文件 mybooks.db，在快捷菜单中选择 save as 命令项，在另存为对话框中，将文件保存到指定的文件夹，见图 7－11。

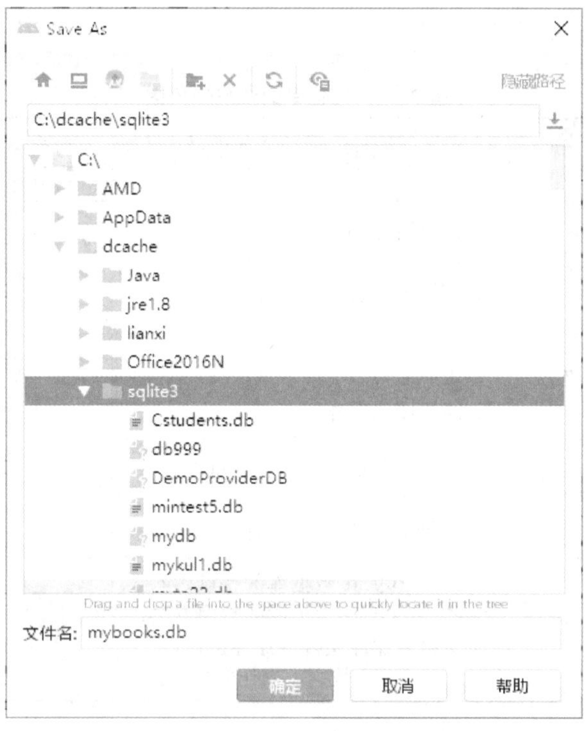

图 7－11　另存数据库文件

步骤 8　查看数据库文件内容，用 SQliteStudio 工具查看数据库文件 mybooks.db，查看的结果见图 7－12。

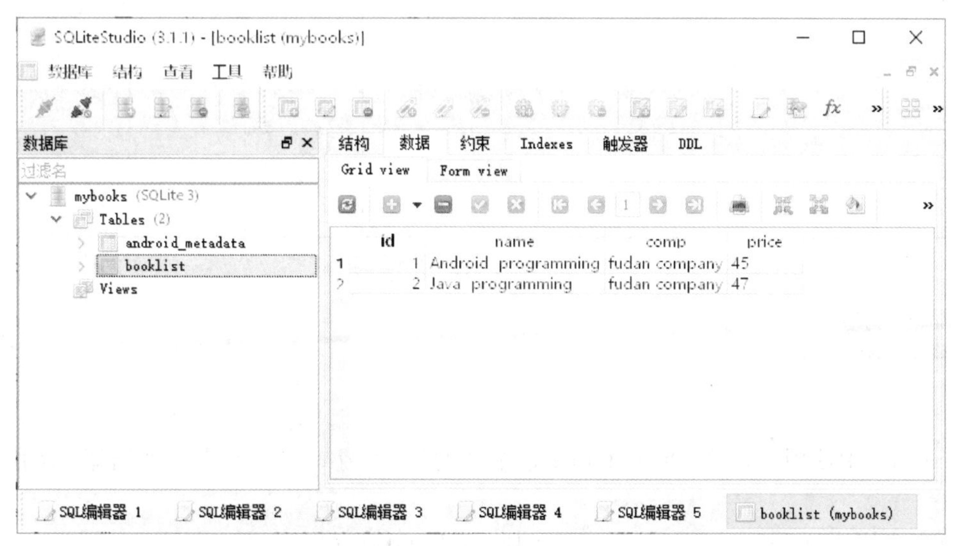

图 7－12　用 SQLiteStudio 工具查看数据库中 booklist 表的内容

知识拓展

项目评价

项目学习情况评价如表 7-1 所示。

表 7-1　项目学习情况评价表

项目	方面	等级(分别为 5、4、3、2、1 分)	自我评价	同伴评价	导师评价
态度情感目标	态度认真	1. 认真听导师的讲解； 2. 认真完成导师布置的作业； 3. 积极发言、讨论学习问题。			
	团结合作	1. 善于沟通； 2. 虚心听取别人的意见； 3. 能够团结合作。			
	分析思维	1. 能有条理地表达自己的意见； 2. 解决问题的过程清楚； 3. 能创新思考，做事有计划。			
知识技能目标	掌握知识	1. 了解 SQLite 数据库的特点； 2. 熟悉 SQLite 数据库的常用方法； 3. 掌握数据库文件的保存位置； 4. 了解 DAO 数据库操作的特点。			
	职业能力	1. 能简述数据库操作的常用方法； 2. 能说出数据库 DAO 重要组件； 3. 能说明数据库应用的主要特点； 4. 能编写简单的数据库读写项目。			
综合评价					

项目七 习题

一、选择题

1. 在 android 中使用 SQLiteOpenHelper 这个辅助类，生成一个可操作的数据库，调用的方法是(　　)。

A. getReadableDatabase()　　B. getDatabase()
C. getEnableDatabase()　　D. createDateBase()

2. 关于 SQLite 数据库,说法不正确的是(　　)。

A. SQLiteOpenHelper 类主要用来创建数据库和更新数据库

B. SQLiteDateBase 类用来操作数据库

C. 在每次调用 SQLiteDatabase 的 getWritableDatabase()方法时会执行 SqliteOpen-Helper 的 onCreate 方法

D. 当数据库版本发生变化时,可以自动更新数据库的结构

3. 以下操作中哪一项能够使 sqlite 数据库的 SqliteOpenHelper 类自动调用它的 onUpgrade()方法?(　　)

A. 在每次新建 DatabaseHelper 对象时

B. 用 DatabaseHelper 调用 getReadableDatabase()方法时

C. 在每次调用 SqliteDatabase 的 getWritableDatabase()方法时

D. 当创建 DatabaseHelper 对象时,数据库版本参数发生变化

4. 在手机开发中常用的数据库是(　　)。

A. SQLite　　B. Oracle

C. SqlServer　　D. Dybase

5. 在使用 SQLiteOpenHelper 这个类时,哪一个方法是用来实现版本升级的?(　　)

A. onCreate　　B. onCreade()

C. onUpdate()　　D. onUpgrade()

6. 下列哪个是 SqlLite 下的命令?(　　)

A. shell　　B. push

C. quit　　D. keytool

7. 在 Android 中使用 SQLiteOpenHelper 这个辅助类时,(　　)方法可以生成一个数据库,并可向数据库中写入数据,并对数据库版本进行管理。

A. getWriteableDatabase()　　B. getReadableDatabase()

C. getDatabase()　　D. getAbleDatabase()

二、填空题

1. android 的数据存储的方式包括共享引用、文件、________、内容提供者等。

2. SQLiteOpenHelper 中的________方法用于创建或打开一个只读的数据库。

3. SQLiteDatabase 是一个数据库访问类,该类封装了一系列数据库操作的 API,可以对数据进行________操作。

4. 案例中 DBDao 数据库操作中的添加、删除、修改、查询的方法都通过 getWritableDatabase()去实例化一个数据库实现,其方法分别为________。

5. Greendao 是一款用于数据库创建与管理的框架,________的效率是高于其他框架的。

三、简述题

1. 简述创建或打开一个 SQLite 数据库的方法。

2. SQLiteOpenHelper 类的作用是什么?

3. 简述创建或打开一个 SQLite 数据库的方法。

四、编程题

请继承 SQLiteOpenHelper 实现如下功能：

(1) 创建一个版本为 1 的“diaryOpenHelper. db”的数据库。

(2) 同时创建一个“diary”表(包含一个_id 主键，为自增型，topic 字符型 100 长度，content 字符型 1 000 长度)

(3) 在数据库版本变化时请删除 diary 表，并重新创建出 diary 表。

答案

服务组件与音乐播放器

项目情景

小康同学接到新任务，编写新的音乐播放应用程序，丰富智能手机的使用功能，为用户提供实用性、智能化的应用。具体的任务内容是制作手机的音乐播放器，实现对指定音乐文件、机内音乐文件的播放。由于利用手机听音乐是手机取代 MP3、MP4、ipod 等设备的重要应用，所以在手机上实现音乐播放器功能是非常实用和必要的。

考虑到 Android 组件中 Service（服务）工作在后台的特点，能够实现在运行期间不影响其他程序的运行，契合了音乐播放器一般在后台运行，而不影响其他应用项目的运行的需求。所以，本项目就是利用安卓系统的服务组件来实现播放器的功能的。

学习目标

1. 了解 Android Service 的工作原理；
2. 了解 Android Service 的特点；
3. 掌握 Android Service 的应用；
4. 了解 Service 的生命周期。

任务一 创建音乐播放器应用

任务描述

安卓系统的服务（service）在此专指该系统的一个功能，它是一个运行在后台的系统组件。通过启动该服务，用户可以得到系统提供的后台服务支持。服务的启动方法有 2 种，一是 startService()方法，另一种是 bindService()方法。

当应用程序（如 activity）通过调用 startService()启动服务时，服务即处于“启动”状态，并且启动后，服务在后台会无限期运行。已启动的服务通常执行单一操作，不将结果返回给调用方。由于没有用户界面，所以服务可以在后台运行而不受应用程序切换的影响，即使启动服务的组件已经被销毁，服务也会依旧运行。因此，服务适用于执行时不显示界面的后台操作，如上传或下载数据文件、播放音乐、后台记录用户的地理信息位置的改变等。强行结束服务可以调用 onDestroy()方法实现。

当应用程序（如 activity）通过调用 bindService()绑定到服务时，服务即处于“绑定”状态。绑定服务提供了一个客户端——服务器接口，允许组件与服务进行交互、发送请求、获取结果，甚至利用进程间通信（inter-process communication，IPC），跨进程执行这些操作。多个组件可以同时绑定到该服务，当调用 onUnbind()方法时，即取消绑定，同时，该服务也会被销毁。

任务分析

创建音乐播放器的应用，通过在应用清单文件中以注册的方式实现。实现服务的方法有两种：StartService()和 bindService()，两者的区别是：

Started Service(启动服务)其生命周期与启动它的组件无关，并且可以在后台无限期运行，即使启动服务的组件已经被销毁。因此，服务需要在完成任务后调用 stopSelf()方法停止，或者由其他组件调用 stopService()方法停止。具体代码为：

```
@Override
        public void onClick(View arg0) {
            //TODO Auto-generated method stub
            Intent intent = new Intent();
            intent.setClass(MainActivity.this,Mp3Service.class);
            startService(intent);
        }
```

使用 bindService()方法启用服务，调用者与服务绑定在了一起，调用者一旦退出，服务也就终止了。实现代码为：

```
    ServiceConnection conn = new ServiceConnection() {
            @Override
            public void onServiceDisconnected(ComponentName name) {
                //TODO Auto-generated method stub
            }
            @Override
            public void onServiceConnected(ComponentName name, IBinder service)
{
                //TODO Auto-generated method stub
                mp3binder binder = (mp3binder) service;
                binder.getData();
            }
        };
```

```
@Override
public void onClick(View arg0) {
        //TODO Auto-generated method stub
        Intent intent = new Intent();
        intent.setClass(MainActivity.this,Mp3Service.class);
        bindService(intent,conn,BIND_AUTO_CREATE);
    }
```

任务目标

1. 创建一个后台播放音乐的工程项目；
2. 界面要有有播放、暂停、停止、退出 4 个按钮，有一个状态提示框，有一个进度条；
3. 指定一个默认的 MP3 音乐文件，单击相应的按钮时能实现播放该音乐文件；
4. 用第一种方式启动服务。项目设计界面如图 8-1 所示。

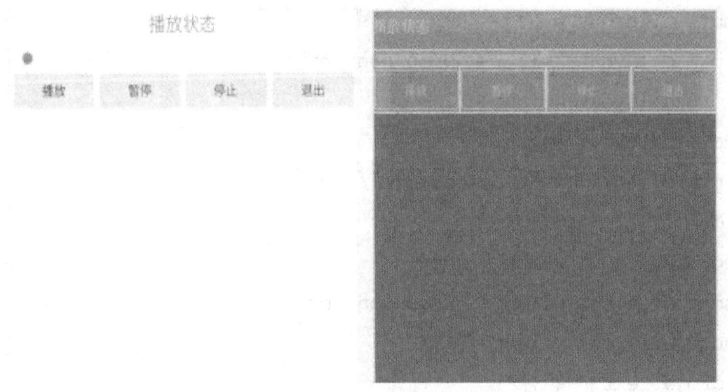

图 8-1 音乐播放器设计界面

任务实施

一、创建界面布局

步骤 1 新创建一个工程项目，按要求设计工程界面，文件代码为：

```
<?xml version="1.0" encoding="utf-8"?>
    <LinearLayout xmlns:android="http://schemas.android.com/apk/res/android"
    xmlns:tools="http://schemas.android.com/tools"
    android:layout_width="match_parent"
    android:layout_height="match_parent"
    tools:context="com.example.mmusic3a.MainActivity"
    android:orientation="vertical">
```

```
    <TextView
        android:id="@+id/tv_1"
        android:layout_width="match_parent"
        android:layout_height="40sp"
        android:background="@android:color/holo_green_dark"
        android:gravity="center_horizontal"
        android:text="播放状态"
        android:textSize="20sp"/>
    <SeekBar
        android:id="@+id/seekbar"
        android:layout_width="match_parent"
        android:layout_height="wrap_content"/>
    <LinearLayout
        android:layout_width="match_parent"
        android:layout_height="wrap_content">
        <Button
            android:layout_width="0dp"
            android:layout_height="wrap_content"
            android:layout_weight="1"
            android:text="播放"
            android:onClick="play_onclick"/>
        <Button
            android:layout_width="0dp"
            android:layout_height="wrap_content"
            android:layout_weight="1"
            android:text="暂停"
            android:onClick="pause_onclick"/>
        <Button
            android:layout_width="0dp"
            android:layout_height="wrap_content"
            android:layout_weight="1"
            android:text="停止"
            android:onClick="stop_onclick"/>
        <Button
            android:layout_width="0dp"
            android:layout_height="wrap_content"
            android:layout_weight="1"
            android:text="退出"
            android:onClick="exit_onclick"/>
    </LinearLayout>
</LinearLayout>
```

二、创建服务程序文件

步骤 2　创建 Service 程序文件，单击平台菜单项“文件”→“New”→“Service”→“Service”，创建名称为 MyServiceMusic. java 的程序文件，操作顺序见图 8－2 圆框序号。

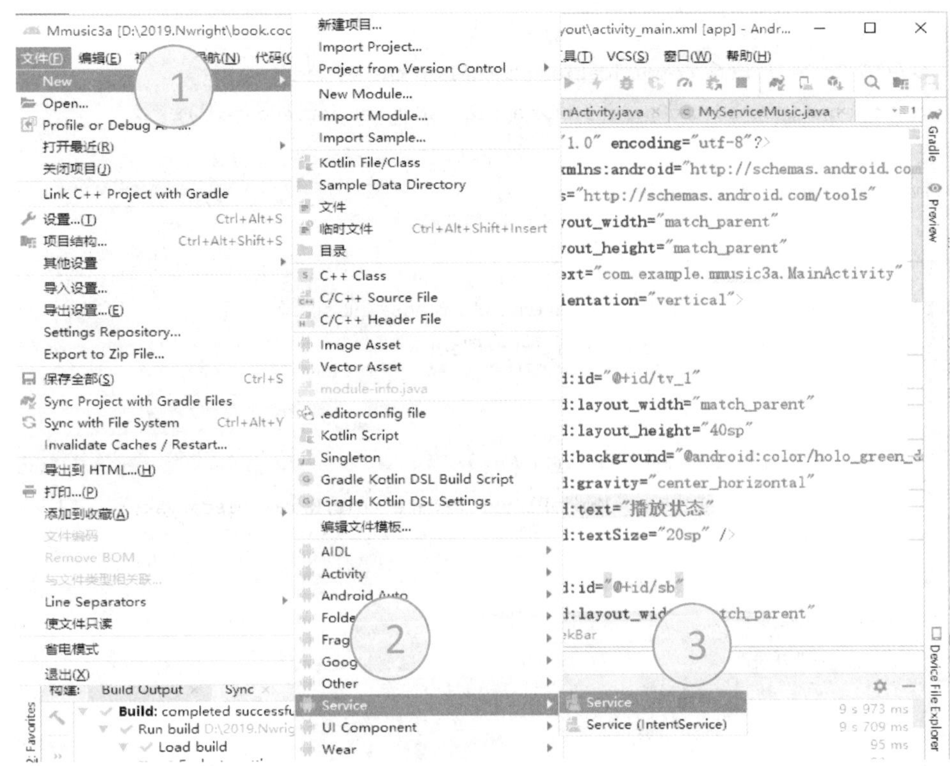

图 8－2　创建 Service 程序文件

三、编写完善服务程序

步骤 3　修改 MyServiceMusic 程序内容，增加按钮控制部分的功能，程序文件代码为：

```
package com.example.mmusic3a;

  import android.app.Service;
  import android.content.Intent;
  import android.os.IBinder;
  import android.app.Service;
  import android.content.Intent;
  import android.media.MediaPlayer;
  import android.os.IBinder;
```

```
public class MyServiceMusic extends Service {
    public MyServiceMusic() {
    }

    @Override
    public IBinder onBind(Intent intent) {
        //TODO: Return the communication channel to the service.
        throw new UnsupportedOperationException("Not yet implemented");
    }
    private MediaPlayer mediaPlayer;

    @Override
    public int onStartCommand(Intent intent, int flags, int startId) {
        String action = intent.getStringExtra("action");
        switch (action) {
            case "play":
                if (mediaPlayer == null) {
                    mediaPlayer = MediaPlayer.create(this, R.raw.historysky);
                }
                mediaPlayer.start();
                break;
            case "stop":
                if (mediaPlayer != null)
                {
                    mediaPlayer.stop();
                    mediaPlayer.reset();
                    mediaPlayer.release();
                    mediaPlayer = null;
                }
                break;
            case "pause":
                if (mediaPlayer != null && mediaPlayer.isPlaying())
                {
                    mediaPlayer.pause();
                }
                break;
        }
        return super.onStartCommand(intent, flags, startId);
    }
}
```

四、添加音乐文件素材

步骤 4 将音乐素材文件 historysky. mp3 存放入指定的文件夹 res\raw 中(如果没有 raw 文件夹,需要用户自己新创建,方法是:在开发平台上右击项目包,在弹出快捷菜单中选择新建菜单项下级“新建资源目录(Android Resource Directory),”系统弹出创建对话框,见图 8-3。在对话框中,创建目录名称为“raw”,资源类型为“raw”,然后点击确定。

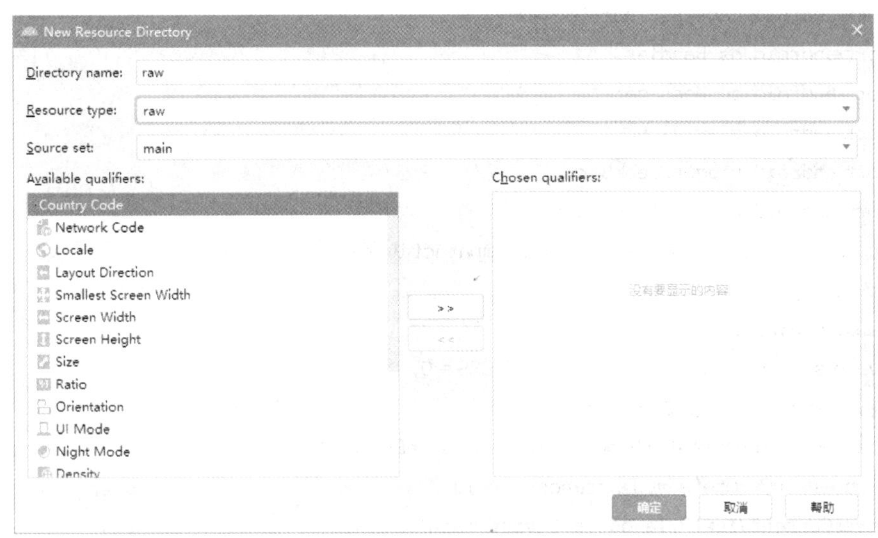

图 8-3 新建 raw 资源文件夹对话框

创建好后,将准备好的音乐文件复制粘贴到 raw 文件夹中,注意文件的命名规则只能是 a~z,0~9 和下划线_,不能有大写字母和-(中横线),见图 8-4。

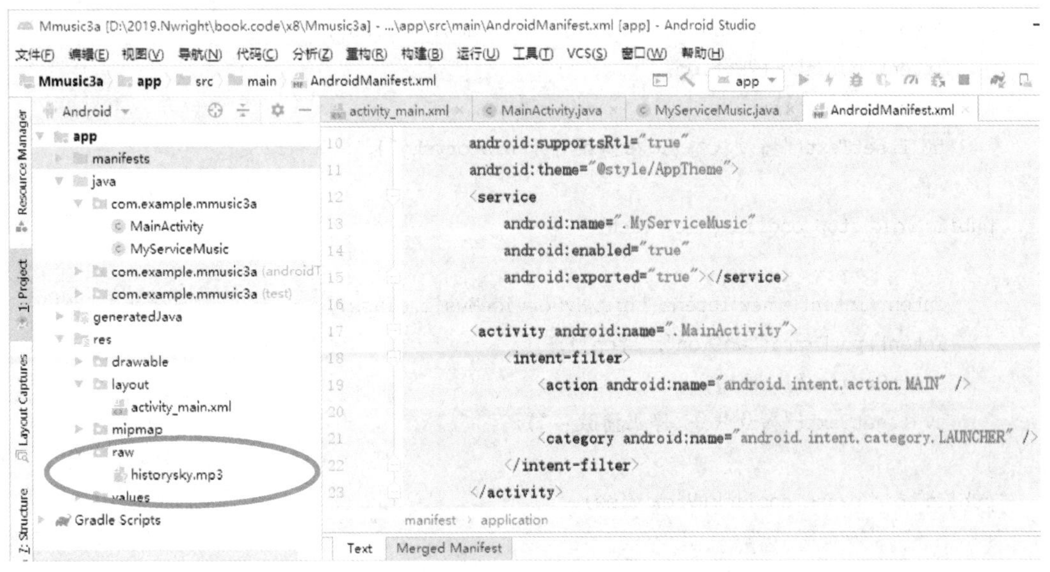

图 8-4 音乐素材文件存放位置

五、完善主程序

步骤 5 修改完善主程序文件 MainActivity. java,代码为:

```
package com. example. mmusic3a;
  import androidx. appcompat. app. AppCompatActivity;
  import android. os. Bundle;
  import android. content. Intent;
  import android. os. Handler;
  import android. os. Message;
  import android. view. View;
  import android. widget. SeekBar;
  import android. widget. TextView;
public class MainActivity extends AppCompatActivity {
  TextView tv_1;
  SeekBar seekBar;
  private static final int UPDATE_PROGRESS = 0;
  //使用 handler 定时更新进度条
  protected void onCreate(Bundle savedInstanceState) {
      super. onCreate(savedInstanceState);
      setContentView(R. layout. activity_main);
      tv_1 = (TextView)findViewById(R. id. tv_1);
      tv_1. setText("播放状态:停止播放…");
      }
  public void play_onclick(View view)
  {
      Intent intent = new Intent(this,MyServiceMusic. class);
      intent. putExtra("action","play");
      startService(intent);
      tv_1. setText("播放状态:正在播放音乐 historysky");
  }
  public void stop_onclick(View view)
  {
      Intent intent = new Intent(this,MyServiceMusic. class);
      intent. putExtra("action","stop");
      startService(intent);
      tv_1. setText("播放状态:停止播放…");
  }
  public void pause_onclick(View view)
  {
      Intent intent = new Intent(this,MyServiceMusic. class);
```

```
        intent.putExtra("action","pause");
        startService(intent);
        tv_1.setText("播放状态:暂停播放…");
    }
    public void exit_onclick(View view)
    {
        stop_onclick(view);
        finish();
    }
}
```

说明：1. 每一个 Service 都必须在 AndroidManifest. xml 清单文件中注册才能使用，所以操作时特别要注意编辑 AndroidManifest. xml 文件，查看是否有如下权限和注册代码：

<uses-permission android:name="android. permission. READ_EXTERNAL_STORAGE"/>

<uses-permission android:name="android. permission. WRITE_EXTERNAL_STORAGE"/>

及：<service

android:name=". MyServiceMusic"　//此处名称根据用户自定义的名称决定。

android:enabled="true"

android:exported="true">

</service>

2. 限于篇幅，本任务中未实现滚动条功能，放在后面再实现。

步骤 6　播放器实现后的运行界面如图 8 - 5 所示，点击播放按钮开始播放音乐，点击暂停按钮暂停播放，点击停止按钮则停止播放，点击退出按钮则退出应用程序。

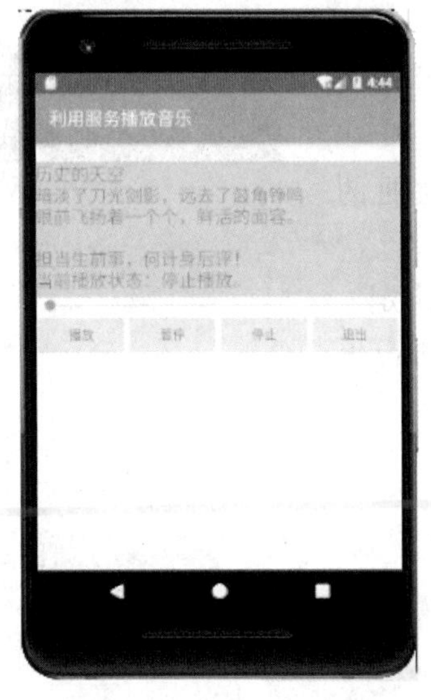

图 8 - 5　指定音乐播放器

任务二 创建本地音乐文件播放器

任务描述

在手机应用过程中，常常会把很多喜欢的歌曲存放在手机中，当有多个音乐文件需要播放时，需要把这些文件显示出来，或者轮流播放每首歌曲，并且可以通过前一首或后一首的按钮，选择某一首歌曲进行播放。

本任务创建了一个本地音乐播放器，能够显示本地音乐文件夹中存储的音乐文件，将其显示在列表中，通过选择按钮，播放对应的音乐文件。

任务分析

本任务的音乐资源文件以外部文件的形式存放在本机的 Music 文件夹下，系统通过 getExternalStorageDirectory()方法，获取存放在外部存储卡上的文件及位置，其他 3 个文件也存放在这个文件夹中。通过循环结构可搜寻这 3 个文件，通过命令按钮可实现选择歌曲的效果。

任务目标

1. 设计播放器的界面，要求有标题、配图、按钮；
2. 掌握播放外部音乐文件的方法；
3. 设计选择按钮，实现歌曲的选择；
4. 结束按钮能结束服务的绑定；
5. 用绑定服务的方式启动音乐服务。

项目设计界面见图 8-6。

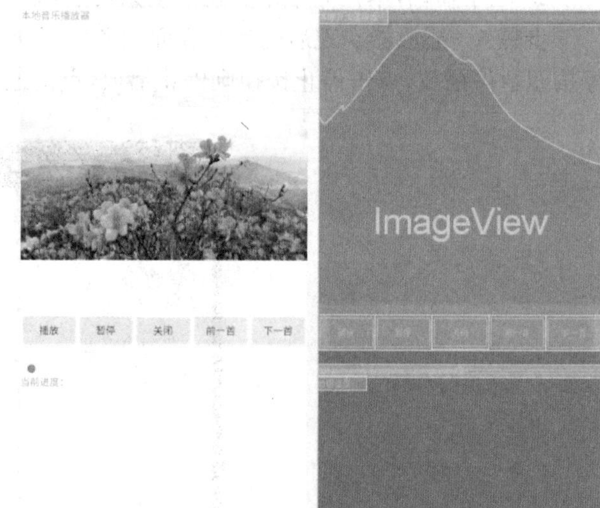

图 8-6 播放器界面

任务实施

一、创建界面布局

步骤 1 新建主界面 activity_main. xml，插入的图片文件为 dazixiang. jpg，存放在 drawable 文件夹下，文件代码为：

```
<?xml version="1.0" encoding="utf-8"?>
<LinearLayout  xmlns:android="http://schemas.android.com/apk/res/android"
    xmlns:app="http://schemas.android.com/apk/res-auto"
    xmlns:tools="http://schemas.android.com/tools"
    android:id="@+id/activity_main"
    android:layout_width="match_parent"
    android:layout_height="match_parent"
    android:orientation="vertical"
    tools:context="com.example.musicplay.MainActivity">
    <LinearLayout
        android:layout_width="match_parent"
        android:layout_height="wrap_content"
        android:orientation="vertical">
        <TextView
            android:id="@+id/textView"
            android:layout_width="wrap_content"
            android:layout_height="wrap_content"
            android:layout_weight="1"
            android:text="本地音乐播放器"/>
        <ImageView
            android:id="@+id/imageView"
            android:layout_width="match_parent"
            android:layout_height="wrap_content"
            android:layout_weight="1"
            app:srcCompat="@drawable/dazixiang"/>
    </LinearLayout>
    <LinearLayout
        android:layout_width="match_parent"
        android:layout_height="wrap_content"
        android:orientation="horizontal">
        <Button
            android:id="@+id/play"
            android:layout_width="0dp"
            android:layout_height="50dp"
            android:layout_weight="1"
            android:text="播放"/>
        <Button
            android:id="@+id/pause"
            android:layout_width="0dp"
            android:layout_height="50dp"
            android:layout_weight="1"
```

```
            android:text = "暂停"/>
        <Button
            android:id = "@ + id/stopd"
            android:layout_width = "0dp"
            android:layout_height = "wrap_content"
            android:layout_weight = "1"
            android:text = "关闭"/>
        <Button
            android:id = "@ + id/precious"
            android:layout_width = "0dp"
            android:layout_height = "50dp"
            android:layout_weight = "1"
            android:text = "前一首"/>
        <Button
            android:id = "@ + id/next"
            android:layout_width = "0dp"
            android:layout_height = "50dp"
            android:layout_weight = "1"
            android:text = "下一首"/>
    </LinearLayout>
    <SeekBar
        android:layout_marginTop = "20dp"
        android:id = "@ + id/seekbar"
        android:layout_width = "match_parent"
        android:layout_height = "wrap_content"/>
    <TextView
        android:text = "当前进度:"
        android:layout_width = "wrap_content"
        android:layout_height = "wrap_content"/>
    <TextView
        android:id = "@ + id/text1"
        android:layout_width = "wrap_content"
        android:layout_height = "wrap_content"/>
</LinearLayout>
```

二、创建服务类

步骤 2 新建音乐文件播放服务类，文件名为 MusicService. java，操作过程为在开发平台窗口左侧目录区程序包名称上右击，在快捷菜单中单击选择菜单命令“新建”，再选择“Service”中的“Service”，弹出对话框窗口，需要填写文件名称，此处填 MuisicService，见图 8-7。

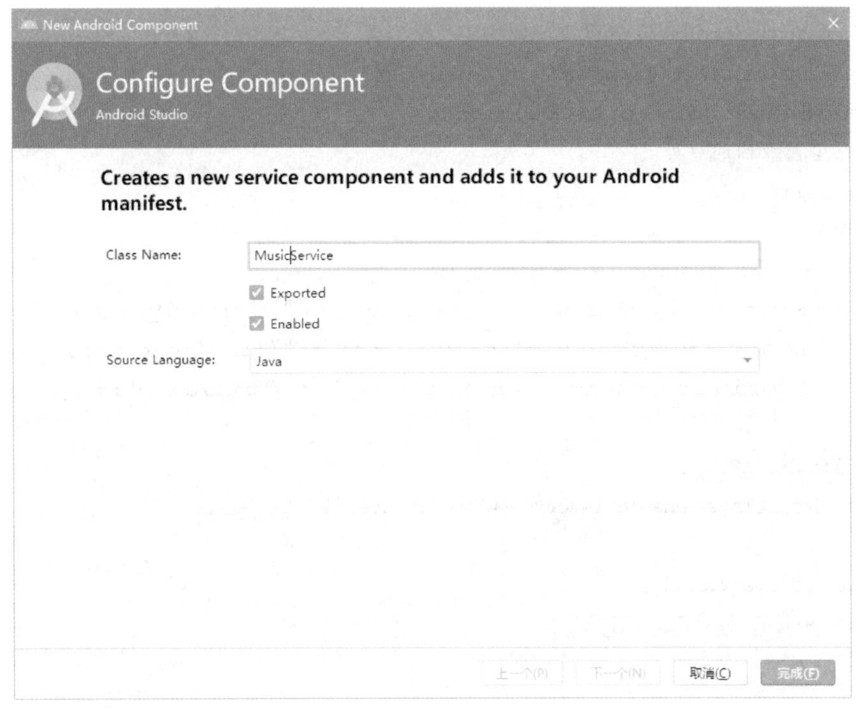

图 8 - 7　新建音乐播放服务类

三、上传音乐文件

步骤 3　利用开发平台 DeviceFileExplorer 工具上传 3 个音乐文件，分别为 babytrain. mp3、sealove. mp3、mooncloud. mp3，上传位置为 SDCard/Music 文件夹。

四、完善服务类

步骤 4　修改 MusicService 类的代码内容，输入对应的程序代码，程序代码为：

```
package com.example.musicplay;

import android.app.Service;
import android.content.Intent;
import android.os.IBinder;
import android.content.Intent;
import android.media.MediaPlayer;
import android.os.Binder;
import android.os.Environment;
import android.util.Log;
import androidx.annotation.Nullable;
import java.io.IOException;
```

```
public class MediaService extends Service {
    private static final String TAG = "MediaService";
    private MyBinder mBinder = new MyBinder();
    //标记当前歌曲的序号
    private int i = 0;
    //歌曲路径
    private String[ ]musicPath = new String[ ]{
            Environment.getExternalStorageDirectory() + "/Music/babytrain.mp3",
            Environment.getExternalStorageDirectory() + "/Music/sealove.mp3",
            Environment.getExternalStorageDirectory() + "/Music/mooncloud.mp3",
    };
    //初始化 MediaPlayer
    public MediaPlayer mMediaPlayer = new MediaPlayer();

    public MediaService() {
        iniMediaPlayerFile(i);
    }

    @Nullable
    @Override
    public IBinder onBind(Intent intent) {
        return mBinder;
    }

    public class MyBinder extends Binder {

        /**
         * 播放音乐
         */
        public void playMusic() {
            if (mMediaPlayer!= null && !mMediaPlayer.isPlaying()) {
                //如果还没开始播放,就开始
                mMediaPlayer.start();
            }
        }
        /**
         * 暂停播放
         */
        public void pauseMusic() {
            if (mMediaPlayer.isPlaying()) {
                //如果还没开始播放,就开始
```

```
                mMediaPlayer.pause();
            }
        }
    /**
        * 停止播放
        */
        public void stopMusic() {
                //不管开始播放否,全部停止.
                mMediaPlayer.stop();
                //System.exit(0);
        }
        /**
        * reset
        */
        public void resetMusic() {
            if (!mMediaPlayer.isPlaying()) {
                //如果还没开始播放,就开始
                mMediaPlayer.reset();
                iniMediaPlayerFile(i);
            }
        }

        /**
        * 关闭播放器
        */
        public void closeMedia() {
            if (mMediaPlayer != null) {
                mMediaPlayer.stop();
                //mMediaPlayer.reset();
                try {
                    mMediaPlayer.prepare();
                } catch (IOException e) {
                    e.printStackTrace();
                }

            }
        }

        /**
        * 下一首
        */
```

```
public void nextMusic() {
    if (mMediaPlayer != null && i <3 && i> = 0) {
        //切换歌曲 reset()很重要很重要很重要,没有会报 IllegalStateException
        mMediaPlayer.reset();
        i = (i + 1) % 3;
        iniMediaPlayerFile(i);
        //这里的 if 只要是为了不让歌曲的序号越界,因为只有 3 首歌

        playMusic();
    }
}

/**
 * 上一首
 */
public void preciousMusic() {
    if (mMediaPlayer != null && i <3 && i> 0) {
        mMediaPlayer.reset();
        i = (i - 1) % 3;
        iniMediaPlayerFile(i);

        playMusic();
    }
}
/**
 * 获取歌曲长度
 **/
public int getProgress() {
    return mMediaPlayer.getDuration();
}

/**
 * 获取播放位置
 */
public int getPlayPosition() {
    try{
    return mMediaPlayer.getCurrentPosition();
}catch(Exception e){
        e.printStackTrace();
        return 0;
    }
```

```
            }
        /**
          *播放指定位置
          */
        public void seekToPositon(int msec) {
            mMediaPlayer.seekTo(msec);
        }
    }

    /**
      *添加 file 文件到 MediaPlayer 对象并且准备播放音频
      */
    private void iniMediaPlayerFile(int dex) {
        //获取文件路径
        try {
            //此处的两个方法需要捕获 IO 异常
            //设置音频文件到 MediaPlayer 对象中
            mMediaPlayer.setDataSource(musicPath[dex]);
            //让 MediaPlayer 对象准备
            mMediaPlayer.prepare();
        } catch (IOException e) {
            Log.d(TAG,"设置资源,准备阶段出错");
            e.printStackTrace();
        }
    }
}
```

五、编写完善主程序

步骤 5　编写完善主程序 MainActivity 代码内容，代码为：

```
package com.example.musicplay;

import androidx.annotation.NonNull;
import androidx.core.app.ActivityCompat;
import androidx.core.content.ContextCompat;
import android.Manifest;
import android.content.ComponentName;
import android.content.Intent;
import android.content.ServiceConnection;
import android.content.pm.PackageManager;
```

```
import android.os.Handler;
import android.os.IBinder;
import android.os.Bundle;
import android.util.Log;
import android.view.View;
import android.widget.Button;
import android.widget.SeekBar;
import android.widget.TextView;
import android.widget.Toast;
import java.text.SimpleDateFormat;

public class MainActivity2 extends AppCompatActivity implements View.OnClickListener {

    private Handler mHandler = new Handler();
    private static final String TAG = "MainActivity";
    private MediaService.MyBinder mMyBinder;
    private Button playButton;
    private Button pauseButton;
    private Button stopButton;
    private Button nextButton;
    private Button preciousButton;
    private SeekBar mSeekBar;
    private TextView mTextView;
    //进度条下面的当前进度文字,将毫秒化为m:ss格式
    private SimpleDateFormat time = new SimpleDateFormat("m:ss");
    //"绑定"服务的intent
    Intent MediaServiceIntent;

    @Override
    protected void onCreate(Bundle savedInstanceState) {
        super.onCreate(savedInstanceState);
        setContentView(R.layout.activity_main);
        iniView();
        MediaServiceIntent = new Intent(this,MediaService.class);
        //判断权限设置,没有则要赋予
    if (ContextCompat.checkSelfPermission(MainActivity2.this, Manifest.permission.WRITE_EXTERNAL_STORAGE) != PackageManager.PERMISSION_GRANTED) {
      ActivityCompat.requestPermissions(MainActivity2.this,new String[]{
        Manifest.permission.WRITE_EXTERNAL_STORAGE},1);
        }else{
         //已具备权限则设置路径,准备播放
```

```
bindService(MediaServiceIntent,mServiceConnection,BIND_AUTO_CREATE);
        }
    }
    //获取到权限回调方法
    @Override
    public void onRequestPermissionsResult(int requestCode,@NonNull String[ ]permissions,
@NonNull int[ ]grantResults) {
    switch (requestCode) {
     case 1:
     if (grantResults.length>0 && grantResults[0] = = PackageManager.PERMISSION_GRANTED) {
     bindService(MediaServiceIntent,mServiceConnection,BIND_AUTO_CREATE);
     } else {
    Toast.makeText(this,"权限不够,程序将退出",Toast.LENGTH_SHORT).show();
                    finish();
                }
                break;
            default:
                break;
        }
    }
    private ServiceConnection mServiceConnection = new ServiceConnection() {
        @Override
        public void onServiceConnected(ComponentName name,IBinder service) {
         mMyBinder = (MediaService.MyBinder) service;
         mSeekBar.setMax(mMyBinder.getProgress());
         mSeekBar.setOnSeekBarChangeListener(new SeekBar.OnSeekBarChangeListener() {
                @Override
         public void onProgressChanged(SeekBar seekBar,int progress,boolean fromUser) {
          //这里很重要,要判断是否来自用户操作进度条,否则会出现卡顿
          if(fromUser){
         mMyBinder.seekToPositon(seekBar.getProgress());
          }
      }
        @Override
        public void onStartTrackingTouch(SeekBar seekBar) {
         }
        @Override
        public void onStopTrackingTouch(SeekBar seekBar) {
        }
      });
      mHandler.post(mRunnable);
```

```
        Log.d(TAG, "Service 与 Activity 已连接");
    }
    @Override
    public void onServiceDisconnected(ComponentName name) {
    }
  };
  private void iniView() {
      playButton = (Button) findViewById(R.id.play);
      pauseButton = (Button) findViewById(R.id.pause);
      stopButton = findViewById(R.id.stopd);
      nextButton = (Button) findViewById(R.id.next);
      preciousButton = (Button) findViewById(R.id.precious);
      mSeekBar = (SeekBar) findViewById(R.id.seekbar);
      mTextView = (TextView) findViewById(R.id.text1);
      playButton.setOnClickListener(this);
      pauseButton.setOnClickListener(this);
      stopButton.setOnClickListener(this);
      nextButton.setOnClickListener(this);
      preciousButton.setOnClickListener(this);
  }

  @Override
  public void onClick(View v) {
    switch (v.getId()) {
      case R.id.play:
        mMyBinder.playMusic();
        break;
      case R.id.pause:
        mMyBinder.pauseMusic();
        break;
      case R.id.stopd:
        mMyBinder.closeMedia();
        break;
      case R.id.next:
        mMyBinder.nextMusic();
        break;
      case R.id.precious:
        mMyBinder.preciousMusic();
        break;
    }
```

```
    }

    @Override
    protected void onDestroy() {
        super.onDestroy();
        //handler是定时1000s发送的,需要关闭,否则会有IllegalStateException错误
        mHandler.removeCallbacks(mRunnable);
        mMyBinder.closeMedia();
        unbindService(mServiceConnection);
    }
    /**
     * 更新ui的runnable
     */
    private Runnable mRunnable = new Runnable() {
        @Override
        public void run() {
            mSeekBar.setProgress(mMyBinder.getPlayPosition());
            mTextView.setText(time.format(mMyBinder.getPlayPosition()) + "s");
            mHandler.postDelayed(mRunnable,1000);
        }
    };
}
```

六、设置读写权限

步骤6　设置清单文件中的权限。

```
<uses-permission android:name="android.permission.ACCESS_LOCATION_EXTRA_COMMANDS"/>
<uses-permission android:name="android.permission.WRITE_EXTERNAL_STORAGE"/>
<uses-permission android:name="android.permission.READ_EXTERNAL_STORAGE"/>
```

七、模拟显示结果

步骤7　在虚拟机上模拟运行程序,得到的运行结果见图8-8,点击播放按钮,即可播放音乐,点击“前一首”或“下一首”按钮,则可切换到指定的文件上播放。

图8-8　音乐播放器界面

项目评价

项目学习情况评价如表8-1所示。

知识拓展

表 8－1　项目学习情况评价表

项目	方面	等级(分别为 5、4、3、2、1 分)	自我评价	同伴评价	导师评价
态度情感目标	态度认真	1. 认真听导师的讲解； 2. 认真完成导师布置的作业； 3. 积极发言、讨论学习问题。			
	团结合作	1. 善于沟通； 2. 虚心听取别人的意见； 3. 能够团结合作。			
	分析思维	1. 能有条理地表达自己的意见； 2. 解决问题的过程清楚； 3. 能创新思考，做事有计划。			
知识技能目标	掌握知识	1. 了解服务组件的工作原理； 2. 熟悉服务的启动方式； 3. 掌握服务不同启动方式的操作步骤； 4. 掌握外部音乐文件的存储方法； 5. 了解音乐文件的播放操作。			
	职业能力	1. 能简述媒体操作类的使用方法； 2. 能讲述服务应用的使用操作过程； 3. 能说明服务不同启动方式的特点； 4. 掌握服务应用的实际操作。			
综合评价					

项目八 习题

一、选择题

1. 关于 service 生命周期的 onCreate()和 onStart()方法，说法正确的是(　　)。

A. 当第一次启动的时候先后调用 onCreate()和 onStart()方法

B. 当第一次启动的时候只会调用 onCreate()方法

C. 如果 service 已经启动，将先后调用 onCreate()和 onStart()方法

D. 如果 service 已经启动，只会执行 onStart()方法，看情况再调用 onCreate()方法

2. MediaPlayer 播放资源前，需要调用哪个方法完成准备工作？(　　)

A. setDataSource　　B. prepare　　C. begin　　D. pause

3. 下列不属于 service 生命周期的方法是(　　)。

A. onCreate　　B. onDestroy　　C. onStop　　D. onStart

4. 绑定 Service 的方法是(　　)。

A. bindService　　B. startService　　C. onStart　　D. onBind

5. MediaPlayer 播放保存在 sdcard 上的 mp3 文件时，(　　)。

A. 需要使用 MediaPlayer. create 方法创建 MediaPlayer

B. 直接 newMediaPlayer 即可

C. 需要调用 setDataSource 方法设置文件源

D. 直接调用 start 方法，无需设置文件源

6. 解除绑定 Service 的方法是(　　)。

A. unbindService　　B. startService　　C. bindService　　D. onBind

7. 关于 onBind()方法，以下说法正确的是(　　)。

A. 启动模式下返回 null，绑定模式下返回 IBinder

B. 启动模式下返回 IBinder，绑定模式下返回 null

C. 启动模式下和绑定模式下都返回 IBinder

D. 启动模式下和绑定模式下都返回 null

8. onPause 什么时候调用？(　　)

A. 当界面启动时　　B. 当 onCreate 方法被执行之后

C. 当界面被隐藏时　　D. 当界面重新显示时

9. 在 Activity 中，如何获取 service 对象？(　　)

A. 可以通过直接实例化得到　　B. 可以通过绑定得到

C. 通过 startService()　　D. 通过 getService()获取

10. 下列关于 Service 的描述，正确的是(　　)。

A. Servie 主要负责一些耗时比较长的操作，这说明 Service 会运行在独立的子线程中

B. 每次调用 Context 类中的 StartService()方法后都会新建一个 Service 实例

C. 每次启动一个服务时候都会先后调用 onCreate()和 onStart()方法

D. 当调用了 Context 类中的 StopService()方法后，Serviece 中的 onDestroy()方法会自动回调。

二、填空题

1. Android 中 Service 的实现方法是________或________。

2. Service 的启动模式中，________方式可以允许组件与服务进行交互、发送请求、获取结果，甚至是利用进程间通信(IPC)跨进程执行这些操作。

3. 与 Activity 组件不同的是，Service 组件没有自己的________。

4. ________是 Android 四大组件之一，它可以通过 startService 方式开启。

5. 以 startService 方式开启服务，服务一旦被开启，服务就会在________长期运行。

6. 以 bindService 方式开启服务的生命周期是 onCreate()→onBind()→________→onDestroy()。

7. Android 中创建服务需要继承________类。

8. 把播放音乐的操作放到 Service 里的目的是提升进程的优先级，________。

9. 如果一个进程含有一个 service 和一个可视 activity，那么这个进程属于________。

三、是非题

1. Android 中想要创建一个服务，需要定义一个类继承 Service，并在清单文件中注册。( )

2. 通过 bind 方式开启服务，服务被成功绑定后会调用服务的 onBind 方法。( )

3. 通过 bindService 方式开启服务和通过 startService 方式开启服务，服务的生命周期一样。( )

4. IPC 的全称是 Inner process communication，即进程间通信。( )

5. Android 中服务的生命周期和 Activity 的生命周期一样。( )

6. 通过 startService()方式开启服务首先会调用服务的 onCreate 方法，然后调用服务的 onStartCommand 方法，当开启服务的 Activity 退出时，会执行服务的 onDestroy 方法。( )

7. 创建一个 Service，需要在清单文件中进行配置。( )

8. Android 中，服务可以理解成是在后台长期运行并且没有界面的 activity。( )

9. service 组件只有一种开启方式，即 startService。( )

10. 当使用 startService()启动服务时，调用 stopService()方法可以停止该服务。( )

四、简答题

1. 简述 startService()和 bindService()启动服务的区别。

2. 针对 Service 的生命周期，对比 2 种不同的启动方式的区别。

答案

项目九 广播接收组件与短信查看

项目情景

顺利完成了音乐播放器的任务后，小康同学对 Android 的应用开发有了更多的信心。接下来，需要完成新的项目任务，是利用 Android 广播组件（BroadcastReceiver）为用户提供更实用、更智能化的应用。

BroadcastReceiver 即广播接收者（器），顾名思义，是用来接收来自系统和应用中的广播信息的。在 Android 系统中，广播机制体现在方方面面，包括在开机完成时系统就会产生一条广播，实现开机后一些服务的功能；当电池电量改变、电压过低时，系统也会产生一条广播，告知用户及时保存进度等。Android 中的广播机制设计得非常出色，很多原本需要开发者操作设计的工作，现在只需等待广播告知即可，大大减少了开发的工作量和开发周期。而作为应用开发者，熟练地掌握系统提供的广播接收组件（BroadcastReceiver）也就显得十分重要。

广播应用时需要先注册，广播注册一共有 2 种形式：一种是静态注册，一种是动态注册。两者在使用时的主要区别是：

1. 静态注册常驻内存，动态注册则不常驻，是跟随 activity 的生命周期；
2. 静态注册的广播速度上慢于动态注册的广播；
3. 静态注册写在清单文件中，动态注册则在主程序代码中完成。

本项目就是通过静态注册和动态注册的方法来实现广播及接收，完成信息的监听及查看应用。

学习目标

1. 了解 Android 系统广播信息传送原理；
2. 了解 Android 系统广播的种类及应用方法；
3. 掌握 Android 系统广播接收类的创建过程；
4. 了解系统中静态广播、动态广播的具体使用。

任务一 创建一个广播求助信息应用

任务描述

广播是 Android 系统中一项重要的传递消息的机制，广播组件本质上就是一个全局的监听器，用于监听系统全局的广播消息，在应对紧急情况时，可以方便地实现系统中不同组件之间的通信。

Android 系统发出的广播是系统广播，而由用户自己定义的广播则为自定义广播。收发时面向全体应用的广播为全局广播，收发都仅在自身应用的而不影响其他应用的是本地广播。

另外，根据发送和接收机制的不同，广播又分有序广播和无序广播。广播者顺序发送，接收方按优先级别依次接收，并只有高级别的一个接收者先收到，接收完毕后再继续向下传递的是有序广播，异步发送广播，接收者同时接收的方式是无序广播。

本任务的目标就是利用系统广播，实现信息的传递。

任务分析

广播接收者 BroadcastReceiver 是 Android 系统提供的四大组件中学习到的第三个组件。广播机制是广泛用于应用程序之间的一种通信手段，它类似于事件处理机制，不同之处就是广播的处理是系统级别的事件处理过程(一般事件处理是控件级别的)。该组件的工作原理是：使用观察者模式，基于消息的发布/订阅事件模型，将广播的发送者和接收者松散连接，使得系统方便集成，更易扩展。消息的事件模型中有 3 个角色：

(1) 消息订阅者(广播接收者)；

(2) 消息发布者(广播发送者)；

(3) 消息中心(activity manager service，AMS)。

其中，广播发送者和广播接收者分别属于观察者模式中的消息发布和订阅两端，居于中间的是 AMS。广播发送者和广播接收者工作在异步状态，发送者只管发送广播，而事先注册过的接收者则会自动接收广播，做出响应。具体实现流程概括如下：

(1) 广播接收者 BroadcastReceiver 通过 Binder 机制向 AMS(activity manager service)注册；

(2) 广播发布者通过 binder 机制向 AMS 发送广播；

(3) AMS 查找符合相应条件(IntentFilter/Permission)的 BroadcastReceiver，将广播发送到(一般情况下是 Activity)相应的消息循环队列中；

(4) 消息接收者(订阅者)收到广播，回调 BroadcastReceiver 中的 onReceive()方法。

具体过程见图 9－1。

需要说明的是，静态注册的实现方法是创建一个广播接收者类，在清单文件中通过代码定义，完成注册。由于是在程序清单中注册的，其生命周期的特点是常驻留内存，程序播出

图 9－1　广播接收组成及原理

后，广播依然存在。具体操作方法：

在清单文件 AndroidManifest. xml 里通过<receive>标签声明

```
<receiver android:name = ". MyReceivre">
    <intent-filter>
        <!--屏幕被打开之后的广播-->
        <action android:name = "android. intent. action. ACTION_SCREEN_ON"/>
    </intent-filter></receiver>
```

动态注册操作是创建一个广播接收者，并通过代码在主程序中注册，在代码中动态指定广播地址并注册，不在内存中常驻，广播会跟随着程序的生命周期结束而结束。

本任务的内容要求就是实施静态注册的广播应用。

任务目标

1. 创建一个求助信息的应用项目；
2. 设计工作界面结构在界面背景图案外，中间有一个发送按钮；
3. 点击该按钮，发送广播，同时接收者响应，显示广播信息。

本项目的应用界面见图 9－2。

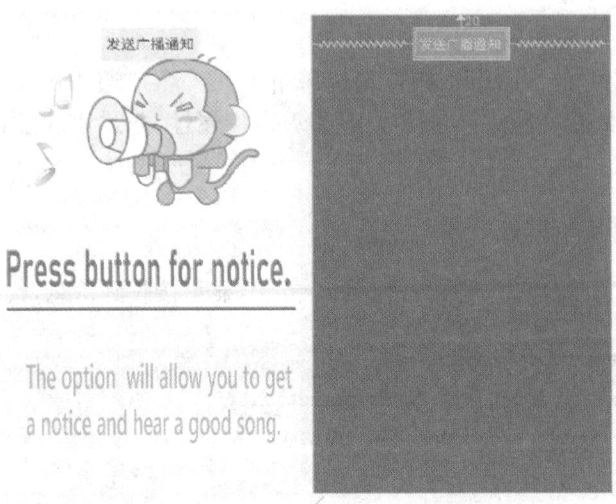

图 9－2　发送广播及接收界面

任务实施

一、创建界面布局

步骤 1 设置工作界面文件 activity_main. xml,代码为:

```
<?xml version="1.0"encoding="utf-8"?>
<RelativeLayout xmlns:android="http://schemas.android.com/apk/res/android"
    xmlns:tools="http://schemas.android.com/tools"
    android:layout_width="match_parent"
    android:layout_height="match_parent"
    android:background="@drawable/fornote"
    tools:context="com.mobildevelop.mybroadca.MainActivity">
  <Button
        android:id="@+id/btnsend"
        android:layout_width="wrap_content"
        android:layout_height="wrap_content"
        android:layout_alignParentTop="true"
        android:layout_centerHorizontal="true"
        android:layout_marginTop="20dp"
        android:background="#FFD2D2"
        android:onClick="sendmess"
        android:paddingLeft="5dp"
        android:paddingRight="5dp"
        android:text="发送广播通知"
        android:textSize="20sp"/>
</RelativeLayout>
```

说明:本界面用到了一个图片文件 fornote. jpg,是一个卡通头像及文字说明的组合图,背景布局上有一个发送广播按钮,按钮设置了单击的属性,通过该属性,设置了调用主程序中 sendmess 的方法。

二、创建主类程序

步骤 2 创建主类程序,并定义 sendmess 方法,显示接收到信息,代码为:

```
package com.mobildevelop.mybroadca;
    import androidx.appcompat.app.AppCompatActivity;
    import android.content.ComponentName;
    import android.os.Bundle;
```

```
    import android.content.Intent;
    import android.view.View;
    import android.widget.Toast;
public class MainActivity extends AppCompatActivity{
    @Override
    protected void onCreate(Bundle savedInstanceState){
        super.onCreate(savedInstanceState);
        setContentView(R.layout.activity_main);
    }
    public void sendmess(View view){
        Intent intent = new Intent();
        intent.setAction("com.mobildevelop.mybroadca");
        intent.setClassName(MainActivity.this,"com.mobildevelop.mybroadca.MyReceiver");
        sendBroadcast(intent);
        Toast.makeText(this,"信息发送完成了!",Toast.LENGTH_SHORT).show();
    } }
```

三、创建广播接收者

步骤 3　创建、注册广播接收者。由于本任务选择采用自动静态注册方式，具体操作方法如图 9－3 所示，在快捷菜单中选“新建”→“other”→“broadcast Receiver”。

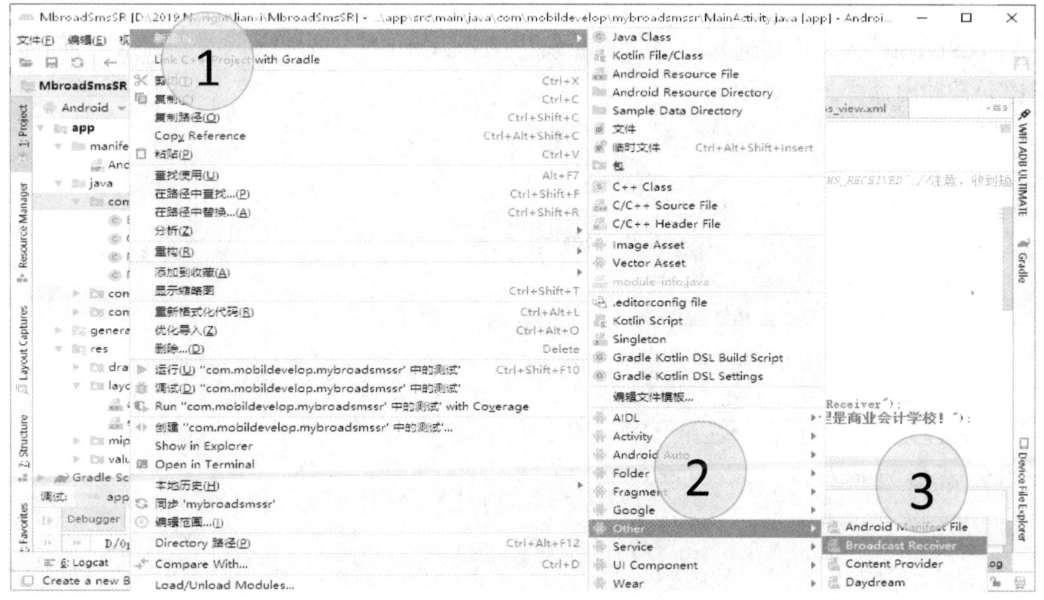

图 9－3　创建 Broadcast Receiver

四、新建广播接收类

步骤4 在弹出的新建组件对话框中，输入类的名称信息。此处保持默认的文件名及选项后确定，见图9-4。

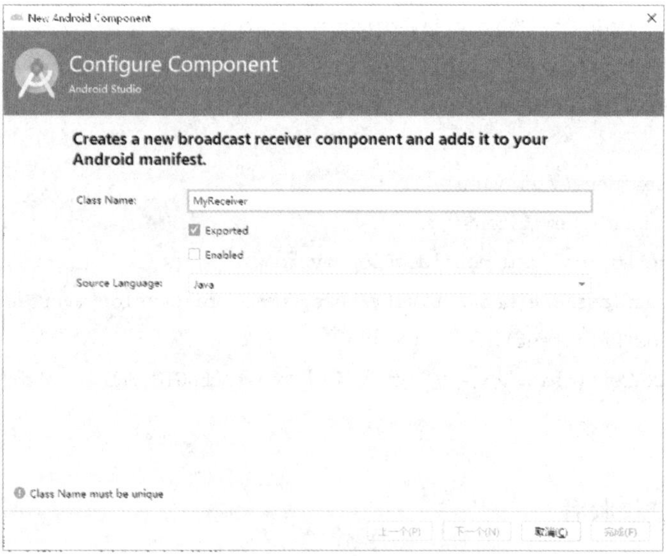

图9-4 新建广播类对话框

步骤5 系统在本项目的项目包(com. mobildevelop. mybroadca)下自动产生了一个广播接收程序文件MyRecerver. java，修改程序内容，增加一行显示通知信息的命令行：Toast. makeText(context,"广播通知！请收听音乐！",Toast. LENGTH_LONG). show()；同时屏蔽掉异常抛出命令throw语句。

具体代码为：

```
package com.mobildevelop.mybroadca;
   import android.content.BroadcastReceiver;
   import android.content.Context;
   import android.media.MediaPlayer;
   import android.content.Intent;
   import android.util.Log;
   import android.widget.Toast;
public class MyReceiver extends BroadcastReceiver{
    public MyReceiver(){
   }
   MediaPlayer playmus;
    @Override
   public void onReceive(Context context,Intent intent){
```

```
        //an Intent broadcast.
        Toast.makeText(context,"广播通知!请收听音乐!",Toast.LENGTH_LONG).show();
        //Log.i("Tag","静态注册广播接收到你的通知电话" + getResultData());
        //throw new UnsupportedOperationException("Not yet implemented");
        playmus = MediaPlayer.create(context,R.raw.music3);
        playmus.start();
    }
}
```

注意:1）此处要屏蔽掉或删除 throw 语句的异常抛出,添加显示求助信息的 Toast 语句,显示提示信息。

2）在创建接收者的同时,系统在清单文件中,自动注册了广播接收者信息,代码为:

```
<receiver android:name = ".MyReceiver"
        android:enabled = "true"
        android:exported = "true">
        <intent-filter>
            <action android:name = "com.mobiedevelop.mybroadcast.MyReceiver"/>
        </intent-filter>
</receiver>
```

其中的<intent-filter></intent-filter>命令对和行动对象名称属性不是自动生成的,<action android:name="com.mobiedevelop.mybroadcast.MyReceiver"/>,这两条是手工加入上去的。

3）在 res 资源文件中创建一个 raw 资源文件夹,将音乐文件 music.mp3 复制到该文件夹中。

五、设置许可权限

步骤 6　在清单文件中还需要对短信的读写权限进行设置,增加 3 条权限命令:

```
<uses-permission android:name = "android.permission.ACCESS_NETWORK_STATE"/>
<uses-permission android:name = "android.permission.SEND_SMS"/>
<uses-permission android:name = "android.permission.RECEIVE_SMS"/>
```

六、模拟显示结果

步骤 7　在虚拟机中运行该项目,当点击按钮时,项目会自动接收到广播,调用接收器响应,程序运行成功的结果见图 9－5,显示的信息参见椭圆框的信息及深色框提示信息。

图 9-5　显示广播接收成功并播放音乐

任务二 创建短信接收广播监听应用

任务描述

利用静态广播实现信息传送，存在安全性的问题，所以安卓系统逐步弱化了静态广播的使用，逐步转到通过动态注册实现广播接收的功能上。

本任务就是利用动态注册的方法创建监听项目。通过创建一个侦听短信收发的广播监听项目，实现对短信的监视，并查看短信内容。

动态注册的具体步骤：

1. 定义一个 Intent 过滤器，用于寻找匹配的广播；

2. 定义一个类，可以是内部类的方式，使之继承 BroadcastReceiver，并复写其中的 onReceive 方法，写出接收后的处理逻辑；

3. 在处理目的、处理动作都定义好的基础上，将上面两个参数传给 registerReceiver，即可完成广播接收的注册；

4. 注册完成后，还要有退出活动时的解除注册，所以在 onDestroy 中写入注销注册。

需要特别注意的是，需要在 onCreate()中注册，在 onDestroy()中注销。

具体的实现代码为：

```
//1.实例化 BroadcastReceiver 子类
    mMyReceivre = newMyReceivre();
    IntentFilter intentFilter = new IntentFilter();
```

```
//2.设置接收广播的类型
    intentFilter.addAction(Intent.ACTION_SCREEN_ON);
//3.动态注册:调用 Context 的 registerReceiver()方法
    registerReceiver(mMyReceivre,intentFilter);
//4.销毁在 onDestroy()方法中的广播
    protected void onDestroy(){
    super.onDestroy();
    unregisterReceiver(mMyReceivre);
```

任务分析

动态定义一个监听短信的广播接收器，通过新建一个类，让这个类继承广播接收器(BroadcastReceiver)，并重写父类 onReceiver，就可以实现监听功能。当有广播时，onReceiver()方法就会执行。

本任务设计一个动态短信监听，接到短信后，可通过按钮查看短信的内容。

任务目标

1. 创建一个短信监听查看应用项目界面；
2. 设置界面布局，包括标题、列表框、按钮；
3. 接收到信息内容后，点击查看按钮可实现信息的列表查看功能。

应用项目工作界面参照图 9-6。

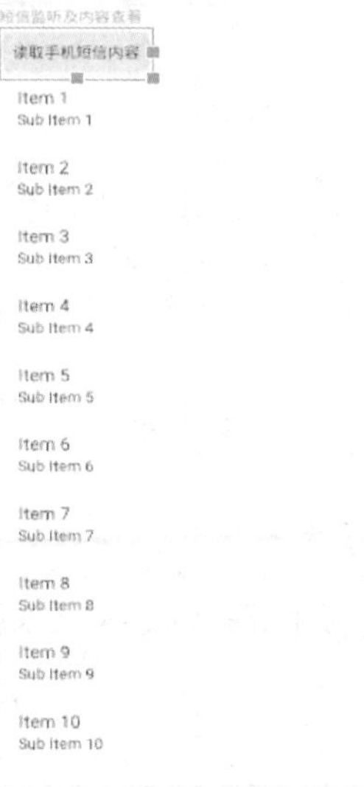

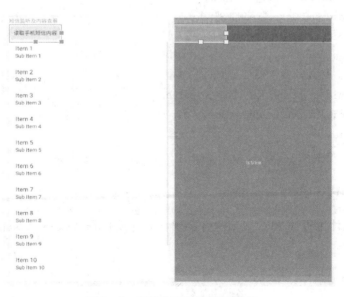

图 9-6　短信内容查看项目界面

任务实施

一、创建界面布局

步骤 1 新建一个空白模板的工程项目，项目名称为 DybroadMessView，设计界面包括一个标题框、一个按钮、一个列表框，界面文件 activity_main 的代码为：

```
<?xml version = "1.0"encoding = "utf-8"?>
<LinearLayout xmlns:android = "http://schemas.android.com/apk/res/android"
    xmlns:app = "http://schemas.android.com/apk/res-auto"
    xmlns:tools = "http://schemas.android.com/tools"
    android:layout_width = "match_parent"
    android:layout_height = "match_parent"
    android:orientation = "vertical"
    tools:context = ".MainActivity">
  <TextView
      android:id = "@ + id/textView"
      android:layout_width = "match_parent"
      android:layout_height = "wrap_content"
      android:text = "短信监听及内容查看"
      android:textSize = "14sp"/>
  <Button
      android:layout_width = "wrap_content"
      android:layout_height = "wrap_content"
      android:onClick = "readSMS"
      android:text = "读取手机短信内容"/>
  <ListView
      android:id = "@ + id/listView"
      android:layout_width = "match_parent"
      android:layout_height = "match_parent">
  </ListView>
</LinearLayout>
```

二、完善主程序类

步骤 2 设计主程序 MainActivity，实现动态注册广播接收，查看短信内容的功能，代码为：

```
package com.example.dybroadmessview;

import androidx.appcompat.app.AppCompatActivity;
```

```
import androidx.core.app.ActivityCompat;
import androidx.core.content.ContextCompat;
import android.Manifest;
import android.content.ContentResolver;
import android.content.IntentFilter;
import android.content.pm.PackageManager;
import android.database.Cursor;
import android.net.Uri;
import android.os.Bundle;
import android.view.View;
import android.widget.ListView;
import android.widget.SimpleAdapter;
import java.util.ArrayList;
import java.util.HashMap;
import java.util.List;
import java.util.Map;

public class MainActivity extends AppCompatActivity {
    IntentFilter filter;
    SmsReceiver receiver;
    private ListView mListView;
    private SimpleAdapter sa;
    private List<Map<String,Object>>data;
    public static final int  REQ_CODE_CONTACT = 1;
    @Override
    protected void onCreate(Bundle savedInstanceState) {
        super.onCreate(savedInstanceState);
        setContentView(R.layout.activity_main);
        filter = new IntentFilter();
        filter.addAction("android.provider.Telephony.SMS_RECEIVED");
        receiver = new SmsReceiver();
        registerReceiver(receiver,filter);//注册广播接收器
       if (ContextCompat.checkSelfPermission(MainActivity.this,Manifest.permission.
SEND_SMS)!= PackageManager.PERMISSION_GRANTED){
       ActivityCompat.requestPermissions(this,new String[]{Manifest.permission.SEND_SMS},1);
    }
        initView();
    }
   private void initView() {
    //得到 ListView
    mListView = (ListView) findViewById(R.id.listView);
```

```
        data = new ArrayList<Map<String,Object>>();
        //配置适配置器S
        sa = new SimpleAdapter(this,data,android.R.layout.simple_list_item_2,new String[]
{"names","message"},new int[]{android.R.id.text1,android.R.id.text2});
        mListView.setAdapter(sa);
        if (ContextCompat.checkSelfPermission(this, Manifest.permission.READ_SMS) !=
PackageManager.PERMISSION_GRANTED) {
        //未获取到读取短信权限,向系统申请权限
        ActivityCompat.requestPermissions(this, new String[]{Manifest.permission.READ_
SMS},REQ_CODE_CONTACT);
        }
        }
      /**
        * 点击读取短信
        * @param view
        */
      public void readSMS(View view) {
          querymess();
        }
      private void querymess() {
        //读取所有短信
        Uri uri = Uri.parse("content://sms/");
        ContentResolver resolver = getContentResolver();
    Cursor cursor = resolver.query(uri, new String[]{"_id","address","body", "date","
type"},null,null,null);
        if (cursor!= null && cursor.getCount()>0) {
            int _id;
            String address;
            String body;
            String date;
            int type;
            while (cursor.moveToNext()) {
              Map<String,Object> map = new HashMap<String,Object>();
              _id = cursor.getInt(0);
              address = cursor.getString(1);
              body = cursor.getString(2);
              date = cursor.getString(3);
              type = cursor.getInt(4);
              map.put("names",body);
  //Log.i("test","_id = " + _id + "address = " + address + "body = " + body + "date = " + date + "
type = " + type);
```

```
                data.add(map);
                //通知适配器发生改变
                sa.notifyDataSetChanged();
            }
        }
    }
    @Override
    protected void onDestroy() {
    super.onDestroy();
    unregisterReceiver(receiver);//解绑广播接收器
    }
}
```

说明：在方法 protected void onCreate(Bundle savedInstanceState)中，我们动态注册了接收器。具体代码为：

```
filter = new IntentFilter();
filter.addAction("android.provider.Telephony.SMS_RECEIVED");
receiver = new SmsReceiver();
registerReceiver(receiver,filter);//注册广播接收器在单击方法中
```

三、创建接收类

步骤 3　建立接收广播及短信查看的接收类，命名为 SmsReceiver.java，程序代码为：

```
package com.example.dybroadmessview;

import android.content.BroadcastReceiver;
import android.content.Context;
import android.content.Intent;
import android.os.Bundle;
import android.telephony.SmsMessage;
import android.widget.Toast;

public class SmsReceiver extends BroadcastReceiver {
    @Override
    public void onReceive(Context context, Intent intent) {
        StringBuilder content = new StringBuilder();//用于存储短信内容
        String sender = null;//存储短信发送方手机号
        Bundle bundle = intent.getExtras();//通过 getExtras()方法获取短信内容
        String format = intent.getStringExtra("format");
        if (bundle!= null) {
```

```
        Object[]pdus = (Object[]) bundle.get("pdus");//根据 pdus 关键字获取短信字节数组,
数组内的每个元素都是一条短信
        for (Object object: pdus) {
        SmsMessage message = SmsMessage.createFromPdu((byte[])object,format);
//将字节数组转化为 Message 对象
        sender = message.getOriginatingAddress();//获取短信手机号
        content.append(message.getMessageBody());//获取短信内容
      }
    }
  }
}
```

四、设置许可权限

步骤 4 设置清单文件的权限,由于短信息的存储、读写过程中,系统需要相应的权限,所以要在此文件中设置短信息的读、写、查看权限。

```
<uses-permission android:name = "android.permission.READ_SMS"/>
<uses-permission android:name = "android.permission.SEND_SMS"/>
<uses-permission android:name = "android.permission.RECEIVE_SMS"/>
```

五、模拟显示结果

步骤 5 查看运行结果见图 9-7。

图 9-7 查看短信内容结果

知识拓展

项目 评价

项目学习情况评价如表 9－1 所示。

表 9－1　项目学习情况评价表

项目	方面	等级(分别为 5、4、3、2、1 分)	自我评价	同伴评价	导师评价
态度情感目标	态度认真	1. 认真听导师的讲解； 2. 认真完成导师布置的作业； 3. 积极发言、讨论学习问题。			
	团结合作	1. 善于沟通； 2. 虚心听取别人的意见； 3. 能够团结合作。			
	分析思维	1. 能有条理地表达自己的意见； 2. 解决问题的过程清楚； 3. 能创新思考，做事有计划。			
知识技能目标	掌握知识	1. 了解广播组件的定义； 2. 熟悉广播组件的种类； 3. 掌握广播组件的注册方法； 4. 掌握静态注册实现广播接收的操作； 5. 了解动态注册实现广播接收的应用。			
	职业能力	1. 能清晰表述广播组件的功能； 2. 能讲述广播组件的应用特点； 3. 能概括总结广播组件的种类； 4. 掌握广播组件的注册操作； 5. 掌握广播组件的一般应用。			
综合评价					

项目九 习题

一、选择题

1. 关于 BroadcastReceiver 的说法不正确的是(　　)。

A. 是用来接收广播 Intent 的

B. 一个广播 Intent 只能被一个订阅了此广播的 BroadcastReceiver 所接收

C. 对有序广播，系统会根据接收者声明的优先级别按顺序逐个执行接收者

D. 接收者声明的优先级别在的 android:priority 属性中声明，数值越大优先级别越高

2. 下面在 AndroidManifest. xml 文件中注册 BroadcastReceiver 方式正确的是(　　)。

A.
```
<receiver android:name="NewBroad">
        <intent-filter>
            <action android:name="android. provider. action. NewBroad"/>
            <action>
        </intent-filter>
</receiver>
```

B.
```
<receiver android:name="NewBroad">
    <action android:name="android. provider. action. NewBroad"/>
    <action>
    </receiver>
```

C.
```
<receiver android:name="NewBroad">
    <intent-filter>
        android:name="android. provider. action. NewBroad"/>
    </intent-filter>
    </receiver>
```

D.
```
<receiver android:name="NewBroad">
    <action>
        android:name="android. provider. action. NewBroad"/>
    <action>
</receiver>
```

3. 在代码中获取注册的广播事件方法是(　　)。

A. getAction()　　　　B. getActionCall()

C. getMethod()　　　　D. getOutCall()

4. 在广播接收者中，setResultData()方法的作用是(　　)。

A. 修改广播接收者的数据　　　　B. 修改数据并往下传递

C. 设置广播接收者的数据　　　　D. 以上都不对

5. 广播接收者需要在清单文件配置(　　)节点。

A. receiver　　　　B. broadReceiver

C. service　　　　D. contentProvider

6. 关于广播接收者说法不正确的是(　　)。

A. Android 中定义广播接收者要继承 BroadCastReceiver

B. Android 中定义广播接收者的目的之一是方便开发者进行开发

C. Android 系统中内置了很多系统级别的广播

D. Android 中定义广播这个组件意义不是很大

7. 关于有序广播和无序广播说法错误的是(　　)。

A. Android 中广播分有序广播和无序广播

B. 有序广播是按照一定的优先级进行接收

C. 无序广播可以被拦截,可以被修改数据

D. 有序广播按照一定的优先级进行发送

8. 对于有序广播,调用(　　)方法可以终止广播,使后面的接收者无法再获取到该广播。

A. setAbortBroadcast()　　B. setResult()

C. abortBroadcast()　　D. abortBroadcastReceiver()

9. 下面关于广播接收者说法错误的是(　　)。

A. BroadcastReceiver 有两种注册方式,静态注册和动态注册

B. BroadcastReceiver 必须在 AndroidMainfest 文件中声明

C. 一定有一方发送广播,有一方监听注册广播,onReceive 方法才会被调用

D. 广播发送的 Intent 都是隐式启动

10. 关于 sendBroadcast()方法说法正确的是(　　)。

A. 该方法是发送一条有序广播

B. 该方法是发送一条无序广播

C. 该方法即是发送有序广播也可以发送无序广播

D. 以上说法都不正确

二、填空题

1. 广播分为________和有序广播。

2. BroadcastReceiver 可以在源代码中注册,也可以在________注册。

3. BroadcastReceiver 静态注册时应该采用________。

4. 对有序广播,接收者的优先级别决定接收的顺序,接收者声明的优先级别是在________属性中声明,数值越大,优先级别越高。

5. 广播接收者的使用,一定是有一方发送广播,另一方监听注册广播________,方法才会被调用。

6. 关于 BroadcastReceiver 的________,系统会根据接收者声明的优先级别按顺序逐个执行接收者。

7. ________可以被拦截,数据可以被修改,________数据不可以被拦截,数据不可以被修改。

8. 自定义 BroadcastReceiver 时,在 androidManifest 中用________标签定义。

三、简答题

1. Broadcast Receiver 是什么？
2. Broadcast Receiver 有哪些种类？
3. 注册广播有几种方式，这些方式有何优缺点？

答案

内容提供组件与查看公共信息

项目情景

在 Android 应用开发中，有时需要实现在不同的应用程序中访问数据的操作，而在 Android 系统中，应用程序之间是相互独立的，内部的数据是对外隔离的，要想让其他应用能使用自身的数据（例如通讯录、短信息等）时候，就会用到 ContentProvider。

内容提供者 ContentProvider 是不同应用程序间进行数据共享的标准 API，其作用就是为不同的应用之间的数据共享提供统一的接口。不仅如此，ContentProvider 还可以选择只对应用程序中某一部分的数据进行共享，最大程度的保护用户隐私不被外露。ContentProvider 可适用的情况包括以下 3 个方面：

（1）在应用程序之间实现共享数据时；

（2）在存储和读取数据需要统一的接口时；

（3）在 android 内置的公共数据开发调用时（如视频、音频、图片、通讯录等）。

小康同学在本项目中的设计任务是利用 ContentProvider 组件，实现不同程序间的数据共享调用，获取通讯录信息、图片资源信息、短信信息等。通过本项目的实施，了解该组件工具的特点及应用，掌握查看系统内可共享的数据功能的操作

学习目标

1. 了解 ContentProvider 的实现原理；
2. 掌握 ContentProvider 数据的共享应用；
3. 了解 ContenProvider 中 ContentObserver 的功能；
4. 掌握用 ContentObserver（内容观察者）监视程序中数据变化的方法。

任务一 创建查看通讯录信息应用

任务描述

安卓系统中的 ContentProvider（内容提供者），也是 Android 系统的四大组件之一。该

组件能实现不同应用程序间的数据通信、共享,是应用程序之间共享数据的统一接口。使用其他方法虽然也可以对外共享数据,但数据访问方式会因数据存储的方式不同而不同。如,采用文件方式对外共享数据,需要进行文件操作读写数据,采用数据库进行数据共享,这种方式安全性高,但应用较复杂,而使用 ContentProvider 共享数据的好处就是统一了数据访问方式,并且在数据传输时实行了加密机制,只暴露出希望提供给其他程序的数据,保证了程序中的隐私数据不被泄露。

由于这些优点,该技术被应用到了工程项目设计的多个方面。比如,联系人 Provider 专为不同应用程序提供联系人数据;而 Provider 则专为不同应用程序提供系统配置信息等。当应用继承了 ContentProvider 类,并重写该类用于提供数据和存储数据的方法时,就可以向其他应用共享数据了。

ContentProvider 的工作原理是通过自身提供共享数据,然后通过 ContentResolver 提取共享的数据,分享给其他应用程序,实现数据的共享,具体过程见图 10-1。

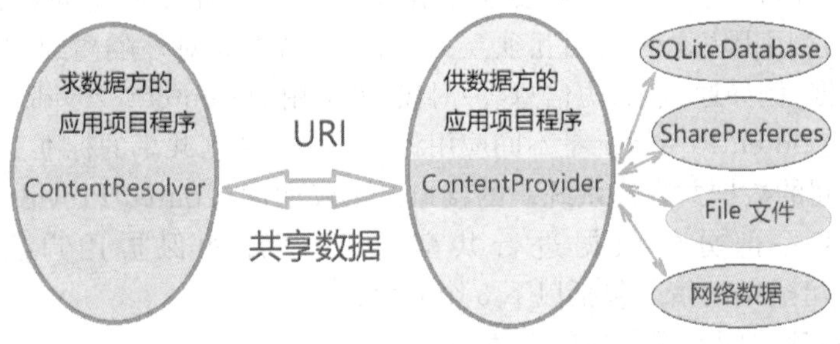

图 10-1　内容提供者的工作原理图

本任务通过 ContentProvicer 和 ContentResolver 访问系统的通讯录内容,并将其信息显示出来。

任务 分析

通过 ContentProvider 的工作原理图可以看到应用项目间共享数据是通过 URI 实现的,为此需要首先了解 URI 和 Uri 两个概念。

通用资源标志符(Universal Resource Identifier, URI)。URI 是 Java 提供的一个类,位置在 java. net. URI,URI 类代表了一个 URI 实例。

而 Uri 位置在 android. net. Uri,是 Android 提供的一个类。由此可以判断,Uri 是 URI 的“扩展”,以适应 Android 系统的需要。URI 代表要操作的数据,Android 上可用的各种资源。图像、视频片段等都可以用 URI 来表示。

Android 的 URI 由以下三(或四)部分组成,分别是协议名、资源名、路径名和自身标识,见图 10-2。

content://com. android. mcontentProvider/images/ 4

scheme　authority　path　ID

图 10-2　Uri 通过资源标志符的结构

其中，scheme 为规则名，类似于通信的协议名，此处已由 Android 规定为“content://”。

authority 为资源包名，是 URI 的授权部分，是唯一标识符，用来定位 ContentProvider。

path 为数据的路径名，资源包及路径表明了数据的存储位置。

ID 为身份标识，表明了数据具体的数据标号。

例如，所有联系人的 URI 为 content://contacts/people

某个联系人的 URI 是：content://contacts/people/5

所有图片 URI 是：content://media/external

某个图片的 URI 则为：content://media/external/images/media/4

URI 有多种类型的 scheme，例如 content、file 等，有些时候我们需要文件存储的真实路径，如 Android 混合开发中使用<input type="file/">与 openFileChooser 完成文件选择上传的功能等。本项目中提供了一个使用的具体实例，可以根据“content://”类型或者其他类型的 URI 来获取该文件的真实路径。

任务目标

1. 新建应用项目，设计项目界面布局；
2. 新界面包含标题、按钮、列表框；
3. 点击查询按钮能实现列示通讯录信息功能；
4. 用内容提供者实现功能逻辑。

其具体设计界面见图 10－3。

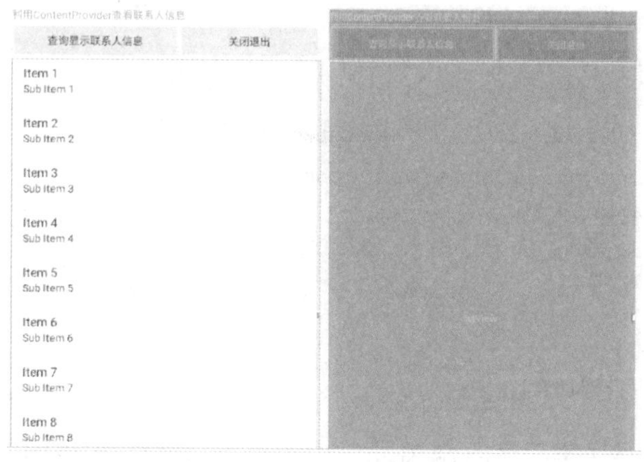

图 10－3　查看通讯录设计界面

任务实施

一、创建项目界面

步骤 1　新建界面布局，文件代码为：

```
<?xml version="1.0" encoding="utf-8"?>
<LinearLayout xmlns:android="http://schemas.android.com/apk/res/android"
    android:layout_width="match_parent"
    android:layout_height="match_parent"
    android:orientation="vertical">
    <TextView
        android:id="@+id/textView"
        android:layout_width="match_parent"
        android:layout_height="wrap_content"
        android:text="查看联系人信息"/>
    <LinearLayout
        android:orientation="horizontal"
        android:layout_width="match_parent"
        android:layout_height="wrap_content">
        <Button
            android:layout_width="wrap_content"
            android:layout_height="wrap_content"
            android:text="查询联系人信息"
            android:id="@+id/btn_querry"/>
    </LinearLayout>
    <LinearLayout
        android:orientation="horizontal"
        android:layout_width="match_parent"
        android:layout_height="match_parent">
        <ListView
            android:layout_width="wrap_content"
            android:layout_height="wrap_content"
            android:id="@+id/listView"/>
    </LinearLayout>
</LinearLayout>
```

二、实现主类程序内容

步骤 2 修改完善主类程序内容，在主类中实现按钮定义，列表的定义及 intent 界面切换的定义等内容。具体代码为：

```
package com.example.conproview;

import androidx.appcompat.app.AppCompatActivity;
import android.content.Intent;
import android.os.Bundle;
import android.view.View;
```

```
import android.widget.Button;

public class MainActivity extends AppCompatActivity implements View.OnClickListener {
    Button btnContacts;
    @Override
    protected void onCreate(Bundle savedInstanceState) {
        super.onCreate(savedInstanceState);
        setContentView(R.layout.activity_main);
        btnContacts = findViewById(R.id.btn_querry);
        btnContacts.setOnClickListener(this);
    }
    public void onClick(View view) {
        Intent intent = new Intent();
        switch (view.getId()) {
            case R.id.btn_querry:
                intent.setClass(MainActivity.this,ContactsActivity.class);
                startActivity(intent);
                break;
            case R.id.btn_exit:
                system.exit(0);
                break;
        }
    }
}
```

三、创建通讯录读取类

步骤 3　创建读取通讯录数据类文件“ContacksActivity.java”，具体的文件代码为：

```
package com.example.conproview;
    import android.Manifest;
    import android.content.pm.PackageManager;
    import android.database.Cursor;
    import android.os.Build;
    import android.os.Bundle;
    import android.provider.ContactsContract;
    import android.widget.ArrayAdapter;
    import android.widget.ListView;
    import android.widget.Toast;
    import androidx.appcompat.app.AppCompatActivity;
    import java.util.ArrayList;
    import java.util.List;
```

```
public class ContactsActivity extends AppCompatActivity {
    private static final int PERMISSIONS_REQUEST_READ_CONTACTS = 100;
    ListView contactsView;
    ArrayAdapter<String> adapter;
    List<String> contactsList = new ArrayList<>();
    @Override
    public void onCreate(Bundle savedInstanceState){
        super.onCreate(savedInstanceState);
        setContentView(R.layout.activity_main);
        contactsView = (ListView)findViewById(R.id.listView);
        showContacts();
        adapter = new ArrayAdapter<>(this,android.R.layout.simple_list_item_1,contactsList);
        contactsView.setAdapter(adapter);
    }
    private void showContacts() {
        //Check the SDK version and whether the permission is already granted or not.
        if (Build.VERSION.SDK_INT> = Build.VERSION_CODES.M && checkSelfPermission(Manifest.
permission.READ_CONTACTS) != PackageManager.PERMISSION_GRANTED) {
        requestPermissions(new String[]{Manifest.permission.READ_CONTACTS}, PERMISSIONS_
REQUEST_READ_CONTACTS);
        //After this point you wait for callback in onRequestPermissionsResult(int, String
[], int[]) overriden method
        } else {
            readContacts();
        }
    }
    @Override
    public void onRequestPermissionsResult (int requestCode, String [] permissions, int []
grantResults) {
        if (requestCode = = PERMISSIONS_REQUEST_READ_CONTACTS) {
            if (grantResults[0] = = PackageManager.PERMISSION_GRANTED) {
                //Permission is granted
                showContacts();
            } else {
        Toast.makeText(this,"Until you grant the permission, we canot display the names",
Toast.LENGTH_SHORT).show();
            }
        }
    }
    private void readContacts(){
        Cursor cursor = null;
        try{
```

```
        cursor = getContentResolver().query(
        ContactsContract.CommonDataKinds.Phone.CONTENT_URI,null,null,null,null
        );
        while(cursor.moveToNext()){
        String displayName = cursor.getString(cursor.getColumnIndex(ContactsContract.
CommonDataKinds.Phone.DISPLAY_NAME));
        String number = cursor.getString(cursor.getColumnIndex(ContactsContract.
CommonDataKinds.Phone.NUMBER));
        contactsList.add(displayName + "\n" + number);
          }
      }catch (Exception e){
          e.printStackTrace();
      }finally {
          if(cursor!= null){
              cursor.close();
          }
      }
    }
}
```

四、上传图片等资源文件

步骤 4　将图片文件 huanshan.jpg 存入 drawable 文件夹，另外在清单文件中加入一行语句<activity android:name=".ContactsActivity"/>

五、预览运行效果

步骤 5　在虚拟机中运行应用程序，得到的显示效果见图 10－4。

图 10－4　查看通讯录信息效果

任务  创建查看短信内容项目应用

任务描述

通过安卓系统中的 ContentProvider，可以查看系统的短信内容，也可以共享其他应用程序的数据。在 Android 系统中，通过查看 android. provider 包下的内容，发现还有以下共享数据：

(1) 本地多媒体(图片、音视频等)；

(2) 通讯录联系人；

(3) 通话记录；

(4) 短信记录。

本任务通过 ContentProvider，实现对本机短信内容的查询和列示，通过本任务的实施进一步理解内容提供者的应用。

任务分析

为了理解 ContentProvider 的工作原理，有人把 ContentProvider 类比成 Android 系统内部的"网站"，这个网站以固定的 URI 对外提供查询服务，而 ContentResolver 则可以当成系统内部的 HttpClient 访问端，它可以向指定的 URI 发送请求(调用 ContnetResolver 的方法)，由 ContnentProvider 提供处理反馈，实现对"网站"内部数据的访问。

每一个 ContentProvider 都有一个公共的 URI，这个 URL 用于表示这个 ContentProvider 所提供的数据。

任务目标

1. 新建应用项目，设计项目任务界面；
2. 新界面包含标题、按钮、列表框；
3. 点击查询按钮能实现列示短信息的功能；
4. 用内容提供者实现功能逻辑。

具体内容见图 10－5。

图 10－5　查看短信内容项目界面

任务实施

一、创建项目界面

步骤 1　新建一个应用项目，设计界面布局，文件代码为：

```
<?xml version="1.0" encoding="utf-8"?>
<RelativeLayout xmlns:tools="http://schemas.android.com/tools"
    xmlns:android="http://schemas.android.com/apk/res/android"
    android:layout_width="match_parent"
    android:layout_height="match_parent"
    android:orientation="vertical"
    tools:context=".MainActivity">

    <ImageView
        android:layout_width="match_parent"
        android:layout_height="717dp"
        android:src="@drawable/beijing"/>

    <TextView
        android:id="@+id/tv_des"
        android:layout_width="match_parent"
        android:layout_height="56dp"
        android:layout_marginTop="18dp"
        android:paddingLeft="20dp"
        android:text="读取到的系统短信信息如下:"
        android:textSize="20sp"
        android:visibility="invisible"/>

    <TextView
        android:id="@+id/tv_sms"
        android:layout_width="match_parent"
        android:layout_height="566dp"
        android:layout_below="@id/tv_des"
        android:layout_marginTop="29dp"
        android:lines="20"
        android:paddingLeft="20dp"
        android:paddingTop="10dp"
        android:textSize="16sp"/>

    <androidx.appcompat.widget.AppCompatButton
        android:layout_width="191dp"
        android:layout_height="wrap_content"
        android:layout_alignParentStart="true"
        android:layout_alignParentLeft="true"
        android:layout_alignParentBottom="true"
        android:layout_centerHorizontal="true"
```

```
        android:layout_marginStart = "108dp"
        android:layout_marginLeft = "108dp"
        android:layout_marginBottom = "31dp"
        android:background = "#D9D1FA"
        android:onClick = "readSMS2"
        android:padding = "5dp"
        android:text = "查看短信"
        android:textSize = "30sp"/>
</RelativeLayout>
```

二、完善主类内容

步骤 2 修改完善主类程序内容,在主类中实现按钮定义、列表定义等内容。具体代码为:

```
package com.example.xxconpro3;

    import androidx.appcompat.app.AppCompatActivity;
    import androidx.core.app.ActivityCompat;
    import androidx.core.content.ContextCompat;

    import android.Manifest;
    import android.content.ContentResolver;
    import android.content.pm.PackageManager;
    import android.database.Cursor;
    import android.net.Uri;
    import android.os.Bundle;
    import android.view.View;
    import android.widget.TextView;
    import java.util.ArrayList;
    import java.util.List;

public class MainActivity extends AppCompatActivity {
    private TextView tvSms;
    private TextView tvDes;
    private String text = "";
@Override
protected void onCreate(Bundle savedInstanceState) {
    super.onCreate(savedInstanceState);
    setContentView(R.layout.activity_main);
    tvSms = findViewById(R.id.tv_sms);
    tvDes = findViewById(R.id.tv_des);
```

```
      init();
   }
      private void init() {
      if(ContextCompat.checkSelfPermission(this,Manifest.permission.READ_SMS)!= PackageManager.
PERMISSION_GRANTED)
        {
        ActivityCompat.requestPermissions(this,new String[]
        {
            Manifest.permission.READ_SMS
        },1);
      }
   }
   //单击 Button 时触发的方法
public void readSMS2(View view) {
   //查询系统信息的 uri
   Uri uri = Uri.parse("content://sms/");
   //获取 ContentResolver 对象
   ContentResolver resolver = getContentResolver ();//通过 ContentResolver
   Cursor cursor = resolver.query(uri,new String[]{"_id","address","type","body","date"},
null,null,null);
   List<SmsInfo> smsInfos = new ArrayList<SmsInfo>();
   if (cursor!= null && cursor.getCount()>0) {
       tvDes.setVisibility(View.VISIBLE);
       while (cursor.moveToNext()) {
       int _id = cursor.getInt(0);
       String address = cursor.getString(1);
       int type = cursor.getInt(2);
       String body = cursor.getString(3);
       long date = cursor.getLong(4);
       SmsInfo smsinfo = new SmsInfo(_id,address,type,body,date);
       smsInfos.add(smsinfo);
     }
cursor.close ();
}
//将查询到的短信内容显示到界面上
  for (int i = 0; i<smsInfos.size(); i++) {
       text += "手机号码:" + smsInfos.get(i).getAddress() + "\n\n";
       text += "短信内容:" + smsInfos.get(i).getBody() + "\n\n";
       tvSms.setText(text);
   }
  }
}
```

三、创建内容提供者类

步骤 3 创建内容提供者类，程序文件名为 MyContentProvider. java。在编辑界面中选中项目包，然后在系统菜单“文件”中选择“New”→“Other”→“Content Proivder”，弹出新建文件对话框见图 10－6。

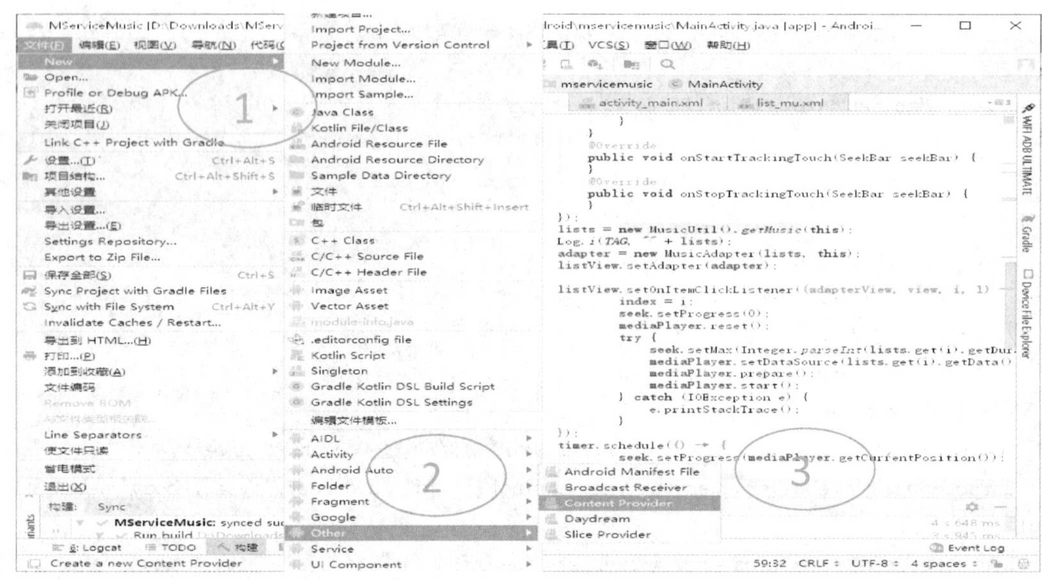

图 10－6　新建内容提供者类

四、确定类参数

步骤 4 在新弹出的对话框中输入类名称，URI 作者信息后确定，完成新建内容提供者类的任务，具体见图 10－7。

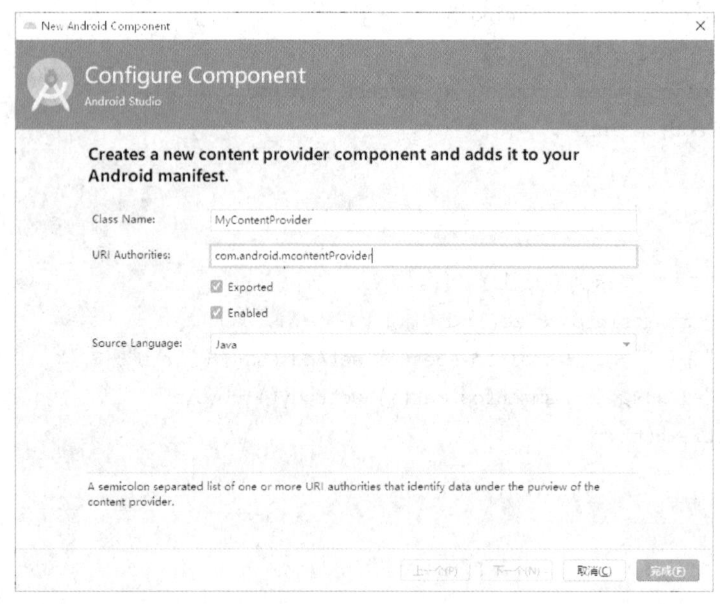

图 10－7　新建内容提供者类

五、创建短信读取类

步骤 5　创建一个实体类 SmsInfo.java，用于封装短信的属性，存储单条短信的信息，其成员变量包括_id、date、type、body、address，代码为：

```
package com.example.xxconpro3;

  public class SmsInfo{
      private int _id;
      private String address;
      private int type;
      private String body;
      private long date;
  //构造方法
  public SmsInfo(int _id,String address,int type,String body,long date) {
      this._id = _id;
      this.address = address;
      this.type = type;
      this.body = body;
      this.date = date;
  }
  public int get_id() {
      return _id;
  }
  public void set_id(int _id) {
      this._id = _id;
  }
  public String getAddress(){
      return address;
  }
  public void setAddress(String address) {
      this.address = address;
  }
  public int getType() {
  return type;
  }
  public void setType(int type) {
      this.type = type;
  }
  public String getBody(){
      return body;
```

```
    }
    public void setBody(String body) {
        this.body = body;
    }
    public long getDate() {
    return date;
    }
    public void setDate(long date) {
        this.date = date;
        }
}
```

六、申请权限

步骤 6　在清单文件中，为项目应用加上短信读写权限。

```
<uses-permission android:name = "android.permission.READ_SMS"/>
<uses-permission android:name = "android.permission.RECEIVE_SMS"/>
<uses-permission android:name = "android.permission.SEND_SMS"/>
```

七、查看短信内容

步骤 7　在虚拟机中运行项目程序。实际结果见图 10－8。

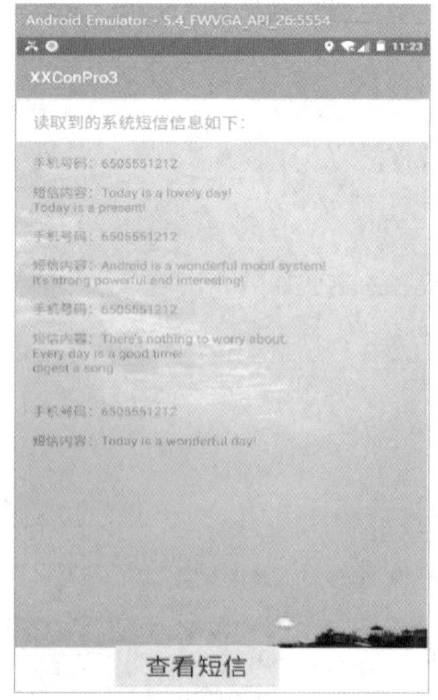

图 10－8　读取短信内容

知识拓展

项目评价

项目学习情况评价如表 10－1 所示。

表 10－1　项目学习情况评价表

项目	方面	等级(分别为 5、4、3、2、1 分)	自我评价	同伴评价	导师评价
态度情感目标	态度认真	1. 认真听导师的讲解； 2. 认真完成导师布置的作业； 3. 积极发言、讨论学习问题。			
	团结合作	1. 善于沟通； 2. 虚心听取别人的意见； 3. 能够团结合作。			
	分析思维	1. 能有条理地表达自己的意见； 2. 解决问题的过程清楚； 3. 能创新思考，做事有计划。			
知识技能目标	掌握知识	1. 了解内容提供者的技术特点； 2. 熟悉内容提供者的使用方法； 3. 掌握内容提供者实现功能的步骤； 4. 掌握利用内容提供者实现对通讯录的数据查询。			
	职业能力	1. 能简述内容提供者的技术特点； 2. 能讲述内容提供者实现功能的步骤； 3. 熟练掌握利用内容提供者实现对通讯录数据查询。			
综合评价					

项目十　习题

一、选择题

1. 短信内容提供者的主机名是(　　)。

A. sms　　B. com. android. sms
C. smsProvider　　D. com. android. smsProvider

2. 如果要调用现成的 ContentProvider，获得(　　)对象才能调用其方法进行增删查改。

A. CursorLoader　　B. ContentResolver
C. Cursor　　D. ContentProvider

3. 自定义内容观察者时，继承的类是(　　)。

A. BaseObserver　　B. ContentObserver
C. BasicObserver　　D. DefaultObserver

4. 下列关于内容提供者的描述，不正确的是(　　)。

A. 提供的 URI 必须符合规范　　B. 可以提供本应用所有数据供别人访问
C. 必须在清单文件注册　　D. authorities 属性必须和包名一致

5. 在下列选项中，关于内容观察者说法正确的是(　　)。

A. 内容观察者是 Android 中的四大组件之一
B. 内容观察观察者使用时必须事先注册
C. 内容观察者原理和 Java 中的观察者模式一模一样
D. 内容观察者通过注册 URI 的形式来观察数据的变化

6. 下列对 SharedPreferences 存、取文件的说法中不正确的是(　　)。

A. 属于移动存储解决方案
B. sharePreferences 处理的就是 key-value 对
C. 读取 xml 文件的路径是/sdcard/shared_prefs/
D. 数据的保存格式是 xml

7. 在 ContentProvider 中 ContentUris 的作用是什么？(　　)

A. 用于获取 Uri 路径后面的 ID 部分
B. 增删改查的方法都在这个类中
C. 用于添加 URI 的类
D. 根本就用不到这个类，没关系

8. 利用内容解析者查询短信数据时，URI 怎么写？(　　)

A. Uri uri=Uri. parse("content://sms")；
B. Uri uri=Uri. parse("content://sms/data")；
C. Uri uri=Uri. parse("content://sms/contact")；
D. Uri uri=Uri. parse("sms/")；

9. Android 中创建内容提供者要继承(　　)。

A. ContentData　　B. ContentProvider
C. ContentObserver　　D. ContentDataProvider

10. 在 Android 中的 Activity 通过下面哪个方法来得到 ContentResolver 的实例对象？(　　)

A. new ContentResolver　　B. getContentResolver()
C. newInstance()　　D. ContentUris. newInstance()

11. 当观察到的 URI 代表的数据发生变化时，会触发 ContentObserver 中的(　　)方法。

A. onCreate()　　B. notifyChange()

C. onChange()　　D. 以上说法都不对

12. 短信的内容提供者是(　　)。

A. ContactProvider　　B. MessageProvider

C. SmsProvider　　D. TelephonyProvider

13. 在下列选项中，联系人信息内容提供者的主机名是(　　)。

A. contact　　B. com. android. contacts

C. com. android. provider. contact　　D. com. android. provider. contacts

14. 在下列选项中，关于内容提供者的说法错误的是(　　)。

A. ContentProvider 是一个抽象类，只有继承后才能使用

B. 内容提供者只有在 AndroidManifest. xml 文件中注册后才能运行

C. 内容提供者为其他应用程序提供了统一的访问数据库的方式

D. 内容提供者不是抽象类

15. 下面哪些功能需要用 ContentProvider 来实现(　　)。

A. 读取系统中的短信内容　　B. 建立一个数据库

C. 开机后自动启动一个程序　　D. 播放一段音乐

16. 在下列选项中，关于 ContentResolver 的说法错误的是(　　)。

A. ContentResolver 通过 URI 匹配给内容提供者

B. 通过 ContentResolver 可以在其他应用程序中访问内容提供者

C. ContentResolver 的增删改查方法与目标内容提供者的增删改查方法是一一对应的

D. ContentResolver 不需要通过 URI 匹配给内容提供者

二、填空题

1. Android 中通过内容提供者来读取联系人信息，________表用来保存联系人信息。
2. ContentProvider 可以将________________暴露给其他程序。
3. Android 中通过内容解析者查询短信数据库的内容时，需要加入________的权限。
4. Android 中创建内容提供者要继承________________。
5. Android 中的 ContentResolver 查询数据是通过________获取内容提供者暴露的数据的。
6. 短信接收器按自定义的短信内容提供者 SmsContentObserver 类，继承了________类。
7. 内容提供者把私有的数据暴露出来，可通过________进行查询数据。
8. setResultData()方法的作用是________。
9. 在 Activity 中，获得 ContentResolver 对象的方法是________。
10. 实现对系统联系人的增删改查，需要使用系统 ContentProvider 的 URI 为________。

三、简答题

1. 简述开发 ContentProvider 的步骤。
2. 简述 Content Provider 的作用。
3. 简述内容观察者的工作原理。

答案

图像处理技术的应用

项目情景

以图像、动画、视频为代表的多媒体技术是手机应用中的重要内容，大量的上网信息的浏览、存储等都离不开多媒体信息的处理。

图像类信息的处理主要有2个方面的内容，一是图像的显示技术，二是图像的动画技术，本项目首先学习图像的显示技术操作。

小康同学在本项目接到的新任务是针对图像的操作和处理。由于图像是多媒体技术中最基础的内容之一，掌握图像的处理技术对设计出精美的用户界面、对未来多媒体技术的操作都是非常重要的。

学习目标

1. 掌握 Android 系统中图像的显示方法；
2. 掌握 Android 系统中图像模式的基本原理；
3. 掌握 Android 系统中图像的参数调整；
4. 了解 Android 系统中图像技术的应用。

任务一 创建图像轮播显示应用

任务描述

图像处理技术是 Android 一个重要的功能。由于智能手机的特点，使得对图像、动画、视频等的处理功能要求较高，同时应用项目开发的好坏也与图像处理技术的好坏直接相关，因此了解并掌握这方面的应用十分重要。

Android 系统提供了丰富的图片功能支持，其中包括静态图片和动画处理等。

一、简单图片的操作

1. 使用 Drawable 对象

Android 系统添加了 Drawable 资源文件夹，Android SDK 为这些资源在 R 清单文件中创建一个索引项：R. drawable. *file_name*。随后即可在 XML 资源文件中通过@drawable/*file_name* 访问该 Drawable 对象，也可以在 Java 代码中通过 R. drawable. *file_name* 访问该对象。

2. Bitmap 和 BitmapFactory

Bitmap 代表一个位图，而 BitmapDrawable 中封装的图片就是一个 Bitmap 对象，开发者为了把一个 Bitmap 对象包装成 BitmapDrawable 对象，可以调用 BitmapDrawable 的构造器：

BitmapDrawable drawable=new BitmapDrawable(bitmap)；

如果需要获取 BitmapDrawable 所包装的 Bitmap 对象，则可调用 BitmapDrawable 中的 getBitmap()方法：

Bitmap bitmap=drawable. getBitmap()；

二、绘图

Android 应用中经常需要在运行过程中生成动态的图片，而这样就需要借助 Android 的绘图支持了。

1. 绘图基础——Canvas、Paint

Android 的绘图思路是开发一个自定义类，然后让该类继承 View 组件，并重写其中的 onDraw(Canvas canvas)方法即可。

2. Path 类

Android 提供的 Path 非常有用，它可以在 View 上将几个点连成一条路径，然后调用 Canvas 中的 drawPath(path，paint)方法沿着该路径进行绘图。

本任务通过连续显示一系列图片，实现图片轮播展示的幻灯片的效果，通过本项目的实施，掌握图像显示的操作。

任务分析

创建一个能连接显示图像信息的应用项目，需要用到 ImageView 控件，通过设置控件的 resource(资源)属性，可以改变显示图片的内容，再通过循环结构实现图片的连续切换显示。

任务目标

(1) 新建一个应用项目，设计应用项目界面；
(2) 能连续、顺序显示多个图像信息的信息；
(3) 设计 2 个操作按钮，上一页、下一页；

(4) 点击切换按钮能进行依次切换显示上、下位置存放的图像。

具体布局结构见图 11－1。

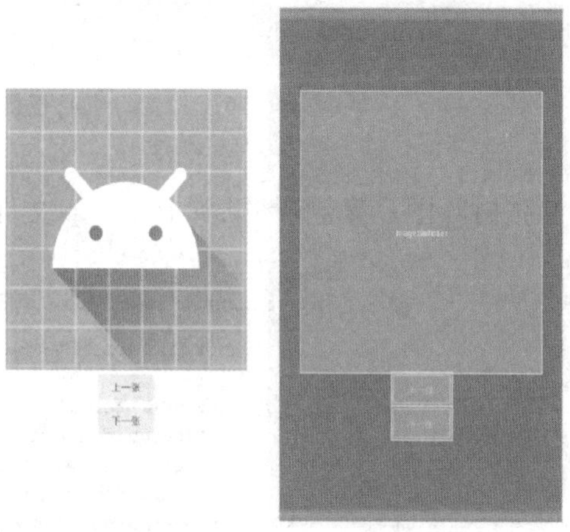

图 11－1　图像翻页任务界面

任务实施

步骤 1　新建一个空白工程文件名称为 MyPicFanYe，采用空白模板布局，布局文件 activity_main.xml 代码为：

```
<?xml version = "1.0" encoding = "utf-8"?>
<LinearLayout xmlns:android = "http://schemas.android.com/apk/res/android"
    android:id = "@ + id/image_layout"
    android:layout_width = "match_parent"
    android:layout_height = "match_parent"
    android:gravity = "center"
    android:orientation = "vertical">
    <ImageSwitcher
        android:id = "@ + id/imageSwitcher"
        android:layout_width = "350dp"
        android:layout_height = "400dp"
        android:layout_gravity = "center"
        android:background = "@mipmap/ic_launcher">
    </ImageSwitcher>
    <Button
        android:id = "@ + id/image_but1"
        android:layout_width = "wrap_content"
        android:layout_height = "wrap_content"
        android:text = "上一张"/>
```

```
    <Button
        android:id="@+id/image_but2"
        android:layout_width="wrap_content"
        android:layout_height="wrap_content"
        android:text="下一张"/>
</LinearLayout>
```

步骤 2 将准备好的 9 张树叶图片复制、粘贴到 mipmap 文件夹中，见图 11-2。

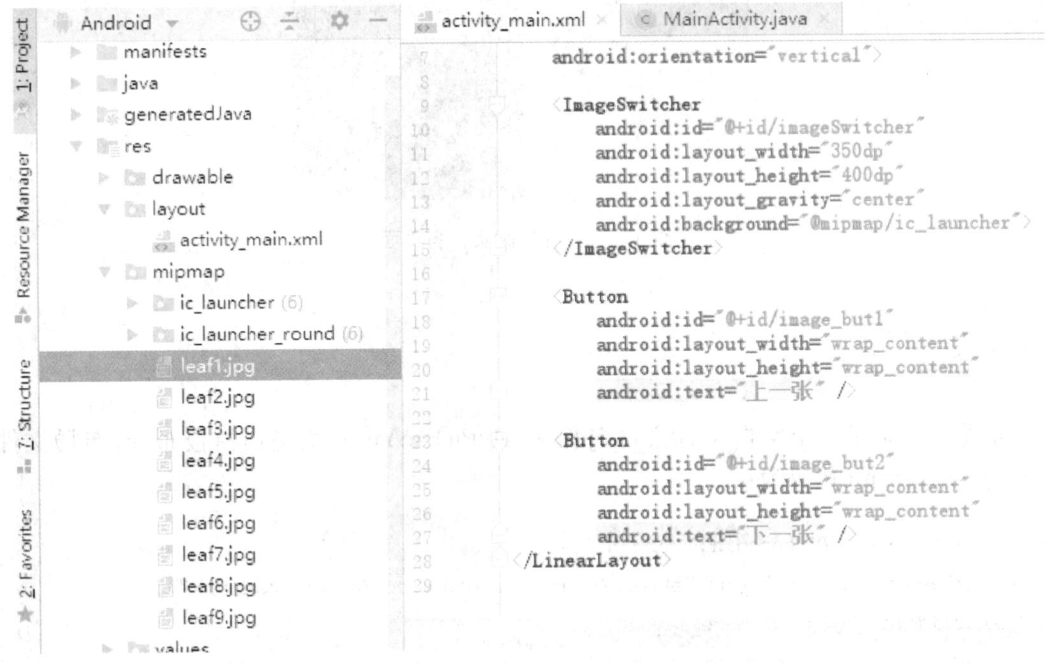

图 11-2 图片保存位置

图片文件保存在 mipmap 文件夹与 drawable 文件夹是有区别的，图片放在 mipmap 文件夹下时，使用方法为 android:src="@mipmap/picname"，类似于放在 drawable 中的引用方式，操作非常简单。但是注意的是，图片放在 drawable 文件夹下和放在 mipmap 文件夹下显示效果是不一样的，在大小、缩放、像素上都可能有所差异。

mipmap 仅仅用于应用启动图标，可以根据不同分辨率进行优化。其他的图标资源还是要放到 drawable 文件夹中。google 建议只把 app 的启动图标放在 mipmap 目录中，其他图片资源仍然放在 drawable 下面。

本项目因为讲解方便，故把图片文件放在 mipmap 文件夹中。

步骤 3 新创建主程序文件 PicChange.java 通过设置图像 Id 数组，将多个按顺序号放置的图像依次显示出来。具体的语句为：

int[]imageId=new int[]{R.mipmap.leaf1,R.mipmap.leaf2,R.mipmap.leaf3,R.mipmap.leaf4,R.mipmap.leaf5,.mipmap.leaf6,R.mipmap.leaf7,R.mipmap.leaf8,R.mipmap.leaf9};

在实现图片轮播时采用的语句是：

imageSwitcher.setImageResource(imageId[index])；

文件的代码内容为：

```
package com.example.mypicfanye;

    import android.os.Bundle;
    import android.view.View;
    import android.view.ViewGroup;
    import android.view.animation.AnimationUtils;
    import android.widget.Button;
    import android.widget.ImageView;
    import android.widget.ImageSwitcher;
    import android.widget.ViewSwitcher;
    import androidx.appcompat.app.AppCompatActivity;

public class PicChange extends AppCompatActivity {
    private int[ ] imageId = new int[ ]{R.mipmap.leaf1,R.mipmap.leaf2,R.mipmap.leaf3,R.
mipmap.leaf4,R.mipmap.leaf5,.mipmap.leaf6,R.mipmap.leaf7,R.mipmap.leaf8,R.mipmap.leaf9};
                                    //声明并初始化一个保存要显示图像 ID 的数组
    private int index = 0;                          //当前显示图像的索引
    private ImageSwitcher imageSwitcher;       //声明一个图像切换器对象
    @Override
    protected void onCreate(Bundle savedInstanceState) {
        super.onCreate(savedInstanceState);
        setContentView(R.layout.activity3_main);
        imageSwitcher = (ImageSwitcher)findViewById(R.id.imageSwitcher);//获取图像切换器
                @Override
            public View makeView() {     //实例化一个 ImageView 类的对象
              ImageView imageView = new ImageView(PicChange.this);
              imageView.setScaleType(ImageView.ScaleType.FIT_CENTER);
                                              //设置保持纵横比居中缩放图像
              imageView.setLayoutParams(new ImageSwitcher.LayoutParams(
      ViewGroup.LayoutParams.WRAP_CONTENT,ViewGroup.LayoutParams.WRAP_CONTENT));
              return imageView;               //返回 imageview 对象
            }
        });
        imageSwitcher.setImageResource(imageId[index]);//显示默认的图片
        Button up = (Button) findViewById(R.id.image_but1);//获取上一张图片
        Button down = (Button) findViewById(R.id.image_but2);//获取下一张图片
        up.setOnClickListener(new View.OnClickListener() {
```

```
            @Override
            public void onClick(View v) {
                if(index>0){
                    index--;
                }
                else {
                    index = imageId.length-1;
                }
                imageSwitcher.setImageResource(imageId[index]);//显示当前的图片
            }});
        down.setOnClickListener(new View.OnClickListener() {
            @Override
            public void onClick(View v) {
                if(index<imageId.length-1){
                    index++;
                }
                else{
                    index = 0;
                }
                imageSwitcher.setImageResource(imageId[index]);//显示当前的图片
            }});
    }
}
```

运行后的界面见图 11－3。

图 11－3　切换图片

任务二　创建可调整图像参数的应用

任务描述

图像的显示有 RGB、CMY 及 HSL 模式，每种图像模式都有不同的图像参数，不同的图像模式有不同的操作方法，涉及颜色空间的知识。

颜色空间(又称彩色模型、色彩空间、彩色系统等)是对色彩的一种描述方式，定义方法有很多种，区别在于面向不同的应用背景。在显示器中采用的 RGB 颜色空间是基于物体发光定义的(RGB 对应光的三原色：Red、Green、Blue)；在工业印刷中常用的 CMY 颜色空间是基于光反射定义的(CMY 对应了绘画中的三原色：Cyan、Magenta、Yellow)；而 HSV(色调(Hue)、饱和度(Saturation)、亮度(Value))、HSL(色调(Hue)、饱和度(Saturation)、亮度(Lightness))2 个颜色空间都是从人视觉的直观反映提出来的。

不同的操作类提供不同的操作方法，如 Bitmap 类，提供了可以对图像进行旋转、缩放等方法；Paint 类可以对图像进行颜色、透明度、阴影设置等方法。

本任务我们分析图像的参数，在程序中动态调整参数内容，实现对图像的状态设置。

任务分析

在显示图像信息的应用项目，可以通过设置控件的纯度、色度、亮度等参数属性，改变显示图片的显示效果，具体数据的调整可以通过滑动控制杆来实现，这样滑动控制杆可动态地、即时地显示图片的效果变化。

任务目标

1. 设计一个图像调整应用项目，设计界面显示图像；

2. 设置 3 个滑动杆控件，分别控制 HSL 模式图像的色度、纯度、亮度 3 个参数；

3. 实现拖动滑动杆实现各参数从最小值到最大值的变化状态。

项目任务样式见图 11 - 4。

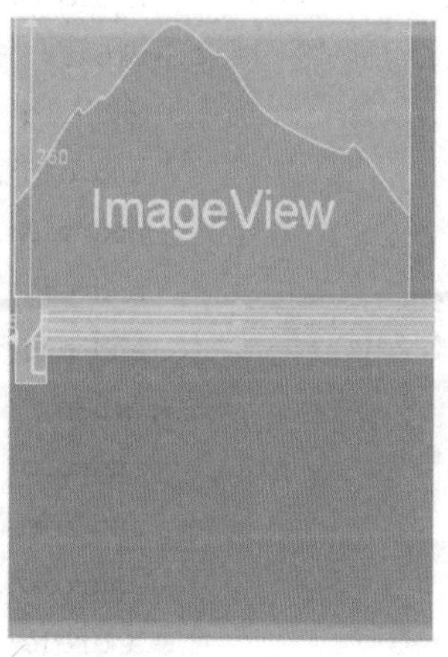

图 11 - 4　调整图像参数

任务实施

步骤 1　创建界面布局文件，代

码为：

```
<?xml version="1.0" encoding="utf-8"?>
<RelativeLayout xmlns:android="http://schemas.android.com/apk/res/android"
    android:layout_width="match_parent"
    android:layout_height="match_parent"
    android:orientation="vertical">
    <TextView
        android:id="@+id/textView"
        android:layout_width="wrap_content"
        android:layout_height="80dp"
        android:layout_alignParentStart="true"
        android:layout_alignParentTop="true"
        android:layout_marginStart="6dp"
        android:layout_marginTop="260dp"
        android:text="色度\n纯度\n亮度"/>
    <LinearLayout
        android:layout_width="match_parent"
        android:layout_height="match_parent"
        android:layout_alignParentStart="true"
        android:layout_alignParentTop="true"
        android:layout_marginStart="0dp"
        android:layout_marginTop="0dp"
        android:orientation="vertical">
        <ImageView
            android:id="@+id/imageview"
            android:layout_width="360dp"
            android:layout_height="260dp"
            android:layout_marginStart="10dp"
            android:background="@android:color/holo_green_dark"/>
        <SeekBar
            android:id="@+id/seekbarR"
            android:layout_width="match_parent"
            android:layout_height="wrap_content"
            android:layout_marginLeft="30dp"
            android:thumbTint="@color/colorPrimary"/>
        <SeekBar
            android:id="@+id/seekbarG"
            android:layout_width="match_parent"
            android:layout_height="wrap_content"
            android:layout_marginLeft="30dp"/>
```

```
        <SeekBar
            android:id="@+id/seekbatB"
            android:layout_width="match_parent"
            android:layout_height="wrap_content"
            android:layout_marginLeft="30dp"/>
    </LinearLayout>
</RelativeLayout>
```

步骤 2　修改图像控件的背景，指定文件为事先复制、粘贴到 drawable 文件夹中的 tamsquare. jpg 文件，见图 11－5。

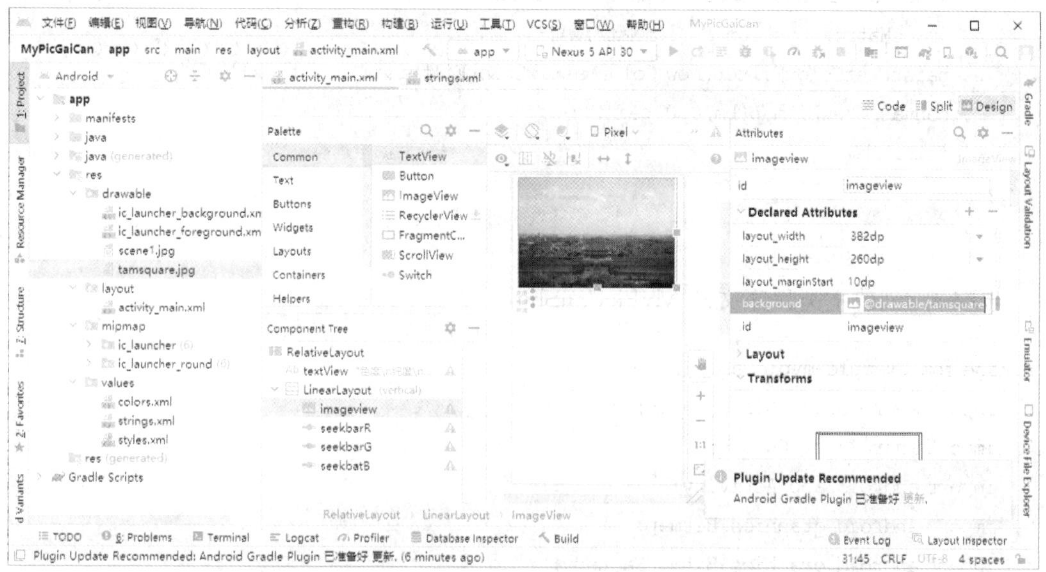

图 11－5　设置图像控件背景

步骤 3　创建图像操作帮助类文件 ImageHelper. java，文件代码为：

```
package com.example.mypicgaican;
    import android.graphics.Bitmap;
    import android.graphics.Canvas;
    import android.graphics.ColorMatrix;
    import android.graphics.ColorMatrixColorFilter;
    import android.graphics.Paint;
public class ImageHelper {
  public static Bitmap handleImageEffect(Bitmap bm,float hue,float saturation,float lum) {
        Bitmap bmp = Bitmap.createBitmap(bm.getWidth(),bm.getHeight(),Bitmap.Config.ARGB_8888);
        Canvas canvas = new Canvas(bmp);
        Paint paint = new Paint();
```

```
        ColorMatrix hueMatrix = new ColorMatrix();
        hueMatrix.setRotate(0,hue);
        hueMatrix.setRotate(1,hue);
        hueMatrix.setRotate(2,hue);
        ColorMatrix saturationMatrix = new ColorMatrix();
        saturationMatrix.setSaturation(saturation);
        ColorMatrix lumMatrix = new ColorMatrix();
        lumMatrix.setScale(lum,lum,lum,1);
        ColorMatrix imageMatrix = new ColorMatrix();
        imageMatrix.postConcat(hueMatrix);
        imageMatrix.postConcat(saturationMatrix);
        imageMatrix.postConcat(lumMatrix);
        paint.setColorFilter(new ColorMatrixColorFilter(imageMatrix));
        canvas.drawBitmap(bm,0,0,paint);
        return bmp;
    }
}
```

步骤 4 创建主类程序文件 MyPicCanShu.

```
package com.example.mypicgaican;
    import android.graphics.Canvas;
    import android.os.Bundle;
    import android.app.Activity;
    import android.graphics.Bitmap;
    import android.graphics.BitmapFactory;
    import android.widget.ImageView;
    import android.widget.SeekBar;
public class MyPicCanShu extends Activity implements SeekBar.OnSeekBarChangeListener {
    private static int MAX_VALUE = 255;
    private static int MID_VALUE = 127;
    private ImageView mImageView;
    private SeekBar mSeekbarR,mSeekbarG,mSeekbarB;
    private float bVal,rVal,gVal;
    private Bitmap bitmap;
    @Override
    protected void onCreate(Bundle savedInstanceState) {
        super.onCreate(savedInstanceState);
        setContentView(R.layout.activity_main);
        bitmap = BitmapFactory.decodeResource(getResources(),R.drawable.scene1);
        mImageView = findViewById(R.id.imageview);
```

```
        mSeekbarR = findViewById(R.id.seekbarR);
        mSeekbarG = findViewById(R.id.seekbarG);
        mSeekbarB = findViewById(R.id.seekbatB);
        mSeekbarR.setOnSeekBarChangeListener(this);
        mSeekbarG.setOnSeekBarChangeListener(this);
        mSeekbarB.setOnSeekBarChangeListener(this);
        mSeekbarR.setMax(MAX_VALUE);
        mSeekbarG.setMax(MAX_VALUE);
        mSeekbarB.setMax(MAX_VALUE);
        mSeekbarR.setProgress(MID_VALUE);
        mSeekbarG.setProgress(MID_VALUE);
        mSeekbarB.setProgress(MID_VALUE);
        mImageView.setImageBitmap(bitmap);
    }
    @Override
    public void onProgressChanged(SeekBar seekBar, int progress, boolean fromUser) {
        switch (seekBar.getId()) {
            case R.id.seekbarR:
                rVal = (progress-MID_VALUE) * 1.0F/MID_VALUE * 180;
                break;
            case R.id.seekbarG:
              gVal = progress * 1.0F/MID_VALUE;
                break;
            case R.id.seekbatB:
                bVal = progress * 1.0F/MID_VALUE;
                break;
        }
        mImageView.setImageBitmap(ImageHelper.handleImageEffect(
                bitmap, rVal, gVal, bVal));
    }
    @Override
    public void onStartTrackingTouch(SeekBar seekBar) {
    }
    @Override
    public void onStopTrackingTouch(SeekBar seekBar) {
    }
}
```

图像文件 scene.jpg、tsquare.jpg 是复制粘帖到 drawable 文件夹中的，它提供背景图像。

另外，关于调节杆(seekbar)是一个进度条，该控件的使用场景包括调整音量、播放进度或速度等。

在 Android 的 HSL 模式图像处理中，我们通常用 3 个参数来描述一个图像：

(1) 色调(hue)：图像的颜色，从赤红到紫色的色相的变化；

(2) 饱和度(saturation)：颜色的纯度，从 0(灰)到 100%(饱和)来进行浓度变化的描述；

(3) 亮度(luminace)：颜色的相对明暗程度，是光亮度的大小。

在上面 3 个属性中，饱和度和亮度为 0 会使得图片看起来是纯黑色。

设计完成后的效果图见图 11－6。

单纯调整一个亮度的指标则显示的效果见图 11－7。

图 11－6　更改 3 个参数后的图像效果

图 11－7　调整亮度到最大的效果

知识拓展

项目评价

项目学习情况评价如表 11－1 所示。

表 11－1　项目学习情况评价表

项目	方面	等级(分别为 5、4、3、2、1 分)	自我评价	同伴评价	导师评价
态度情感目标	态度认真	1. 认真听导师的讲解； 2. 认真完成导师布置的作业； 3. 积极发言、讨论学习问题。			
	团结合作	1. 善于沟通； 2. 虚心听取别人的意见； 3. 能够团结合作。			
	分析思维	1. 能有条理地表达自己的意见； 2. 解决问题的过程清楚； 3. 能创新思考，做事有计划。			

续　表

项目	方面	等级(分别为5、4、3、2、1分)	自我评价	同伴评价	导师评价
知识技能目标	掌握知识	1. 了解图像颜色空间的表达方法； 2. 熟悉常用的颜色空间的各类； 3. 掌握常用颜色空间的使用； 4. 了解安卓对图像操作的常用类； 5. 了解对图像参数修改操作的应用。			
	职业能力	1. 能简述颜色空间的方法； 2. 能讲述实现文件读写的操作过程； 3. 能说明 XML 文件的读写操作过程； 4. 掌握 JSON 的读写操作。			
综合评价					

项目十一　习题

一、单选题

1. 在计算机中图像的三原色显示模式是指(　　)。

A. RGB　　B. CMY　　C. HSL　　D. CMYK

2. 让一个 ImageView 显示一张图片，可以通过设置(　　)属性。

A. android:src　　B. android:background

C. android:img　　D. android:value

3. 启动 Activity 的方法是(　　)。

A. runActivity()　　B. goActivity()

C. startActivity()　　D. startActivityForIn()

4. Drawable 作为 Android 系统通用的图形对象，可装载 bmp 等格式图像，不包括(　　)。

A. GIF　　B. PNG　　C. JPG　　D. PSD

5. 对于 XML 布局文件中的视图控件，layout_width 属性的属性值不可以是(　　)。

A. match_parent　　B. fill_parent

C. wrap_content　　D. match_content

6. Android 项目工程下面的 assets 目录的作用是(　　)。

A. 放置应用到的图片资源

B. 主要放置多媒体等数据文件

C. 放置字符串、颜色、数组等常量数据

D. 放置一些与 UI 相应的布局文件,都是 xml 文件

7. 创建 Menu 需要重写的方法是(　　)。

A. onOptionsCreateMenu(Menu menu)

B. onOptionsCreateMenu(MenuItem menu)

C. onCreateOptionsMenu(Menu menu)

D. onCreateOptionsMenu(MenuItem menu)

8. Canvas-画布,可以看作一种处理过程,使用各种方法来管理相关对象,不包括(　　)。

A. Bitmap　　B. GL　　C. Path 路径　　D. mp3

二、填空题

1. 在 Android 系统中,图片文件通常添加在______资源文件夹中。

2. 在 Android 中,______指的就是一张图片,一般是 png 和 jpeg 格式。

3. ARGB 是一种色彩模式,也就是 RGB 色彩模式附加上______通道。

4. 通过______可以从文件系统、资源、输入流、字节数组中加载得到一个 Bitmap 对象。

5. Canvas 画布也可以配合______类给图像做旋转、缩放等操作,同时 Canvas 类还提供了裁剪、选取等操作。

6. ______可以把它看作一个画图工具,比如画笔、画刷。能管理每个画图工具的字体、颜色、样式。

三、简答题

1. 简述 HSL 颜色空间的含义。

2. 简述 Android 图像处理引擎。

答案

图像动画技术应用

项目情景

动画是多媒体应用的重要内容，一个设计精美的动画对展示作品效果、提高作品表现力都有极大的帮助。通过具体动画的设计制作，能更深刻地理解安卓系统中动画的应用。

小康同学在本项目中的新任务是设计制作美观、新颖的图像动画，来丰富智能终端表现的应用。具体任务是制作手机的图像动画展示应用项目，实现对图像文件、素材文件进行动画效果的呈现，突出设计的美观效果。

学习目标

1. 了解 Android 动画的特点；
2. 掌握 Android 动画的技术；
3. 了解 Android 动画的种类；
4. 了解 Android 动画的应用。

任务一 创建逐帧动画应用

任务描述

Android 动画技术可以分为两类，最初的传统动画和 Android 3.0 之后出现的属性动画。传统动画又包括帧动画(frame animation)和补间动画(tweened animation)。

帧动画实现原理是将一张张单独的图片连贯地快速进行播放的一种动画，这种动画操作简单方便，效果依赖于完善的 UI 资源。

本任务以一支盆花逐步绽放的过程来实现动画显示的效果，通过这个项目，掌握逐帧动画的基本原理、技术特点及实现步骤。

任务分析

实现逐帧动画的关键技术之一是有一系列图像相近的、渐变的图像素材，关键之二是实现系列图像的快速、顺序地轮循播放。由于一系列图片按照一定的顺序展示，一张张图片快速显示、消失，使人感觉起来是运动的效果，因而形成动画，我们称为逐帧动画。

其核心的原理是一系列连续变化的动画图像素材，再通过一个 XML 文件来描述图像变化展示的基本过程参数，最终实现图像的轮播显示，形成动画。

此处，以一个花瓶中的小花从幼苗到绽放的连续静态图画为例，通过设置图像显示与切换的时间间隔，在 item_list. xml 资源文件中进行说明，来实现动画的播放效果。

任务目标

1. 创建一个动画应用界面，并设置有图形控件；
2. 搜集一个连续的显示一系列动画的第一幅图画；
3. 设置播放和停止 2 个按钮并定义方法；
4. 点击相应按钮可启动、停止动画。

具体效果见图 12－1。

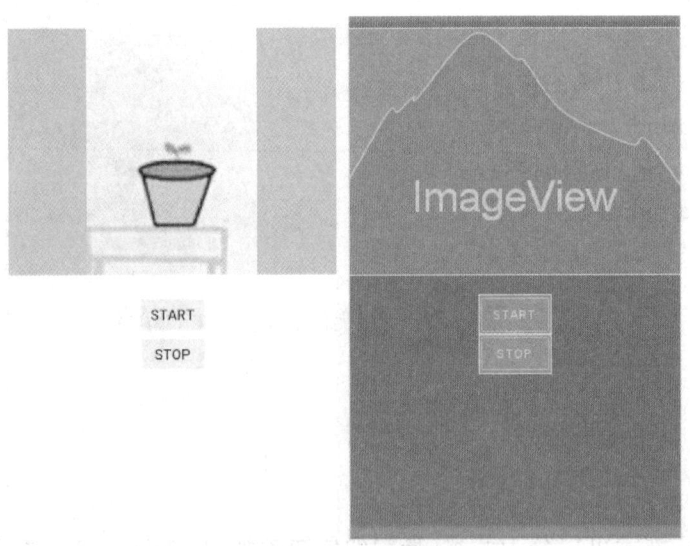

图 12－1　逐帧动画界面

任务实施

步骤 1　准备素材文件 hua1. jpg、hua2. jpg……hua6. jpg。按系统要求，在此方式下，实现的动画资源是被定义在 XML 里面的，我们可以将它上传到/res/mipmap 文件夹目录下

(需要用户按前面学习的操作,自己新建该文件夹,然后将文件复制到此文件夹)。

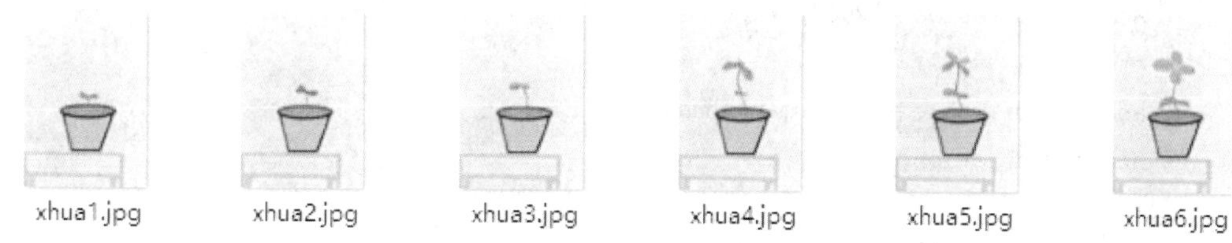

图 12-2　动画素材——花儿生长系列

上传后的文件存放位置如图 12-3 所示。

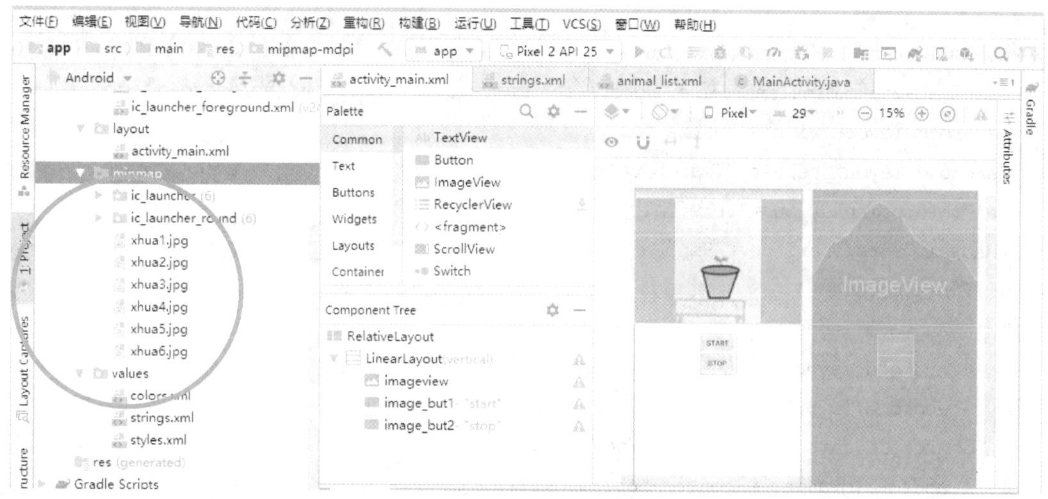

图 12-3　动画素材文件位置

步骤 2　创建 item_list.xml 项目列表文件,确定逐帧动画的资源位置,代码为:

```
<?xml version="1.0" encoding="utf-8"?>
<animation-list xmlns:android="http://schemas.android.com/apk/res/android"
  android:oneshot="false">          //设置是否只播放一次,默认为 false
  <item
      android:drawable="@mipmap/xhua1"
      android:duration="200"/>      //动画持续时间,毫秒为单位
  <item
      android:drawable="@mipmap/xhua2"
      android:duration="200"/>
  <item
      android:drawable="@mipmap/xhua3"
      android:duration="200"/>
```

```
    <item
        android:drawable = "@mipmap/xhua4"
        android:duration = "200"/>
    <item
        android:drawable = "@mipmap/xhua5"
        android:duration = "200"/>
    <item
        android:drawable = "@mipmap/xhua6"
        android:duration = "200"/>
</animation-list>
```

步骤 3 新建项目界面布局文件,文件代码为:

```
<?xml version = "1.0" encoding = "utf-8"?>
<RelativeLayout xmlns:android = "http://schemas.android.com/apk/res/android"
    android:layout_width = "match_parent"
    android:layout_height = "match_parent"
    android:orientation = "vertical"
    android:scrollbarSize = "9dp">
    <LinearLayout
        android:layout_width = "match_parent"
        android:layout_height = "match_parent"
        android:layout_alignParentStart = "true"
        android:layout_alignParentTop = "true"
        android:gravity = "center_horizontal"
        android:layout_marginStart = "0dp"
        android:layout_marginTop = "0dp"
        android:orientation = "vertical">
        <ImageView
            android:id = "@ + id/imageview"
            android:layout_width = "match_parent"
            android:layout_height = "300dp"
            android:layout_marginTop = "24dp"
            android:layout_marginBottom = "24dp"
            android:background = "@color/colorAccent"
            android:src = "@drawable/animal_list"/>
        <Button
            android:id = "@ + id/image_but1"
            android:layout_width = "wrap_content"
            android:layout_height = "wrap_content"
```

```
        android:onClick = "startFrame"
        android:text = "start"
        android:textSize = "18sp"/>
    <Button
        android:id = "@ + id/image_but2"
        android:layout_width = "wrap_content"
        android:layout_height = "wrap_content"
        android:onClick = "stopFrame"
        android:text = "stop"
        android:textSize = "18sp"/>
    android:text = "stop"/>
  </LinearLayout>
</RelativeLayout>
```

步骤 4 设置主程序文件 MainActivity. java，代码为：

```
package com. example. myandonghua;
    import androidx. appcompat. app. AppCompatActivity;
    import android. os. Bundle;
    import android. app. Activity;
    import android. graphics. drawable. AnimationDrawable;
    import android. util. Log;
    import android. view. View;
    import android. widget. Button;
    import android. widget. ImageView;
public class MainActivity extends AppCompatActivity{
    private Button btn_startFrame, btn_stopFrame;
    private ImageView miv;
    private AnimationDrawable animationDrawable;
    protected void onCreate(Bundle savedInstanceState) {
        super. onCreate( savedInstanceState);
        setContentView(R. layout. activity_main);
        miv = findViewById(R. id. imageview);
        btn_startFrame = findViewById(R. id. image_but1);
        btn_stopFrame = findViewById(R. id. image_but2);
        btn_startFrame. setOnClickListener(new MyButton());
        btn_stopFrame. setOnClickListener(new MyButton());
    }
    private class MyButton implements View. OnClickListener {
    @Override
```

```
    public void onClick(View v) {
        switch (v.getId()){
            case R.id.image_but1:
              miv.setImageResource(R.drawable.animal_list);
              //1.设置动画
              animationDrawable = (AnimationDrawable) miv.getDrawable();
              //2.获取动画对象
              animationDrawable.start();
              //3.启动动画
              break;
            case R.id.image_but2:
              miv.setImageResource(R.drawable.animal_list);
              //1.设置动画
              animationDrawable = (AnimationDrawable) miv.getDrawable();
              //2.获取动画对象
              animationDrawable.stop();
              //3.暂停动画
                break;
        }
    }
}}
```

步骤 5 运行项目,可看到逐帧动画的实现效果,见图 12-4。

图 12-4 逐帧动画的效果

任务二 创建图像补间动画

任务描述

补间动画(tween animation)通过在程序中或XMl文件中设置起始状态和终止状态,由计算机动态修改图像的状态,补充实现中间变化过程,从而实现动态效果。

补间动画分为4种形式,即平移(translate)、缩放大小(scale)、透明(alpha)、旋转(rotate)。

本任务通过实现图像补间动画的应用,理解并掌握补间动画的应用方法和操作。

任务分析

补间动画(tween animation)是通过对View中的内容进行一系列的图形变换而实现的动画效果,这个过程是计算机通过改变参数值自动实现的,具体参数描述的内容可直接写在主程序中,也可存放在XML格式的定义文件中,图形的变换可以是平移、缩放、透明、旋转等。具体动画类型的参数变换归纳总结为:

透明度动画实现代码为:

```
<set xmlns:android = "https://schemas.android.com/apk/res/android">
<alpha xmlns:android = "http://schemas.android.com/apk/res/android"
    android:duration = "1 000"
    android:interpolator = "@android:anim/accelerate_decelerate_interpolator"
    android:repeatCount = "infinite"
    android:fromAlpha = "1.0"
    android:toAlpha = "0.0"/>
</set>
```

缩放动画实现代码为:

```
<set xmlns:android = "https://schemas.android.com/apk/res/android">
<scale xmlns:android = "http://schemas.android.com/apk/res/android"
    android:duration = "1 000"
    android:fromXScale = "0.0"
    android:fromYScale = "0.0"
    android:pivotX = "50 %"
    android:pivotY = "50 %"
    android:toXScale = "1.0"
```

```
    android:toYScale = "1.0"/>
</set>
```

平移动画实现代码为：

```
<set xmlns:android = "http://schemas.android.com/apk/res/android"
    <translate
      android:fromXSDelta = "0.0"
      android:fromYSDelt = "0.0"
      android:toXDelta = "100"
      android:toYDelta = "0.0"
      android:toXScale = "1.0"
      android:repeatCount = "infinite"
      android:repeatMode = "reverse"
      android:duration = "3000"/>
</set>
```

旋转动画实现代码为：

```
<set xmlns:android = "http://schemas.android.com/apk/res/android"
  <rotate
      android:fromDegrees = "0"
      android:toDegrees = "360"
      android:pivotX = "50%"
      android:pivotY = "50%"
      android:repeatMode = "reverse"
      android:repeatCount = "infinite"
      android:duration = "3000"/>
</set>
```

任务目标

1. 创建一个动画应用项目，设计动画运行的应用界面；

2. 界面有被操作求对象，有平移、缩放、透明、旋转 4 个按钮；

3. 能单击相应的按钮实现图片的相应动画效果；

界面布局效果见图 12 - 5。

图 12 - 5 动画开始界面

任务实施

一、在主程序中定义动画

步骤 1　新创建一个界面布局文件 activity_main.xml，代码为：

```
<?xml version = "1.0" encoding = "utf-8"?>
<androidx.constraintlayout.widget.ConstraintLayout
xmlns:android = "http://schemas.android.com/apk/res/android"
    xmlns:app = "http://schemas.android.com/apk/res-auto"
    xmlns:tools = "http://schemas.android.com/tools"
    android:layout_width = "match_parent"
    android:layout_height = "match_parent"
    tools:context = ".MainActivity">
<LinearLayout
        android:layout_width = "match_parent"
        android:layout_height = "match_parent"
        android:layout_marginStart = "8dp"
        android:layout_marginTop = "8dp"
        android:orientation = "vertical"
        app:layout_constraintStart_toStartOf = "parent"
        app:layout_constraintTop_toTopOf = "parent">
<ImageView
            android:id = "@ + id/iv"
            android:layout_width = "match_parent"
            android:layout_height = "300dp"
            android:layout_centerHorizontal = "true"
            android:layout_centerVertical = "true"
            android:foreground = "@drawable/beijinga"/>
<LinearLayout
            android:layout_width = "match_parent"
            android:layout_height = "wrap_content"
            android:layout_alignParentBottom = "true"
            android:gravity = "center_horizontal"
            android:orientation = "horizontal">
<Button
                android:id = "@ + id/btn1"
                android:layout_width = "wrap_content"
                android:layout_height = "wrap_content"
                android:onClick = "translate"
```

```
                android:text = "平移"/>
    <Button
                android:id = "@ + id/btn2"
                android:layout_width = "wrap_content"
                android:layout_height = "wrap_content"
                android:onClick = "scale"
                android:text = "缩放"/>
    <Button
                android:id = "@ + id/btn3"
                android:layout_width = "wrap_content"
                android:layout_height = "wrap_content"
                android:onClick = "alpha"
                android:text = "透明"/>
    <Button
                android:id = "@ + id/btn4"
                android:layout_width = "wrap_content"
                android:layout_height = "wrap_content"
                android:onClick = "rotate"
                android:text = "旋转"/>
        </LinearLayout>
      </LinearLayout>
    </androidx.constraintlayout.widget.ConstraintLayout>
```

注意:此处将图像控件的背景设置成了事先准备好的图片 beijinga.jpg

步骤 2 修改主程序文件 MainActivity.java,代码为:

```
package com.example.mxbujian;
    import android.os.Bundle;
    import android.app.Activity;
    import android.view.View;
    import android.view.animation.AlphaAnimation;
    import android.view.animation.Animation;
    import android.view.animation.RotateAnimation;
    import android.view.animation.ScaleAnimation;
    import android.view.animation.TranslateAnimation;
    import android.widget.ImageView;
  public class MainActivity extends Activity {
    private ImageView iv;
    private TranslateAnimation tran;
    private ScaleAnimation scal;
    private AlphaAnimation alfa;
```

```
    private RotateAnimation rota;
    @Override
    protected void onCreate(Bundle savedInstanceState) {
    super.onCreate(savedInstanceState);
  setContentView(R.layout.activity_main);
  iv = (ImageView) findViewById(R.id.iv);
  }
 public void translate(View view) {          //平移
  //tran = new TranslateAnimation(10,100,20,200);
  tran = new TranslateAnimation(Animation.RELATIVE_TO_SELF, -0.8f,
Animation.RELATIVE_TO_SELF,0.8f,Animation.RELATIVE_TO_SELF, -0.8f,
Animation.RELATIVE_TO_SELF,1.2f);
  tran.setDuration(10000);                    //设置播放时间
  tran.setRepeatCount(1);                    //设置重复次数
  tran.setRepeatMode(Animation.REVERSE);  //动画重复播放的模式
  iv.startAnimation(tran);
  }
public void scale(View view) {               //缩放
  //scal = new ScaleAnimation(2,4,2,4,iv.getWidth()/2,iv.getHeight()/2);
  scal = new ScaleAnimation(0.3f,2,0.1f,2,Animation.RELATIVE_TO_SELF,0.5f,Animation.
RELATIVE_TO_SELF,0.5f);
  scal.setDuration(10000);                    //设置播放时间
  scal.setRepeatCount(1);                    //设置重复次数
  scal.setRepeatMode(Animation.ABSOLUTE);  //动画重复播放的模式
  scal.setFillAfter(true);                    //动画播放完毕后,组件停留在动画结束的位置上
  iv.startAnimation(scal);
  }
public void alpha(View view) {               //透明
  alfa = new AlphaAnimation(0,1);
  alfa.setDuration(10000);                    //设置播放时间
  alfa.setRepeatCount(1);                    //设置重复次数
  alfa.setRepeatMode(Animation.REVERSE);  //动画重复播放的模式
  alfa.setFillAfter(true);                     //动画播放完毕后,组件停留在动画结束的位置上
  iv.startAnimation(alfa);
  }
public void rotate(View view) {                //旋转
  rota = new RotateAnimation(0,360,Animation.RELATIVE_TO_SELF,0.5f,
  Animation.RELATIVE_TO_SELF,0.5f);
  rota.setDuration(10000);                    //设置播放时间
  rota.setRepeatCount(1);                    //设置重复次数
  rota.setRepeatMode(Animation.REVERSE);  //动画重复播放的模式
```

```
    rota.setFillAfter(true);                    //动画播放完毕后,组件停留在动画结束的位置上
    iv.startAnimation(rota);
    }
}
```

通过程序代码分析可以看到,本项目中实现 4 种动画的方法分别为:

public void translate(View view) { } //平移移动设置

TranslateAnimation (Animation. RELATIVE _ TO _ SELF, − 0. 8f, Animation. RELATIVE_TO_SELF,0. 8f,Animation. RELATIVE_TO_SELF,−0. 8f,Animation. RELATIVE_TO_SELF,1. 2f); //imageView 控件从自身位置的最右端开始向左水平滑动了自身宽度的 0. 8 倍。

public void scale(View view) { } //缩放设置

ScaleAnimation(0. 3f,2,0. 3f,2,Animation. RELATIVE_TO_SELF,0. 5f,Animation. RELATIVE_TO_SELF,0. 5f);//imageView 控件由原来的 0. 3 倍大小尺寸沿自身尺寸中心逐渐缩放到 2 倍大小。

public void alpha(View view) { } //透明度设置

AlphaAnimation(0,1);//imageView 控件由完全透明到完全不透明变化

public void rotate(View view) { } //旋转设置

RotateAnimation (0, 90, Animation. RELATIVE _ TO _ SELF, 0. 5f, Animation. RELATIVE_TO_SELF,0. 5f);//imageView 控件以自身中心为圆心旋转 90°。

具体的参数变化也有细节的不同。

本任务最终实现的动画缩放效果见图 12 - 6。

动画的旋转效果见图 12 - 7。

动画的平移效果见图 12 - 8。

图 12 - 6　图像缩放动画效果

图 12 - 7　图像旋转动画效果

图 12 - 8　图像平移动画效果

二、在 XMl 文件中定义动画

实现的界面布局效果见图 12 - 9。

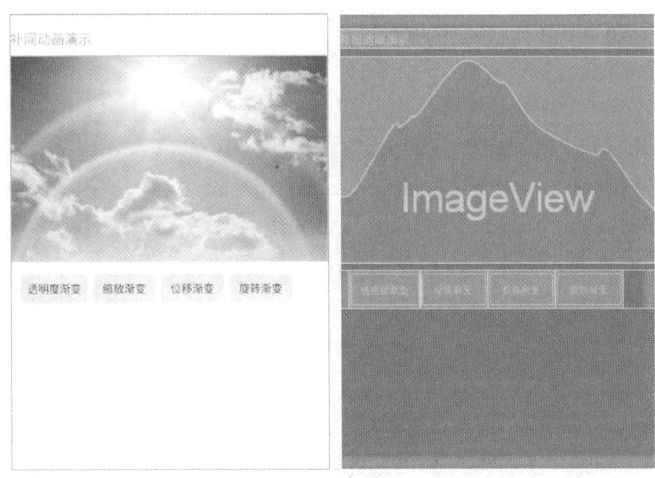

图 12 - 9　用 XML 定义动画任务界面

步骤 3　创建项目界面布局文件，代码为：

```
<?xml version="1.0" encoding="utf-8"?>
<LinearLayout xmlns:android="http://schemas.android.com/apk/res/android"
    android:layout_width="match_parent"
    android:layout_height="match_parent"
    android:orientation="vertical">

    <TextView
        android:id="@+id/textView"
        android:layout_width="match_parent"
        android:layout_height="wrap_content"
        android:layout_marginTop="20dp"
        android:textSize="18sp"
        android:text="补间动画演示"/>

    <ImageView
        android:id="@+id/img_show"
        android:layout_width="wrap_content"
        android:layout_height="263dp"
        android:layout_marginTop="10dp"
        android:src="@mipmap/sun"/>
```

```
    <LinearLayout
        android:layout_width = "match_parent"
        android:layout_height = "wrap_content"
        android:layout_marginTop = "10dp"
        android:orientation = "horizontal">

        <Button
            android:id = "@ + id/btn_alpha"
            android:layout_width = "wrap_content"
            android:layout_height = "wrap_content"
            android:layout_marginLeft = "10dp"
            android:text = "透明度渐变"/>

        <Button
            android:id = "@ + id/btn_scale"
            android:layout_width = "wrap_content"
            android:layout_height = "wrap_content"
            android:text = "缩放渐变"/>

        <Button
            android:id = "@ + id/btn_tran"
            android:layout_width = "wrap_content"
            android:layout_height = "wrap_content"
            android:text = "位移渐变"/>

        <Button
            android:id = "@ + id/btn_rotate"
            android:layout_width = "wrap_content"
            android:layout_height = "wrap_content"
            android:text = "旋转渐变"/>

    </LinearLayout>
</LinearLayout>
```

步骤 4 创建 XML 定义的动画文件，分别定义旋转、平移、透明、缩放 4 个文件。透明动画，文件为 alpha.xml，代码为：

```
<?xml version = "1.0" encoding = "utf-8"?>
<set xmlns:android = "http://schemas.android.com/apk/res/android">
<alpha xmlns:android = "http://schemas.android.com/apk/res/android"
    android:interpolator = "@android:anim/accelerate_decelerate_interpolator"
```

```
    android:fromAlpha = "1.0"
    android:toAlpha = "0.1"
    android:repeatMode = "reverse"
    android:repeatCount = "3"
    android:duration = "1 000"/>
</set>
```

平移动画文件为 translate. xml，代码为：

```
<?xml version = "1.0" encoding = "utf-8"?>
<set xmlns:android = "http://schemas.android.com/apk/res/android">
<translate xmlns:android = "http://schemas.android.com/apk/res/android"
    android:interpolator = "@android:anim/accelerate_decelerate_interpolator"
    android:fromXDelta = "0"
    android:toXDelta = "320"
    android:fromYDelta = "0"
    android:toYDelta = "0"
    android:repeatCount = "3"
    android:repeatMode = "reverse"
    android:duration = "1 000"/>
</set>
```

旋转动画文件为 rotate. xml，代码为：

```
<?xml version = "1.0" encoding = "utf-8"?>
<set xmlns:android = "http://schemas.android.com/apk/res/android">
<rotate xmlns:android = "http://schemas.android.com/apk/res/android"
    android:interpolator = "@android:anim/accelerate_decelerate_interpolator"
    android:fromDegrees = "0"
    android:toDegrees = "360"
    android:duration = "1 000"
    android:pivotX = "50 % "
    android:pivotY = "50 % "
    android:repeatCount = "2"
    android:repeatMode = "reverse"/>
</set>
```

缩放动画文件为 scale. xml，代码为：

```
<?xml version = "1.0" encoding = "utf-8"?>
<set xmlns:android = "http://schemas.android.com/apk/res/android">
<scale xmlns:android = "http://schemas.android.com/apk/res/android"
    android:interpolator = "@android:anim/accelerate_interpolator"
```

```
    android:fromXScale = "0.2"
    android:toXScale = "1.5"
    android:fromYScale = "0.2"
    android:toYScale = "1.5"
    android:pivotX = "50 % "
    android:pivotY = "50 % "
    android:repeatCount = "3"
    android:repeatMode = "reverse"
    android:duration = "1 000"/>
</set>
```

步骤 5 修改完善主程序文件 MainActivity.java，代码为：

```
package com.example.xtweendonghau1;

import androidx.appcompat.app.AppCompatActivity;

import android.os.Bundle;
import android.view.View;
import android.view.animation.Animation;
import android.view.animation.AnimationUtils;
import android.widget.Button;
import android.widget.ImageView;

public class MainActivity extends AppCompatActivity implements View.OnClickListener {
    private Button btn_alpha;
    private Button btn_scale;
    private Button btn_tran;
    private Button btn_rotate;
    private Button btn_set;
    private ImageView img_show;
    private Animation animation = null;
    @Override
    protected void onCreate(Bundle savedInstanceState) {
        super.onCreate(savedInstanceState);
        setContentView(R.layout.activity_main);
        bindViews();
    }
    private void bindViews() {
        btn_alpha = (Button) findViewById(R.id.btn_alpha);
        btn_scale = (Button) findViewById(R.id.btn_scale);
```

```
        btn_tran = (Button) findViewById(R.id.btn_tran);
        btn_rotate = (Button) findViewById(R.id.btn_rotate);
        img_show = (ImageView) findViewById(R.id.img_show);
        btn_alpha.setOnClickListener(this);
        btn_scale.setOnClickListener(this);
        btn_tran.setOnClickListener(this);
        btn_rotate.setOnClickListener(this);
    }
    @Override
    public void onClick(View v) {
        switch (v.getId()){
            case R.id.btn_alpha:
                animation = AnimationUtils.loadAnimation(this,
                        R.anim.alpha);
                img_show.startAnimation(animation);
                break;
            case R.id.btn_scale:
                animation = AnimationUtils.loadAnimation(this,
                        R.anim.scale);
                img_show.startAnimation(animation);
                break;
            case R.id.btn_tran:
                animation = AnimationUtils.loadAnimation(this,
                        R.anim.translate);
                img_show.startAnimation(animation);
                break;
            case R.id.btn_rotate:
                animation = AnimationUtils.loadAnimation(this,
                        R.anim.rotate);
                img_show.startAnimation(animation);
                break;
        }
    }
}
```

步骤 6　运行模拟器，实现动画文件的调用、运行，具体效果见图 12 - 10 至图 12 - 13。

透明度动画效果见图 12 - 10。

缩放动画效果见图 12 - 11。

平移动画效果见图 12 - 12。

旋转动画效果见图 12 - 13。

图 12-10　透明度动画效果

图 12-11　缩放动画效果

图 12-12　平移动画效果

图 12-13　旋转动画效果

知识拓展

项目 评价

项目学习情况评价如表 12-1 所示。

表 12-1　项目学习情况评价表

项目	方面	等级(分别为 5、4、3、2、1 分)	自我评价	同伴评价	导师评价
态度情感目标	态度认真	1. 认真听导师的讲解; 2. 认真完成导师布置的作业; 3. 积极发言、讨论学习问题。			
	团结合作	1. 善于沟通; 2. 虚心听取别人的意见; 3. 能够团结合作。			

续　表

项目	方面	等级(分别为5、4、3、2、1分)	自我评价	同伴评价	导师评价
	分析思维	1. 能有条理地表达自己的意见； 2. 解决问题的过程清楚； 3. 能创新思考，做事有计划。			
知识技能目标	掌握知识	1. 了解动画的种类及特点； 2. 熟悉各类动画实现的方法； 3. 掌握实现逐帧动画的步骤； 4. 掌握补间动画的实现方法； 5. 了解属性动画的实现方法。			
	职业能力	1. 能简述动画的种类及特点； 2. 能讲述实现逐帧动画的实现过程； 3. 能讲述实现补间动画的操作过程； 4. 了解实现属性动画的操作步骤。			
综合评价					

项目十二 习题

一、选择题

1. 下列类中与补间动画是不相关类的是(　　)。

A. TranslateAnimation　　B. FrameAnimation

C. RotateAnimation　　D. AlphaAnimation

2. Matrix 类的作用是(　　)。

A. 可以存储缩小或放大比列　　B. 存储文件中的图片信息

C. 存储资源中的图片信息　　D. 存储内存中的图片信息

3. 下面哪个方法是用来设置动画重复模式的？(　　)

A. setDuration()　　B. setFillAfter()

C. setRepeatCount()　　D. setRepeatMode()

4. 关于补间动画说法正确的是(　　)。

A. 补间动画和帧动画类似　　B. frameAnimation 属于补间动画

C. 补间动画不会改变控件真实坐标　　D. 以上说法都不正确

5. 以下关于 Frame 动画说法正确的是(　　)。

A. Frame 动画可以顺序播放事先准备好的图片

B. Frame 动画和补间动画原理一样

C. Frame 动画在 values 目录下创建

D. Frame 动画不可以设置动画每一帧的执行时间

6. Android 中动画主要分为 3 类,不包括哪一种?(　　)

A. 帧动画(Frame Animation)　　B. 补间动画(View Animation)

C. 关联动画(Relative Animation)　　D. 属性动画(Object Animation)

二、填空题

1. 动画中有一种________动画,通过顺序地播放排列好的图片来实现,类似电影。

2. Animation 类是 tweened animation 中一个抽象类,它有 4 个实现类,其中 AlphaAnimation 可以实现________效果。

3. Animation 类是 tweened animation 中一个抽象类,它有 4 个实现类,其中 RotateAnimation 可以实现________效果。

4. Animation 类是 tweened animation 中一个抽象类,它有 4 个实现类,其中________可以实现缩放动画效果。

5. Animation 类是 tweened animation 中一个抽象类,它有 4 个实现类,其中________可以实现平移动画效果。

6. Android 中补间动画主要分为________种?

三、简答题

1. android 中的动画有哪几类,它们的特点和区别是什么?

2. 补间动画与属性动画的区别是什么?

答案

互联网访问基础

项目情景

网络应用是移动网络开发的重要内容，通过网络，用户可以实现同查资料、下载文档、听网络音乐、搜网上图片、看网络视频等，这些都是移动应用开发的重要内容。

本项目以一个最基本的网站访问及获取简要数据为目标，了解掌握 android 系统的网络功能以及关于网络资源的应用操作。

在本项目中，小康同学接到的新任务是利用移动网络的优势，为用户实现搜寻网络资源，实现打开网站页面、查看网络图片以及访问网站公共数据，实现互联网应用的功能。因为互联网这个全世界范围的网络，为全体网民创造了浩瀚无垠的知识海洋，提供了最新鲜、及时的各种信息，包括天气、新闻、包括网上课程等，所以掌握移动网络的互联网应用是移动应用的最重要的内容。

学习目标

1. 了解 Android 网络信息的表达方法；
2. 了解 Android 网络信息数据传递；
3. 掌握 Android 网络信息资源的显示；
4. 了解 Android 网络数据的技术应用。

任务一 创建浏览器实现网站访问

任务描述

在 Android 系统中实现对网页的访问有多种方法，其中 WebView 是最简单、最容易实现的方法。WebView 是安卓系统中一个用于网页显示的控件，它实质上可看作一个功能最小化的浏览器，其功能类似于在微信中打开网页链接的页面。WebView 主要用于在 app 应用中方便地访问远程网页或本地 html 资源。同时，WebView 也在 Android 中充当 Java 代码和 JS 代码之间交互的桥梁。

任务分析

使用 WebView 实现网页访问有 2 种基本方法，一是在布局文件中添加 WebView 控件，然后在 Activity 中设置加载页面；另一种方法是调用 setContentView()方法，直接通过代码创建。本任务采用第一种方法来实现，具体实现过程如下：

设置加载网址并使用 loadUrl()方法加载

对于电脑本地文件：存放在项目文件夹 app/src/main/assets 下的 html。

webView. loadUrl("file:///android_asset/test. html");

对于手机本地文件：存放在外部存储器中的网页文件。

webView. loadUrl("content://com. android. htmlfileprovider/sdcard/test. html");

对于远程资源：存放在云端的网站上，须填入网页地址进行加载。

webView. loadUrl("https://www. cnblogs. com/iandroid/");

但需注意的是必须事先在清单文件 AndroidManifest 中申请网络使用权限。

<uses-permission android:name="android. permission. INTERNET"/>

若是加载 HTML 页面的一小段内容：

webView. loadData(String data,String mimeType,String encoding);

在默认情况下，WebView 会调用系统默认浏览器加载传入的网址或者资源。如果需要在当前 app 页面内加载，则需要设置 WebViewClient 中的 shouldOverrideUrlLoading()方法。

任务目标

1. 创建一个应用程序，实现项目界面布局；
2. 在界面上放置有按钮，WebView 控件；
3. 确定人民网网址信息，申请互联网访问权限许可；
4. 编写主程序文件，实现对互联网的访问。

具体界面布局效果见图 13-1。

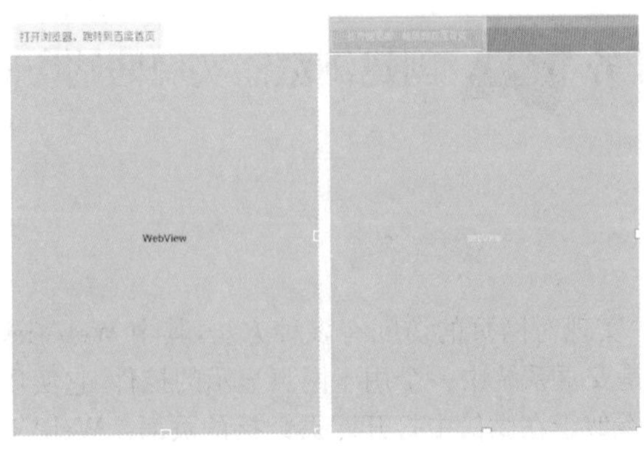

图 13-1 浏览器设计界面

任务实施

下面结合对人民网的网站访问来具体实施创建网页浏览器的应用。

步骤 1 新建浏览器应用项目，设计界面布局文件 activity_main.xml 代码为：

```
<?xml version="1.0" encoding="utf-8"?>

<LinearLayout xmlns:android="http://schemas.android.com/apk/res/android"
    android:layout_width="match_parent"
    android:layout_height="match_parent"
    android:orientation="vertical">

    <Button
        android:id="@+id/bt1"
        android:layout_width="wrap_content"
        android:layout_height="wrap_content"
        android:text="打开浏览器,跳转到人民网首页"/>

    <WebView
        android:id="@+id/webView"
        android:layout_width="fill_parent"
        android:layout_height="fill_parent"/>
</LinearLayout>
```

步骤 2 修改主程序文件 MainActivity.java，代码为：

```
package com.example.xnetbrow2;

    import android.app.Activity;
    import android.app.ProgressDialog;
    import android.content.Intent;
    import android.net.Uri;
    import android.os.Bundle;
    import android.view.KeyEvent;
    import android.view.View;
    import android.webkit.WebChromeClient;
    import android.webkit.WebSettings;
    import android.webkit.WebView;
    import android.webkit.WebViewClient;
    import android.widget.Button;
```

```
public class MainActivity extends Activity implements View.OnClickListener {
    private String url = "http://m.people.cn";
    private Button bt1;
    private WebView webView;
    private ProgressDialog dialog;
    @Override
    protected void onCreate(Bundle savedInstanceState) {
        super.onCreate(savedInstanceState);
        setContentView(R.layout.activity_main);
        bt1 = (Button) findViewById(R.id.bt1);
        bt1.setOnClickListener(this);
        init();
    }
    private void init() {

        webView = (WebView) findViewById(R.id.webView);
        //webView 加载本地资源
        //webView.loadUrl("file:///android_asset/example.html");
        //webView 加载 web 资源
        webView.loadUrl("http://m.people.cn");
        //覆盖 WebView 默认通过浏览器打开网页的行为,使网页可以在 webView 中打开
        webView.setWebViewClient(new WebViewClient() {
            @Override
            public boolean shouldOverrideUrlLoading(final WebView view, String url) {
                try {
                    if (url.startsWith("http:") || url.startsWith("https:")) {
                        view.loadUrl(url);
                    } else {
                        Intent intent = new Intent(Intent.ACTION_VIEW, Uri.parse(url));
                        startActivity(intent);
                    }
                    return true;
                } catch (Exception e) {
                    return false;
                }
            }
        });
        //启用 Javascript 支持
        WebSettings webSettings = webView.getSettings();
        webSettings.setJavaScriptEnabled(true);
        //WebView 加载页面优先选择使用缓存加载
```

```
        webSettings.setCacheMode(WebSettings.LOAD_CACHE_ELSE_NETWORK);
        //给用户显示网页加载的情况
        webView.setWebChromeClient(new WebChromeClient() {
            @Override
            public void onProgressChanged(WebView view, int newProgress) {
                //newProgress 1 - 100 之间的整数
                if (newProgress = = 100) {
                    //网页加载完毕,关闭进度对话框
                    closeDialog();
                } else {
                    //网页加载中,打开进度对话框
                    openDialog(newProgress);
                }
            }
            private void closeDialog() {
                if (dialog!= null && dialog.isShowing()) {
                    dialog.dismiss();
                    dialog = null;
                }
            }
            private void openDialog(int newProgress) {
                if (dialog = = null) {
                    dialog = new ProgressDialog(MainActivity.this);
                    dialog.setTitle("正在加载");
                    dialog.setProgressStyle(ProgressDialog.STYLE_HORIZONTAL);
                    dialog.setProgress(newProgress);
                    dialog.show();
                } else {
                    dialog.setProgress(newProgress);
                }
            }
        });
    }
    //改写物理按钮--返回的功能
    @Override
    public boolean onKeyDown(int keyCode, KeyEvent event) {
        //判断如果按下了返回按键
        if (keyCode = = KeyEvent.KEYCODE_BACK) {
            if (webView.canGoBack()) {
                //返回上级页面
                webView.goBack();
```

```
                return true;
            } else {
                //退出程序
                System.exit(0);
            }
        }
        return super.onKeyDown(keyCode, event);
    }
    @Override
    public void onClick(View v) {
        switch (v.getId()) {
        case R.id.bt1:
            Uri uri = Uri.parse(url);
            Intent intent = new Intent(Intent.ACTION_VIEW, uri);
            startActivity(intent);
            break;
        default:
            break;
        }
    }
}
```

步骤 3 在清单文件中加入 internet 访问权限许可。

```
<uses-permission android:name = "android.permission.INTERNET"/>
```

步骤 4 运行模拟器显示项目运行效果，如图 13－2 所示，单击相应的菜单可访问对应的网页信息。

步骤 5 当改变访问地址为“中国搜索”的网址(http://www.chinaso.com/)时，得到的访问界面如图 13－3 所示。

图 13－2 访问网站的实现

图 13－3 中国搜索页面

任务二　查看网络图片信息

任务描述

互联网上的资源丰富多彩，有新闻、音乐、图片、视频、游戏、电影等，因此能上网查寻相关资源，也是移动应用开发的最重要内容之一。本任务以查看网上的图片资料的应用为目标，了解并掌握实现网络信息资源的连接及下载，学习移动网络技术的应用。

任务分析

打开网络资源，使用 HttpURLConnection 获得连接，再使用 InputStream 获得图片的数据流，通过 BitmapFactory 将数据流转换为 Bitmap，再将 Bitmap 通过线程的 Message 发送出去，Handler 接收到消息就会通知 ImageView 显示出来。

任务目标

1. 创建一个应用程序，实现项目界面布局；
2. 在界面布局有命令按钮、地址栏及图像控件；
3. 确定网络图片资源网址；
4. 编写主程序文件实现对互联网的访问。

具体界面布局效果见图 13－4。

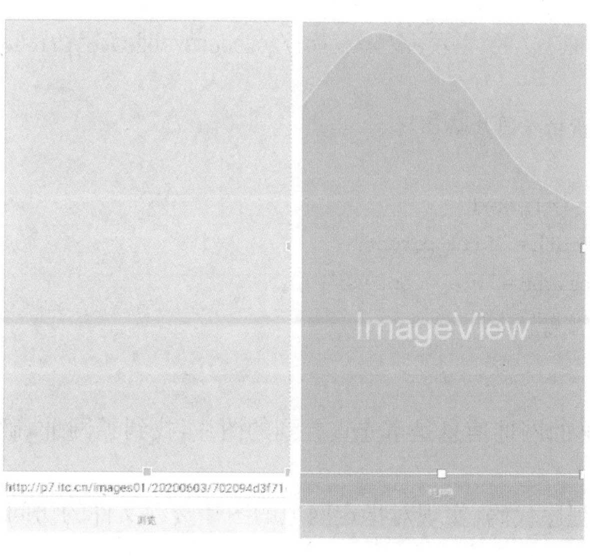

图 13－4　任务布局界面

任务实施

步骤 1 设计界面布局,实现所需的任务界面,文件 activity_main. xml 代码为:

```
<?xml version = "1.0" encoding = "utf-8"?>
<LinearLayout xmlns:android = "http://schemas.android.com/apk/res/android"
    xmlns:tools = "http://schemas.android.com/tools"
    android:id = "@ + id/activity_main"
    android:layout_width = "match_parent"
    android:layout_height = "match_parent"

    android:orientation = "vertical"
    tools:context = "com.example.netpic02.MainActivity">

    <ImageView
        android:id = "@ + id/iv"
        android:layout_width = "fill_parent"
        android:layout_height = "wrap_content"
        android:layout_weight = "1 000"
        android:background = "@android:color/darker_gray"/>
    <EditText
    android:singleLine = "true"
    android:id = "@ + id/et_path"
    android:textIsSelectable = "true"
    android:layout_width = "fill_parent"
    android:layout_height = "wrap_content"
    android:text = "http://p7.itc.cn/images01/20200603/702094d3f71e4e2a81001
cd28c5cf7b8.jpeg"
    android:hint = "请输入图片路径"/>
<Button
    android:onClick = "clicked"
    android:layout_width = "fill_parent"
    android:layout_height = "wrap_content"
    android:text = "浏览"/>
</LinearLayout>
```

注意:此处文本框的网址信息是事先查寻到的图片,找到了网址,确定好了,就可以在主程序的代码中确定。

步骤 2 完善主程序代码,实现对指定网址的图片资源文件的访问,代码为:

```
package com.example.netpic02;

    import androidx.appcompat.app.AppCompatActivity;
    import android.os.Bundle;
    import android.graphics.Bitmap;
    import android.graphics.BitmapFactory;
    import android.os.Handler;
    import android.os.Message;
    import android.text.TextUtils;
    import android.view.View;
    import android.widget.EditText;
    import android.widget.ImageView;
    import android.widget.Toast;
    import java.io.InputStream;
    import java.net.HttpURLConnection;
    import java.net.URL;
    import java.net.URLEncoder;

public class MainActivity extends AppCompatActivity {
    protected static final int CHANGE_UI = 1;
    protected static final int ERROR = 2;
    private EditText et_path;
    private ImageView iv;
    private String path;
//主线创建消息处理器
private Handler handler = new Handler(){
    public void handleMessage(android.os.Message msg){
      if (msg.what = = CHANGE_UI){
      Bitmap bitmap = (Bitmap)msg.obj;
      iv.setImageBitmap(bitmap);
      }else if (msg.what = = ERROR){
      Toast.makeText(MainActivity.this,"显示图片错误",Toast.LENGTH_SHORT).show();
      }
    }
};
@Override
    protected void onCreate(Bundle savedInstanceState) {
    super.onCreate(savedInstanceState);
    setContentView(R.layout.activity_main);
    et_path = (EditText)findViewById(R.id.et_path);
    iv = (ImageView) findViewById(R.id.iv);
```

```
    }
public void clicked(View view){
path = et_path.getText().toString().trim();;
    if (TextUtils.isEmpty(path)){
    path = "http://p7.itc.cn/images01/20200603/702094d3f71e4e2a81001cd28c5cf7b8.jpeg";
    Toast.makeText(this,"图片路径不能为空",Toast.LENGTH_SHORT).show();
}
else {
  //子线程请求网络,Android 4.0 以后访问网络不能放在子线程中
  new Thread(){
    private HttpURLConnection conn;
    private Bitmap bitmap;
    public void run(){
    //链接服务器 get 请求,获取图片
    try{
    //创建 URL 对象
    URL url = new URL(URLEncoder.encode(path));
    conn = (HttpURLConnection) url.openConnection();
    conn.setRequestMethod("GET");
    conn.setConnectTimeout(5 000);
    int code = conn.getResponseCode();
    if (code = = 200){
       InputStream is = conn.getInputStream();
       bitmap = BitmapFactory.decodeStream(is);
       Message msg = new Message();
       msg.what = CHANGE_UI;
       msg.obj = bitmap;
       handler.sendMessage(msg);
    }
    else {
          Message msg = new Message();
          msg.what = ERROR;
          handler.sendMessage(msg);
    }
    }catch (Exception e){
        e.printStackTrace();
        Message msg = new Message();
        msg.what = ERROR;
        }
        }
        }.start();
```

```
        }
    }
}
```

步骤 3　在清单文件中，设置互联网访问许可权限。

```
<uses-permission android:name="android.permission.INTERNET"/>
```

步骤 4　运行模拟器，显示图片效果，见图 13－5。

总结：Web 开发显示网络图片有 2 种方法，一是打开数据流，二是使用 Drawable。

1. 根据 URL 返回一个位图格式：bitmap＝BitmapFactory.decodeStream(Stream stream)。

2. 根据 URL 返回 Drawable：drawable＝Drawable.createFromStream(is,"src")。

图 13－5　访问网络图片

任务  三 天气数据实时访问应用*（选学）

任务描述

互联网上的资源是丰富多彩的，同时也是及时更新的，这种情况尤其适合即时访问网站服务器，得到最新的信息，这方面的应用以天气预报、金融交易信息最为实用。下面对气象数据更新源进行网络访问，来实现即时的网络数据下载、显示。

任务分析

实现即时查询天气信息项目，关键是要确定提供信息的资源位置，当前能提供免费天气信息的网站地址主要是国家气象局。

国家气象局提供了 3 种数据的形式，有 3 个数据接口，地址为：

- http://www.weather.com.cn/data/sk/xxxxxxxxx.html
- http://www.weather.com.cn/data/cityinfo/xxxxxxxxx.html
- http://m.weather.com.cn/data/xxxxxxxxx.html

注：其中最后的 xxxxxxxxx 为 9 位数字，是城市的 id 代码。

在浏览器中输入上面的网址，打开的页面如图 13－6 所示。

图 13－6　从国家气象局下载一个城市的气象数据

同学们可能会注意到，页面中显示的信息是一种乱码，其实这是浏览器对字符编码格式未正确识别的现象，修正方法是，点击浏览器右侧上方的红三线菜单，在弹出的对话框中选择更多设置，并选择编码项，弹出编码选择对话框见图 13－7。

图 13－7　修改默认的字符编码方案

从上图可以看出，chrome 浏览器默认的字符编码集为 GBK，而国家气象局提供的信息编码字符集采用的是 UTF－8，所以网页出现了乱码，改正操作只需要在上图的编码集中处单击选择“UNICODE(UTF－8)”方案，即可显示正常了，见图 13－8。

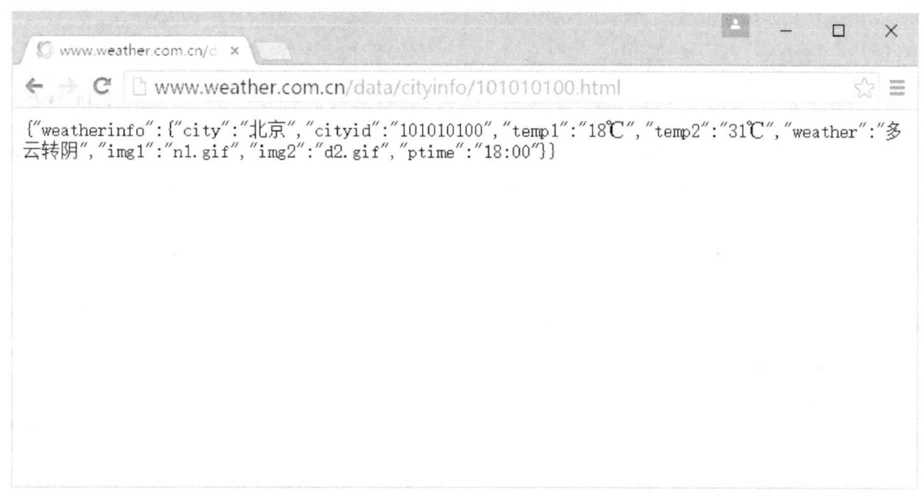

图 13－8　用 UTF－8 显示气象数据

数据下载后的格式解析：

第一个网址提供的 json 数据为：

{"weatherinfo":{"city":"北京","cityid":"101010100","temp":"－2","WD":"西北风","WS":"3 级","SD":"241%","WSE":"3","time":"10:61","isRadar":"1","Radar":"JC_RADAR_AZ9010_JB"}}

第二个网址提供的 json 数据为：

{"weatherinfo":{"city":"北京","cityid":"101010100","temp1":"3℃","temp2":"－8℃","weather":"晴","img1":"d0.gif","img2":"n0.gif","ptime":"11:00"}}

第三个网址提供的 json 数据比前面的更为全面，内容太多，在此不再赘述，感兴趣的同学可以亲自登录网址查看。信息中不同城市的城市代码见表 13－1。

表 13－1　全国城市代码

101010100＝北京	101020100＝上海	101030100＝天津	101040100＝重庆
101010200＝海淀	101020200＝闵行	101030200＝武清	101040200＝永川
101010300＝朝阳	101020300＝宝山	101030300＝宝坻	101040300＝合川
101010400＝顺义	101020400＝川沙	101030400＝东丽	101040400＝南川
101010500＝怀柔	101020500＝嘉定	101030500＝西青	101040500＝江津
101010600＝通州	101020600＝南汇	101030600＝北辰	101040600＝万盛
101010700＝昌平	101020700＝金山	101030700＝宁河	101040700＝渝北
101010800＝延庆	101020800＝青浦	101030800＝汉沽	101040800＝北碚

续 表

101010900=丰台	101020900=松江	101030900=静海	101040900=巴南
101011000=石景山	101021000=奉贤	101031000=津南	101041000=长寿
101011100=大兴	101021100=崇明	101031100=塘沽	101041100=黔江
101011200=房山	101021101=陈家镇	101031200=大港	101041200=万州天城
101011300=密云	101021102=引水船	101031300=平台	101041300=万州龙宝
101011400=门头沟	101021200=徐家汇	101031400=蓟县	101041400=涪陵
101011500=平谷	101021300=浦东		101041500=开县
101011600=八达岭			101041600=城口
……	……	……	……

整体项目获取公共气象信息并完成解析与显示的主要环节如下：

1. 确定共享数据网址接口；
2. 向接口发送请求信息；
3. 服务器返回 JSON 数据；
4. 解析并处理返回的数据。

任务目标

1. 新建一个天气预报项目界面；
2. 设计界面布局,实现对应的天气信息的显示；
3. 实现网络资源数据文件的下载；
4. 实现对下载到本地的 JSO 数据解析并在界面上显示。

具体的设计如图 13-9 所示。

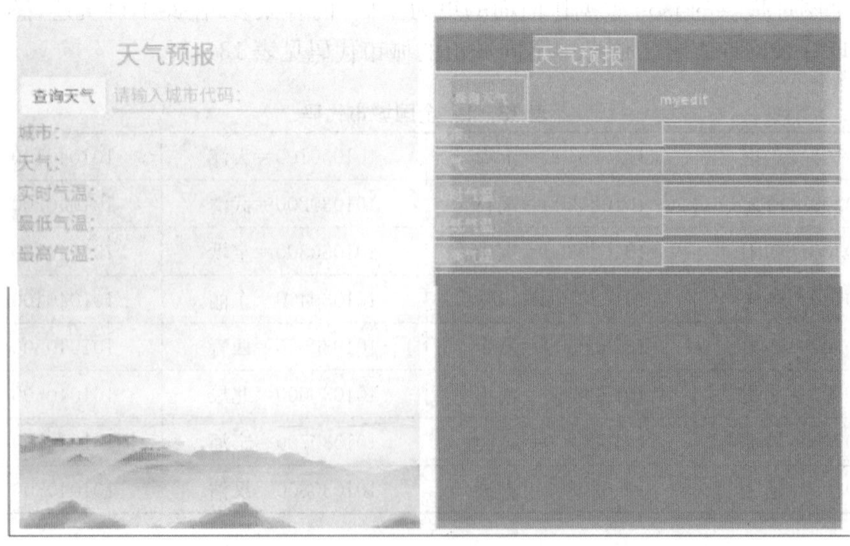

图 13-9　在线天气预报项目设计界面

任务实施

步骤 1　修改界面布局文件 activity_main. xml,文件代码如下:

```
<?xml version = "1.0" encoding = "utf-8"?>
<LinearLayout xmlns:android = "http://schemas.android.com/apk/res/android"
    android:layout_width = "match_parent"
    android:layout_height = "wrap_content"
    android:background = "@drawable/sunset"
    android:orientation = "vertical">
  <ImageView
        android:id = "@ + id/imageView"
        android:layout_width = "250dp"
        android:layout_height = "60dp"
        android:layout_gravity = "center_horizontal"
        android:foreground = "@drawable/gloriousday"
        android:src = "@mipmap/ic_launcher"/>
  <EditText
        android:id = "@ + id/mpath"
        android:layout_width = "match_parent"
        android:layout_height = "wrap_content"
        android:background = "@android:color/white"
        android:textSize = "15dp"
        android:text = "请输入网址:"/>
  <LinearLayout
        android:layout_width = "match_parent"
        android:layout_height = "wrap_content"
        android:orientation = "horizontal">
  <Button
            android:id = "@ + id/btn_online_play"
            android:layout_width = "wrap_content"
            android:layout_height = "wrap_content"
            android:background = "@android:color/holo_orange_light"
            android:onClick = "startMusic"
            android:text = "在线播放>>点此按钮"/>
  <Button
            android:id = "@ + id/btnAV"
            android:layout_width = "wrap_content"
            android:layout_height = "wrap_content"
            android:background = "@android:color/holo_green_light"
```

```
            android:text = "播放/暂停音乐"/>
    <Button
            android:id = "@ + id/btn_stop"
            android:layout_width = "wrap_content"
            android:layout_height = "wrap_content"
            android:background = "@android:color/holo_orange_light"
            android:onClick = "stopMusic"
            android:text = "停止播放"/>
    </LinearLayout>
<SeekBar
        android:id = "@ + id/music_progress"
        android:layout_width = "match_parent"
        android:layout_height = "wrap_content"
        android:max = "100"/>
</LinearLayout>
```

步骤 2　创建连网工具类 HttpDownInfo.java，实现数据信息的下载。

```
package com.example.webtianqi;

    import java.io.BufferedReader;
    import java.io.IOException;
    import java.io.InputStreamReader;
    import java.net.HttpURLConnection;
    import java.net.URL;

    public class HttpDownInfo {

    private URL url = null;
    /** 根据 URL 下载文件
     * 1. 创建一个 URL 对象
     * 2. 通过 URL 对象,创建一个 HttpURLConnection 对象
     * 3. 得到 InputStream
     * 4. 从 InputStream 当中读取数据
     * @param urlStr
     * @return
     */
    public String download(String urlStr) {
        StringBuffer sb = new StringBuffer();
        String line = null;
        BufferedReader buffer = null;
```

```
        try {
            url = new URL(urlStr);
            HttpURLConnection urlConn = (HttpURLConnection) url.openConnection();
            urlConn.setRequestMethod("GET");
            urlConn.setConnectTimeout(8 000);
            urlConn.setReadTimeout(8 000);
            buffer = new BufferedReader(new InputStreamReader(
                    urlConn.getInputStream()));
            while ((line = buffer.readLine()) != null) {
                sb.append(line);
        }

        } catch (Exception e) {
            e.printStackTrace();
        } finally {
            try {
                buffer.close();
            } catch (IOException e) {
                e.printStackTrace();
            }
        }
        return sb.toString();
    }
}
```

步骤 3　创建 JSON 解析类，实现 JSON 数据的解析。

```
package com.example.nettianqi1;

    import java.util.ArrayList;
    import java.util.HashMap;
    import java.util.List;
    import java.util.Map;

    import org.json.JSONObject;

public class JsonUtil {

    public List<Map<String, Object>> getInformation(String jonString) throws Exception {
        JSONObject jsonObject = new JSONObject(jonString);
        JSONObject retData = jsonObject.getJSONObject("weatherinfo");
```

```
        List<Map<String,Object>> all = new ArrayList<Map<String,Object>>();
        Map<String,Object> map = new HashMap<String,Object>();
        map.put("cityName",retData.optString("city"));
        map.put("weather",retData.optString("weather"));
        map.put("temp",retData.optString("temp2"));
        map.put("l_temp",retData.optString("temp1"));
        map.put("h_temp",retData.optString("temp2"));
        all.add(map);
        return all;
    }
}
```

步骤 4 修改完善主程序文件 MainActivity.java，实现对数据控件的操作，文件代码为：

```
package com.example.webtianqi;

    import java.util.Iterator;
    import java.util.List;
    import java.util.Map;
    import android.annotation.SuppressLint;
    import android.app.Activity;
    import android.app.ProgressDialog;
    import android.os.Bundle;
    import android.os.Handler;
    import android.os.Message;
    import android.util.Log;
    import android.view.View;
    import android.view.View.OnClickListener;
    import android.widget.Button;
    import android.widget.EditText;
    import android.widget.TextView;

public class MainRepo extends Activity {
    private EditText citynameEditText;
    private Button searchWeatherButton;
    private TextView citynametTextView;
    private TextView weahterTextView;
    private TextView tempTextView;
    private TextView h_tempTextView;
    private TextView l_tempTextView;
    String jonString;
```

```
ProgressDialog progressDialog;
private static final int SET = 1;
@SuppressLint("HandlerLeak")
private Handler handler = new Handler() {

    @Override
    public void handleMessage(Message msg) {
        switch (msg.what) {
        case SET:
            JsonUtil util = new JsonUtil();
            try {
                List<Map<String,Object>> all = util.getInformation(msg.obj.toString());
                Iterator<Map<String,Object>> iterator = all.iterator();
                while (iterator.hasNext()) {
                    Map<String,Object> map = iterator.next();
                    Log.d("天气",map.get("weather").toString());
                    citynametTextView.setText(map.get("cityName").toString());
                    weahterTextView.setText(map.get("weather").toString());
                    tempTextView.setText(map.get("temp").toString());
                    h_tempTextView.setText(map.get("l_temp").toString());
                    l_tempTextView.setText(map.get("h_temp").toString());
                }
            } catch (Exception e) {
                e.printStackTrace();
            } finally {
            }
            break;
        }
    }
};

public void onCreate(Bundle savedInstanceState) {
    super.onCreate(savedInstanceState);//生命周期方法
    super.setContentView(R.layout.activity_webtianqi);//设置要使用的布局管理器
    citynameEditText = (EditText) findViewById(R.id.myedit);
    searchWeatherButton = (Button) findViewById(R.id.searchweather);
    citynametTextView = (TextView) findViewById(R.id.city);
    weahterTextView = (TextView) findViewById(R.id.weather);
    tempTextView = (TextView) findViewById(R.id.temp);
    h_tempTextView = (TextView) findViewById(R.id.h_temp);
    l_tempTextView = (TextView) findViewById(R.id.l_temp);
```

```
        searchWeatherButton.setOnClickListener(new OnClickListener() {
            public void onClick(View v) {
                new Thread(new NewThread()).start();
                Log.d("按键","Success");
            }
        });
    }

    private class NewThread implements Runnable {
        public void run() {
            String address = "http://www.weather.com.cn/data/cityinfo/101020100.html";
            HttpDownInfo httpDownloader = new HttpDownInfo();
            String jonString = httpDownloader.download(address);
            Message msg = MainRepo.this.handler.obtainMessage(MainRepo.SET, jonString);
            MainRepo.this.handler.sendMessage(msg);
            Log.i("aaa",msg.toString());
        }
    }
}
```

步骤 5 设置清单文件中的权限，具体内容为：

<uses-permission android:name="android.permission.INTERNET"/>

步骤 6 运行虚拟机，运行该应用程序，具体效果见图 13－10。

图 13－10 在线天气预报显示效果

知识拓展

项目评价

项目学习情况评价如表 13－2 所示。

表 13－2　项目学习情况评价表

项目	方面	等级(分别为 5、4、3、2、1 分)	自我评价	同伴评价	导师评价
态度情感目标	态度认真	1. 认真听导师的讲解； 2. 认真完成导师布置的作业； 3. 积极发言、讨论学习问题。			
	团结合作	1. 善于沟通； 2. 虚心听取别人的意见； 3. 能够团结合作。			
	分析思维	1. 能有条理地表达自己的意见； 2. 解决问题的过程清楚； 3. 能创新思考，做事有计划。			
知识技能目标	掌握知识	1. 了解网络信息访问的方法； 2. 了解提供信息给网络服务器的方法； 3. 掌握实现 webView 打开网页的步骤； 4. 掌握下载天气数据的内容及格式； 5. 了解 Json 解析数据的使用方法。			
	职业能力	1. 能简述网络访问的操作方法； 2. 能讲述实现打开网页的操作过程； 3. 能说明 Json 文件的解析操作过程； 4. 能掌握 Json 的读写应用。			
综合评价					

项目十三 习题

一、选择题

1. 使用 loadUrl()方法加载网页文件时的方式不正确的是(　　)。

A. webView. loadUrl("file:///android_asset/test. html");

B. webView. loadUrl("content://com. android. htmlfileprovider/sdcard/test. html");

C. webView. loadUrl("https://www. cnblogs. com/iandroid/");

D. webView. loadData(String data,Int mimeType,String encoding);

2. 国家气象局提供了 3 种数据的形式,不包括哪一个网址?(　　)。

A. http://www. weather. com. cn/data/sk/xxxxxxxxx. html

B. http://www. weather. com. cn/data/cityinfo/xxxxxxxxx. html

C. http://m. weather. com. cn/data/xxxxxxxxx. html

D. http://m. baidu. com. cn/data/xxxxxxxxx. html

3. 使用 HttpUrlConnection 实现移动互联时,设置读取超时属性的方法是(　　)。

A. setTimeout()　　B. setReadTimeout()

C. setConnectTimeout()　　D. setRequestMethod()

4. 使用 HttpURLConnection 的 Get 方式请求数据时,下列哪个属性是必须设置的?(　　)

A. connection. setDoOutput(true)

B. connection. connect()

C. connection. setRequestMethod("POST")

D. connection. setDoInput(true)

5. 假设 assets 目录下有文件结构 html/hello. html,用 loadUrl()方法将该网页加载至 WebView 时,须传入的参数是(　　)。

A. file:///asset/html/hello. html　　B. file:///android_asset/html/hello. html

C. file:///androidasset/hello. html　　D. file:///assets/html/hello. html

6. 若在网页中超链接时,在 WebView 中显示网页,则需要覆盖 WebViewClient 类(　　)方法。

A. shouldOverrideUrlLoading　　B. onPageStarted

C. loadUrl　　D. show

7. Android 中网络互联中需要获取状态码,根据状态码来判断请求是否已经完成,下列状态码表示请求完成的是(　　)。

A. 100　　B. 202　　C. 404　　D. 200

二、填空题

1. 可以用来辅助 WebView 设置属性和状态的类是________。

2. 给 ListView 设置适配器的方法是________。

3. httpClient 发送请求的方法是________。

4. 用 WebView 实现网页访问的方法，可以在布局文件中添加 WebView 控件，另一种方法是调用________方法，直接通过________代码创建。

5. 在国家气象局提供的天气公共信息中，城市的代号是由________位组成的。

三、简答题

1. 简述 HttpClient 与 HttpUrlConnection 的区别。
2. 简述 http 的 get 和 post 的区别。
3. 简述 socket 和 http 的区别。

答案

网络音乐播放器制作

项目情景

本项目以网络音乐播放器的制作为依据，了解掌握 Android 系统的网络功能以及关于网络资源的应用操作。

在本项目中，小康同学接到的新任务是利用移动网络的优势，为用户搜寻网络资源，实现网络音乐的查找和播放。通过制作手机的网络音乐播放器应用项目，对指定网址的音乐进行播放。

学习目标

1. 了解 Android 网络信息的表达方法；
2. 了解 Android 网络信息数据传递；
3. 掌握 Android 网络音乐资源播放；
4. 了解 Android 多媒体数据应用技术。

任务一 用媒体播放控件创建音乐播放器

任务描述

按作用的不同，Android 系统对声音的支持技术可分为即时音效和背景音乐，2 种音效在 Android 中的实现方法是不同的。具体来说，2 种实现方式分别采了 SoundPool 类和 MediaPlayer 类。两者的主要区别是：

SoundPool 类的机制是将声音资源加载到内存中，然后在需要播放的地方播放，几乎没有时延，但是这样的机制限制了加载文件的大小。SoundPool 类可实现同时播放多个声音，如游戏中的音效等小资源文件，此类音频比较适合放到资源文件夹 res/raw 下和程序一起打成 APK 文件。

MediaPlayer 类适合播放较大文件，这类文件应存储在 SD 卡或网络上，在播放音频的时候需要缓冲,会占用大量的系统资源,并且播放时有较大的时延。

关于 MediaPlayer 类,用法如下:

```
1. 从资源文件播放
MediaPlayer player = new MediaPlayer.create(this,R.raw.test);
player.stare();        //音效文件较小
2. 从文件系统播放
MediaPlayer player = new MediaPlayer();
String path = "/sdcard/test.mp3";
player.setDataSource(path);
player.prepare();
player.start();
3. 从网络播放
1) 通过 URI 的方式:
String path = "http://**************.mp3";
//这里给一个歌曲的网络地址就行了
Uri uri = Uri.parse(path);
MediaPlayer player = new MediaPlayer.create(this,uri);
player.start();
```

考虑到应用的针对性,本项目内容只介绍背景音乐的 MediaPlayer 类的相关技术。

另外需要说明的是,为了便于对比,本任务先实现本地音乐的播放功能,在下一个任务中,再实现网上资料的下载和播放。

任务分析

在应用 MediaPlayer 类时,首先要新建实例,然后确定文件来源,再调用对应的方法实现音乐的播放。本任务重点解决播放网络音乐的功能实现。

通过设计制作一个播放网络音乐的项目,要求界面有按钮选项,可以停止、播放、暂停音乐。通过列表显示本地文件夹中保存的音乐名目,选择相应的音乐,然后通过按钮操作,播放相应的音频文件。

具体实现方法包括以下方面:

1. 获得 MediaPlayer 实例

可以使用直接 new 的方式:

MediaPlayer mp=new MediaPlayer();

也可以使用 create 的方式:

MediaPlayer mp = MediaPlayer. create (this, R. raw. test);//这时就不再调用 setDataSource 了

2. 设置要播放的文件

MediaPlayer 要播放的文件主要包括 3 个来源:

1)用户在应用中事先自带的 resource 资源

例如:MediaPlayer. create(this,R. raw. mymusic1);

2)存储在 SD 卡或其他文件路径下的媒体文件

例如:mp. setDataSource("/sdcard/mymusic1. mp3");

3)网络上的媒体文件

例如:mp. setDataSource("http://www. yinyuetai. cn/music/confucius. mp3");

关于 Android 中 MediaPlayer 的 setDataSource 一共有四个方法:

setDataSource (String path)

setDataSource (FileDescriptor fd)

setDataSource (Context context,Uri uri)

setDataSource (FileDescriptor fd,long offset,long length)

其中用 FileDescriptor 时,需要将文件放到与 res 平级的 assets 文件夹里,然后使用:

AssetFileDescriptor fileDescriptor=getAssets(). openFd("mymusic. mp3");

m _ mediaPlayer. setDataSource (fileDescriptor. getFileDescriptor ( ), fileDescriptor. getStartOffset(),fileDescriptor. getLength());来设置 datasource。

任务目标

1. 创建一个应用程序,设计项目界面,实现布局设计;
2. 设计 3 个功能按钮分别为"播放、弹出和停止"和歌曲选择列表;
3. 编写代码实现播放控制操作音频文件。

具体效果见图 14-1。

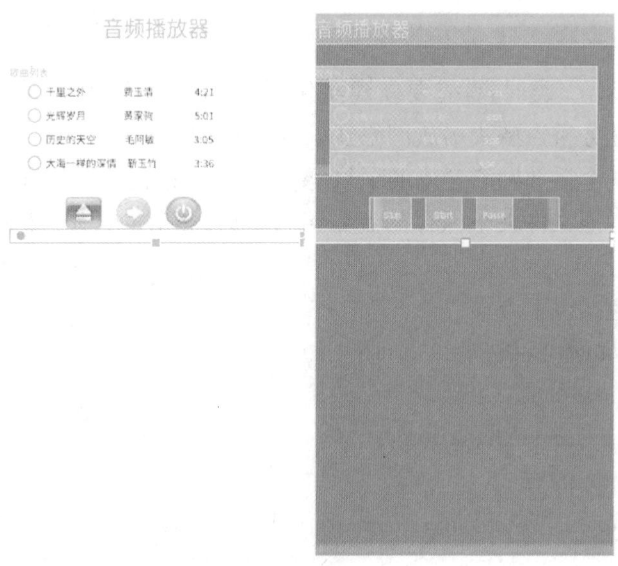

图 14-1 本地音乐播放器界面

任务实施

下面结合本地音乐，来具体实施创建音乐播放器的应用，进一步了解 MediaPlayer 的应用。

步骤 1　新建播放器应用项目，设计界面布局，文件 activity_main. xml 代码为：

```
<?xml version = "1.0" encoding = "utf-8"?>
<LinearLayout xmlns:android = "http://schemas.android.com/apk/res/android"
    android:orientation = "vertical"
    android:layout_width = "fill_parent"
    android:layout_height = "fill_parent">
    <TextView
        android:id = "@ + id/text1"
        android:layout_width = "fill_parent"
        android:layout_height = "wrap_content"
        android:gravity = "center"
        android:text = "音频播放器"
        android:textSize = "30sp"/>

    <LinearLayout
        android:layout_width = "wrap_content"
        android:layout_height = "wrap_content"
        android:layout_marginTop = "30sp"
        android:orientation = "vertical">

        <TextView
            android:id = "@ + id/textView"
            android:layout_width = "match_parent"
            android:layout_height = "wrap_content"
            android:text = "歌曲列表"/>

        <RadioGroup
            android:layout_width = "367dp"
            android:layout_height = "wrap_content"
            android:layout_marginStart = "20dp">

            <RadioButton
                android:id = "@ + id/r1"
                android:layout_width = "match_parent"
                android:layout_height = "wrap_content"
```

```
            android:text="千里之外      费玉清      4:21"/>

        <RadioButton
            android:id="@+id/r2"
            android:layout_width="match_parent"
            android:layout_height="wrap_content"
            android:text="光辉岁月      黄家驹      5:01"/>

        <RadioButton
            android:id="@+id/r3"
            android:layout_width="match_parent"
            android:layout_height="wrap_content"
            android:text="历史的天空      毛阿敏      3:05"/>

        <RadioButton
            android:id="@+id/r4"
            android:layout_width="match_parent"
            android:layout_height="wrap_content"
            android:text="大海一样的深情      靳玉竹      3:36"/>
    </RadioGroup>
</LinearLayout>

<LinearLayout
    android:layout_width="260dp"
    android:layout_height="43dp"
    android:layout_alignment="center"
    android:layout_gravity="center_horizontal"
    android:layout_marginTop="30sp"
    android:orientation="horizontal">

    <ImageButton
        android:id="@+id/Stop"
        android:layout_width="wrap_content"
        android:layout_height="match_parent"
        android:layout_marginLeft="5dp"
        android:background="@drawable/reset1"/>

    <ImageButton
        android:id="@+id/Start"
        android:layout_width="wrap_content"
        android:layout_height="match_parent"
```

```
            android:layout_marginLeft = "20sp"
            android:background = "@drawable/start"/>

        <ImageButton
            android:id = "@ + id/Pause"
            android:layout_width = "wrap_content"
            android:layout_height = "match_parent"
            android:layout_marginLeft = "20sp"
            android:background = "@drawable/stop"/>
    </LinearLayout>

    <SeekBar
        android:id = "@ + id/seekBar"
        android:layout_width = "match_parent"
        android:layout_height = "wrap_content"/>
</LinearLayout>
```

步骤 2 新建主程序文件 MainActivity. java,代码为:

```
package com. android. mmusicplay;

    import android. os. Bundle;
    import android. app. Activity;
    import android. media. MediaPlayer;
    import android. util. Log;
    import android. view. View;
    import android. view. View. OnClickListener;
    import android. widget. ImageButton;
    import android. widget. RadioButton;
    import android. widget. TextView;
public class MainActivity extends Activity {
    RadioButton r1,r2,r3,r4;
    TextView txt;
    ImageButton mStopButton,mStartButton,mPauseButton;
    MediaPlayer mMediaPlayer;
    int res_file1 = R. raw. mythousandmile;
    int res_file2 = R. raw. myglorial;
    int res_file3 = R. raw. historysky;
    int res_file4 = R. raw. seelikelove;

    @Override
```

```
public void onCreate(Bundle savedInstanceState) {
    super.onCreate(savedInstanceState);
    setContentView(R.layout.activity_main);
    /*构建 MediaPlayer 对象*/
    mMediaPlayer = new MediaPlayer();
    r1 = (RadioButton) findViewById(R.id.r1);
    r2 = (RadioButton) findViewById(R.id.r2);
    r3 = (RadioButton) findViewById(R.id.r3);
    r4 = findViewById(R.id.r4);
    txt = (TextView) findViewById(R.id.text1);
    mStopButton = (ImageButton) findViewById(R.id.Stop);
    mStartButton = (ImageButton) findViewById(R.id.Start);
    mPauseButton = (ImageButton) findViewById(R.id.Pause);
    mStopButton.setOnClickListener(new mStopClick());
    mStartButton.setOnClickListener(new mStartClick());
    mPauseButton.setOnClickListener(new mPauseClick());
}
/*停止按钮事件*/
class mStopClick implements OnClickListener {
    @Override
    public void onClick(View v) {
        /*是否正在播放*/
        if (mMediaPlayer.isPlaying()) {
            //重置 MediaPlayer 到初始状态
            mMediaPlayer.reset();
        }
    }
}
/*播放按钮事件*/
class mStartClick implements OnClickListener {
    @Override
    public void onClick(View v) {
        if (r1.isChecked()) {
            if (mMediaPlayer.isPlaying()) {
                //重置 MediaPlayer 到初始状态
                mMediaPlayer.reset();
                mMediaPlayer.release();
            }
            try {
                mMediaPlayer = MediaPlayer.create(MainActivity.this,res_file1);
                mMediaPlayer.start();
```

```
        } catch (Exception e) {
            Log.i("ch1","res err....");
        }
    }
    if (r2.isChecked()) {
        if (mMediaPlayer.isPlaying()) {
            //重置 MediaPlayer 到初始状态
            mMediaPlayer.reset();
            mMediaPlayer.release();
        }
        try {
            mMediaPlayer = MediaPlayer.create(MainActivity.this,res_file2);
            mMediaPlayer.start();
        } catch (Exception e) {
            Log.i("ch1","res err....");
        }
    }
    if (r3.isChecked()) {
        if (mMediaPlayer.isPlaying()) {
            //重置 MediaPlayer 到初始状态
            mMediaPlayer.reset();
            mMediaPlayer.release();
        }
        try {
            mMediaPlayer = MediaPlayer.create(MainActivity.this,res_file3);
            mMediaPlayer.start();
        } catch (Exception e) {
            Log.i("ch1","res err....");
        }
    }
    if (r4.isChecked()) {
        if (mMediaPlayer.isPlaying()) {
            //重置 MediaPlayer 到初始状态
            mMediaPlayer.reset();
            mMediaPlayer.release();
        }
        try {
            mMediaPlayer = MediaPlayer.create(MainActivity.this,res_file4);
            mMediaPlayer.start();
        } catch (Exception e) {
            Log.i("ch1","res err....");
```

```
                    }
                }
            }
        }
        /* 暂停按钮事件 */
        class mPauseClick implements OnClickListener {
            @Override
            public void onClick(View v) {
                if (mMediaPlayer.isPlaying()) {
                    /* 暂停 */
                    mMediaPlayer.pause();
                } else {
                    /* 开始播放 */
                    mMediaPlayer.start();
                }
            }
        }
    }
```

步骤 3　将音乐素材文件 historicsky.mp3 等 4 个文件上传，存放到 res\raw 文件夹下，注意 raw 文件夹需要用户自己单独创建。

步骤 4　将按钮图标文件复制到 res\drawable 文件夹下。

实现后的音乐播放器的状态见图 14-2，当用鼠标单击选择音乐文件后，单击播放按钮即可播放选中的音乐。

图 14-2　本地音乐播放器的实现

任务二　创建网络音乐播放器

任务描述

互联网上的资源是丰富多彩的，视频音乐资源也非常多，所以网络音乐播放 APP 是很实用的一个应用。本任务要求在指定网络地址的基础上，能下载该指定的文件，并且播放这个文件。

任务分析

实现播放网上音乐的项目，关键是要确定真实的资源位置，当前的音乐网站为了安全，全部都屏蔽了资料的真实地址，需要通过浏览器分析才能找到。本任务中提供了作者自己在网站上保存的资源，可以正常访问，在界面设计上要求有网址输入的界面布局，可以实现停止、播放音乐的功能。能通过 URL 地址查找相应的音乐，最后通过播放按钮，播放相应的音频文件。

任务目标

1. 新建一个音乐播放应用界面；
2. 设计界面布局，实现对应的显示布局；
3. 实现网络资源文件的下载；
4. 实现网络文件的播放。

具体的设计如图 14－3 所示。

图 14－3　网上音乐播放产设计界面

任务实施

步骤1 修改界面布局文件 activity_main. xml,代码为:

```
<?xml version="1.0" encoding="utf-8"?>
<LinearLayout xmlns:android="http://schemas.android.com/apk/res/android"
    android:layout_width="match_parent"
    android:layout_height="wrap_content"
    android:background="@drawable/sunset"
    android:orientation="vertical">
  <ImageView
        android:id="@+id/imageView"
        android:layout_width="250dp"
        android:layout_height="60dp"
        android:layout_gravity="center_horizontal"
        android:foreground="@drawable/gloriousday"
        android:src="@mipmap/ic_launcher"/>
  <EditText
        android:id="@+id/mpath"
        android:layout_width="match_parent"
        android:layout_height="wrap_content"
        android:background="@android:color/white"
        android:textSize="15dp"
        android:text="请输入网址:"/>
  <LinearLayout
        android:layout_width="match_parent"
        android:layout_height="wrap_content"
        android:orientation="horizontal">
  <Button
            android:id="@+id/btn_online_play"
            android:layout_width="wrap_content"
            android:layout_height="wrap_content"
            android:background="@android:color/holo_orange_light"
            android:onClick="startMusic"
            android:text="在线播放>>点此按钮"/>
  <Button
            android:id="@+id/btnAV"
            android:layout_width="wrap_content"
            android:layout_height="wrap_content"
            android:background="@android:color/holo_green_light"
```

```
            android:text="播放/暂停音乐"/>
    <Button
            android:id="@+id/btn_stop"
            android:layout_width="wrap_content"
            android:layout_height="wrap_content"
            android:background="@android:color/holo_orange_light"
            android:onClick="stopMusic"
            android:text="停止播放"/>
    </LinearLayout>
  <SeekBar
        android:id="@+id/music_progress"
        android:layout_width="match_parent"
        android:layout_height="wrap_content"
        android:max="100"/>
</LinearLayout>
```

步骤 2 修改主程序文件 MainActivity.java，代码为：

```
package com.android.mnetmusicx2;
    import androidx.appcompat.app.AppCompatActivity;
    import android.media.AudioManager;
    import android.media.MediaPlayer;
    import android.os.Bundle;
    import android.view.View;
    import android.widget.Button;
    import android.widget.TextView;
public class MainActivity extends AppCompatActivity {
    private Button mstart;
    private Button mstop;
    private Button mpause;
    private TextView mypath;
String filepath="https://audio.cos.xmcdn.com/group73/M03/13/66/wKgOOV6Zrqi
DxZrvABaMYTNAbsc156.m4a";
    MediaPlayer mediaPlayer;
    MediaPlayer mediaVplayer;
    @Override
    protected void onCreate(Bundle savedInstanceState) {
        super.onCreate(savedInstanceState);
        setContentView(R.layout.activity_main);
        mstart=findViewById(R.id.btn_online_play);
        mstop=findViewById(R.id.btn_stop);
```

```
        mypath = findViewById(R.id.mpath);
        mpause = findViewById(R.id.btnAV);
        mstart.setOnClickListener(new View.OnClickListener() {
            @Override
            public void onClick(View view) {
                startMusic();
            }
        });
        mstop.setOnClickListener(new View.OnClickListener() {
            @Override
            public void onClick(View view) {
                stopMusic();
            }
        });
        mpause.setOnClickListener(new View.OnClickListener(){
            Boolean state = true;
            @Override
            public void onClick(View view){
                if (state) {
                  mediaPlayer.pause();
                  state = false;
                }
                else {
                    mediaPlayer.start();
                    state = true;
                }
            }
        });
    }
    private void startMusic() {
      String nowMusic = filepath;
        try {
                mediaPlayer = new MediaPlayer();
                mediaPlayer.setDataSource(nowMusic);      //设置播放的数据源.
                mediaPlayer.setAudioStreamType(AudioManager.STREAM_MUSIC);
                //mediaPlayer.prepare();                   //同步的准备方法.
                mediaPlayer.prepareAsync();               //异步的准备
                mediaPlayer.setOnPreparedListener(new MediaPlayer.OnPreparedListener() {
                  @Override
                    public void onPrepared(MediaPlayer mp) {
```

```
                    mediaPlayer.start();
                    mstart.setEnabled(false);
                    mypath.setText(filepath);
                    mediaPlayer.start();
                }
            });
            mediaPlayer.setOnCompletionListener(new MediaPlayer.OnCompletionListener() {
                @Override
                public void onCompletion(MediaPlayer mp) {
                    mstart.setEnabled(true);
                }
            });
        } catch (Exception e) {
            e.printStackTrace();
        }
    }
    public void stopMusic() {
        if(mediaPlayer!= null&&mediaPlayer.isPlaying()){
            mediaPlayer.stop();
            mediaPlayer.release();
            mediaPlayer = null;
        }
        mstart.setEnabled(true);
    }
}
```

步骤 3　设置清单文件中的权限，具体内容为：

<uses-permission android: name = "android.permission.INTERNET"/>

<uses-permission android: name = "android.permission.READ_EXTERNAL_STORAGE"/>

<uses-permission android: name = "android.permission.WRITE_EXTERNAL_STORAGE"/>

<uses-permission android: name = "android.permission.ACCESS_NETWORK_STATE"/>

经过上面的操作，即可实现对网上音乐文件的播放。

步骤 4　运行虚拟机，运行该应用程序，具体效果见图 14-4。

知识拓展

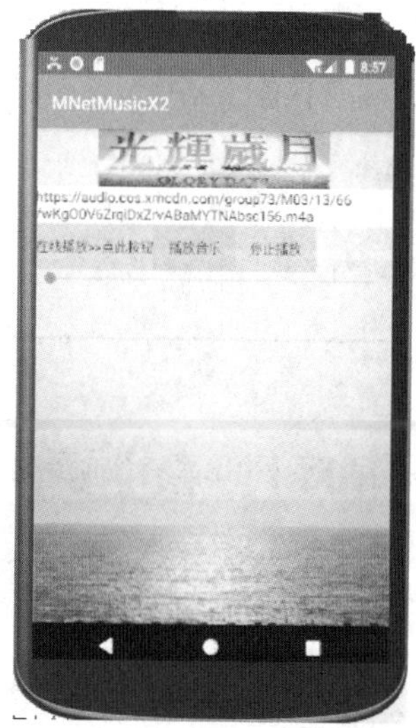

图 14-4　网络音乐播放器

项目评价

项目学习情况评价如表 14－1 所示。

表 14－1　项目学习情况评价表

项目	方面	等级(分别为 5、4、3、2、1 分)	自我评价	同伴评价	导师评价
态度情感目标	态度认真	1. 认真听导师的讲解； 2. 认真完成导师布置的作业； 3. 积极发言、讨论学习问题。			
	团结合作	1. 善于沟通； 2. 虚心听取别人的意见； 3. 能够团结合作。			
	分析思维	1. 能有条理地表达自己的意见； 2. 解决问题的过程清楚； 3. 能创新思考，做事有计划。			
知识技能目标	掌握知识	1. 了解常用音乐播放类； 2. 掌握实现音乐播放的操作方法； 3. 掌握实现音乐播放的操作步骤。			
	职业能力	1. 能简述媒体播放类的名称及特点； 2. 能讲述音乐文件播放的操作过程； 3. 能实现资源类文件的操作； 4. 能实现网络音乐文件的操作。			
综合评价					

项目十四 习题

一、选择题

1. 使用 MediaPlayer 播放音乐，以下(　　)是用于暂停播放音乐的方法。

A. start()　　　　B. resume()

C. replay()　　　　D. pause()

2. MediaPlayer 播放资源前,需要调用哪个方法完成准备?( )

A. setDataSource B. prepare C. begin D. pause

3. 表示下拉列表的组件是( )。

A. Gallery B. Spinner C. GridView D. ListView

4. 拖动条组件是( )。

A. RatingBar B. ProgressBar C. SeekBar D. ScrollBar

5. 创建 Menu 需要重写的方法是( )。

A. onOptionsCreateMenu(Menu menu)

B. onOptionsCreateMenu(MenuItem menu)

C. onCreateOptionsMenu(Menu menu)

D. onCreateOptionsMenu(MenuItem menu)

6. 下列用于显示一系列图像的是( )。

A. ImageView B. Gallery

C. imageSwitcher D. Gridview

二、填空题

1. android 系统中的多媒体播放组件是________。
2. android 系统中专门用于录音的组件是________。
3. android 中的 3 种适配器是 SimplAdapter、________、BaseAdapter。
4. mediaPlay 播放资源文件的命令格式为:MediaPlayer. create(________)。
5. mediaPlay 播放网络文件的命令格式为:MediaPlayer. create(________)。

三、简答题

用 MediaPlayer 类实现播放音乐文件的操作是什么?

答案

网络视频播放器制作

项目情景

视频播放在移动网络整体应用的占比越来越大，尤其是网络直播、视频课程的普及，视频播放功能已经成为移动网络应用中最重要的项目之一。因此本项目以实现视频播放为目标，设计制作视频播放器，学习掌握视频技术的应用。

在本项目中，小康同学接到新任务是将智能化手机的视频技术应用到项目中，具体任务是制作手机的视频播放器应用，播放指定的视频文件、随机的机内视频文件。

学习目标

1. 了解 Android 视频技术的相关类；
2. 了解 Android 视频技术的特点；
3. 掌握 Android 视频技术的实现；
4. 了解 Android 视频技术的应用。

任务一 创建本地视频播放器

任务描述

播放视频文件，需要用到视频控件类。Android 提供了常见的视频的编码、解码机制。Android 自带 VideoActivity、MediaPlayer、MediaController 等类，可以很方便地实现视频播放的功能。支持的视频格式有 MP4 和 3GP 等。这些多媒体数据可以来自 Android 应用的资源文件，也可以来自外部存储器上的文件，甚至可以是来自网络上的文件流。

一般来说，Android 的视频播放有 3 种实现方式：

1. MediaController + VideoView 实现方式

这种方式是最简单的实现方式。

实施时需要在布局文件中，加入 VideoView 的定义，然后在 VideoActivity 中获取，并使用。

```
setContentView(R.layout.activity_video);            //设定界面布局
videoView = findViewById(R.id.mVideoView);           //获取布局控件
videoView.setVideoPath(url);                         //设置播放地址
videoView.setOnPreparedListener(new MyPreparedListener());  //设置准备时的监听
videoView.setOnErrorListener(new MyErrorListener());  //设置错误监听处理
videoView.setOnCompletionListener(new MyCompletionListener());  //设置播放完毕监听
videoView.setMediaController(new MediaController(this));  //添加控制面板暂停、播放
```

2. MediaPlayer＋SurfaceView＋自定义控制器

用 VideoView 的实现方式很简单，但灵活性不够。用本方法来实现，更具自主性。

这种实现方式步骤如下：

(1) 创建 MediaPlayer 对象，并让它加载指定的视频文件（如资源文件、本地文件路径、URI 等）。

(2) 在布局文件中定义 SurfaceView 组件，并为 SurfaceView 的 SurfaceHolder 添加监听器。

(3) 调用 MediaPlayer 对象的 setDisplay(SurfaceHolder sh)，将所播放的视频图像输出到指定的 SurfaceView 组件。

(4) 调用 MediaPlayer 对象的 prepareAsync()或 prepare()方法装载流媒体文件。

(5) 调用 MediaPlayer 对象的 start()、stop()和 pause()方法控制视频的播放。

3. MediaPlayer＋SurfaceView＋MediaController

该实现方式使用的是系统自带的 MediaController 控制器。采用这个方式，布局文件只需一个 SurfaceView 即可，其他的控件都交给 MediaController 控制器处理。

任务分析

在 Android 中，视频播放主要使用 VideoView 控件，即在布局文件中设置视频播放控件，设置其属性，在程序中调用其方法。

VideoView 的常用方法见表 15-1。

表 15-1 VideoView 的常用方法

方法名称	功能描述	备注说明
setVideoPath()	设置要播放的视频文件的位置	可以是网上的位置
start()	开始或继续播放视频	可从暂停点继续播放
pause()	暂停播放视频	
resume()	将视频重新开始播放	
seekTo()	从指定位置开始播放视频	
isPlaying()	判断当前是否正在播放视频	
getDuration()	获取载入的视频文件时长	

任务目标

1. 创建 1 个视频播放应用项目，设计 videoView 视频播放界面；
2. 设计 3 个控制按钮播放、暂停、停止；
3. 设计代码实现视频的播放控制。

具体需要实现的任务见图 15 - 1。

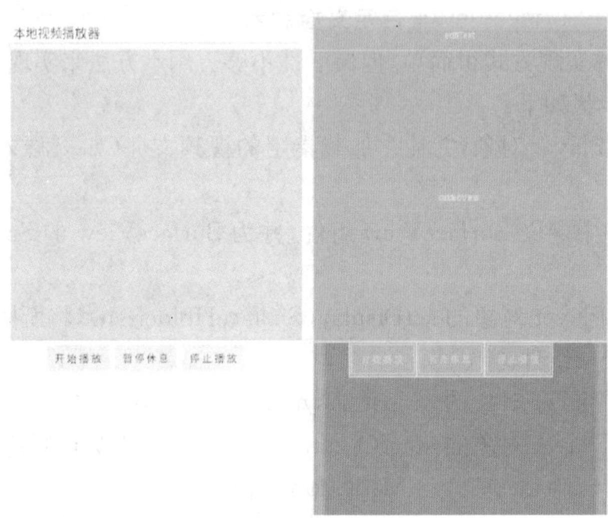

图 15 - 1　视频播放器界面

任务实施

步骤 1　新建播放器界面布局文件 activity_main. xml，代码为：

```
<?xml version="1.0" encoding="utf-8"?>
  <LinearLayout xmlns:android="http://schemas.android.com/apk/res/android"
        xmlns:tools="http://schemas.android.com/tools"
        android:layout_width="match_parent"
        android:layout_height="match_parent"
         android:orientation="vertical"
        tools:context=".MainActivity">
    <VideoView
            android:id="@+id/cvideoView"
            android:layout_width="wrap_content"
            android:layout_height="400dp"/>
    <LinearLayout
            android:layout_width="match_parent"
            android:layout_height="match_parent"
```

```
        android:orientation="horizontal">
    <Button
            android:id="@+id/startCard"
            android:layout_width="wrap_content"
            android:layout_height="wrap_content"
            android:text="开始播放"/>
    <Button
            android:id="@+id/startUri"
            android:layout_width="wrap_content"
            android:layout_height="wrap_content"
            android:text="停止播放"/>
    </LinearLayout>
  </LinearLayout>
```

步骤 2　新建主程序文件 MainActivity.java，代码为：

```
package com.android.mnetmp4x1;
    import androidx.appcompat.app.AppCompatActivity;
    import androidx.core.app.ActivityCompat;
    import android.Manifest;
    import android.content.pm.PackageManager;
    import android.os.Bundle;
    import android.os.Environment;
    import android.view.View;
    import android.widget.Button;
    import android.widget.MediaController;
    import android.widget.TextView;
    import android.widget.VideoView;
    import java.io.File;
public class MainActivity extends AppCompatActivity {
    private String filename = null;
    private Button startCard = null;
    private Button startUri = null;
    private TextView fileName = null;
    private VideoView video = null;
    private MediaController media = null;
    @Override
    protected void onCreate(Bundle savedInstanceState) {
        super.onCreate(savedInstanceState);
        setContentView(R.layout.activity_main);
        filename = Environment.getExternalStorageDirectory() + "/Movies/oneminidig.mp4";
        startCard = findViewById(R.id.startCard);
```

```
    startUri = findViewById(R.id.startUri);
        video = findViewById(R.id.cvideoView);
        media = new MediaController(this);
        String[]PERMISSIONS_STORAGE = {
        Manifest.permission.READ_EXTERNAL_STORAGE,Manifest.permission.WRITE_EXTERNAL_STORAGE};
        //读写权限  具体权限加在字符串里面
        int REQUEST_PERMISSION_CODE = 1;          //请求状态码
        //循环申请字符串数组里面的权限
        if (ActivityCompat.checkSelfPermission(this,Manifest.permission.CALL_PHONE) !=
PackageManager.PERMISSION_GRANTED) {
            ActivityCompat.requestPermissions(this,PERMISSIONS_STORAGE,REQUEST_PERMIS
SION_CODE);
            }
    startCard.setOnClickListener(new View.OnClickListener() {
        @Override
        public void onClick(View v) {
            playVideoFromFile();
        }
      });
    startUri.setOnClickListener(new View.OnClickListener() {
        @Override
        public void onClick(View v) {
            openVideoFromUri();
        }
      });
    tartRest.setOnClickListener(new View.OnClickListener() {
        Boolean mstate = true;
        @Override
        public void onClick(View v) {
          if (mstate){
                video.pause();
                mstate = false;
            }
          else{
               video.start();
               mstate = true;
          }
        }
      });
    }
    private void playVideoFromFile(){
```

```
        if(startCard.getText().toString().equals("开始播放")) {
            File file = new File(filename);
            if (file.exists()) {
            video.setVideoPath(file.getAbsolutePath());  //将 VideoView 与 MediaController 关联
                video.setMediaController(media);
                media.setMediaPlayer(video);             //让 VideoView 获取焦点
                video.requestFocus();
                video.start();
              }
        }
        else {
            video.pause();
            }
    }
    private void openVideoFromUri(){
        if(startUri.getText().toString().equals("停止播放")) {
          video.pause();
        }
        else {
          video.resume();
        }
    }
}
```

步骤 3　准备好素材文件，用设备文件工具上传视频文件，上传的位置是指定的系统默认文件夹：/sdcard/movies/，鼠标右击，选择菜单中的 upload 命令，将视频文件“oneminidig.mp4”上传，见图 15－2。

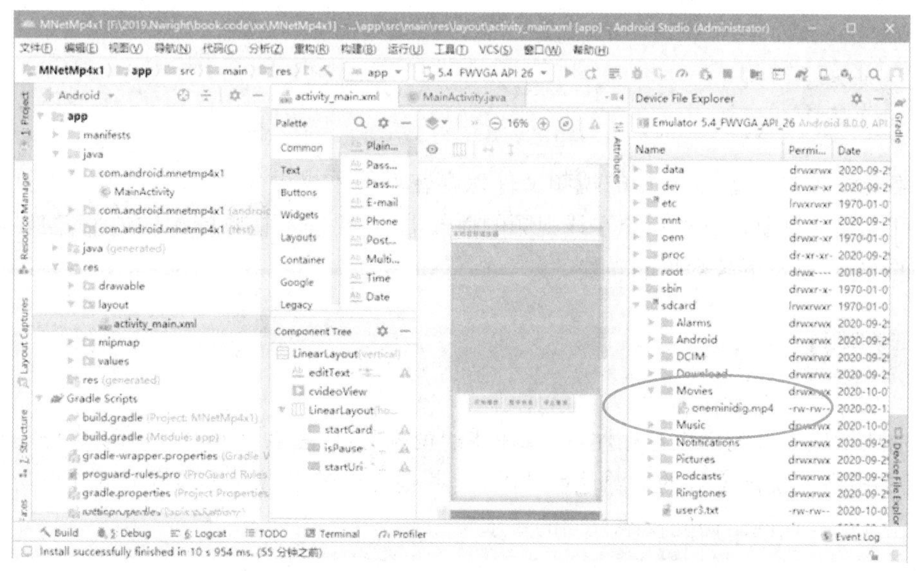

图 15－2　上传视频文件至默认的文件夹位置

步骤 4 注意在清单文件中设计权限，需要在 AndroidManifest. xml 中增加以下操作权限命令：

```
<uses-permission android:name = "android.permission.READ_EXTERNAL_STORAGE"/>
<uses-permission android:name = "android.permission.WRITE_EXTERNAL_STORAGE"/>
<uses-permission android:name = "android.permission.ACCESS_COARSE_LOCATION"/>
```

功能实现的状态见图 15 - 3。

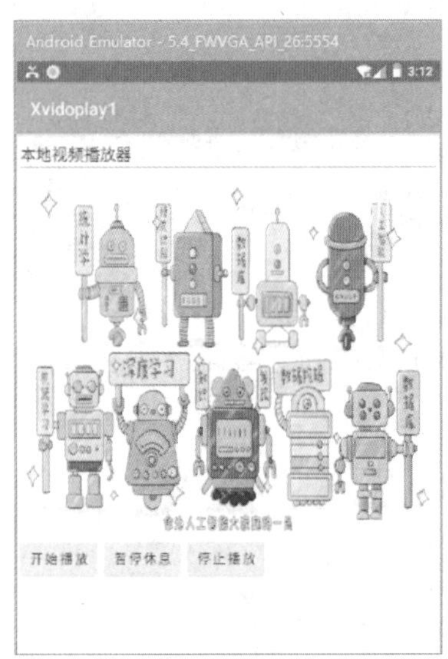

图 15 - 3　视频播放界面

任务二　实现在线视频的播放器

任务描述

网络资源非常丰富，有大量的视频文件保存在互联网网站中，查寻、利用这些资源对移动应用开发非常重要。制作一个在线视频的播放器，需要确定视频资源的地址，需要实现网络资源的访问，以及下载数据的转换。

任务分析

与播放本地文件的播放器相比，播放在线的视频文件，主要区别在于视频文件的资源位置，设计的重点是确定文件的资源地址(URL)，其他方面的设置与本地视频的播放功能基本相同。还有就是在网络访问权限方面的要求。

任务目标

1. 创建一个网络视频播放器界面；
2. 设计背景界面，整体感觉美观；
3. 设置3个按钮，实现音乐的控制；
4. 实现按钮功能，能下载、播放、停止音乐。设计界面见图15-4。

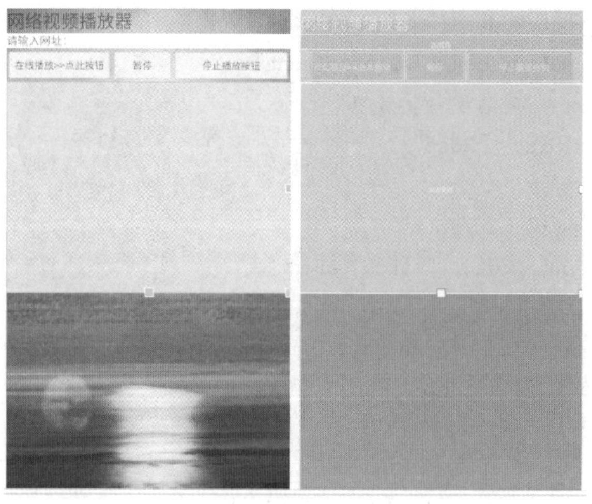

图15-4　网络视频播放器界面

任务实施

步骤1　准备素材文件，包括背景图片文件sunset.jpg等，将其复制到工程文件夹drawable下。

步骤2　修改界面布局文件activity_main.xml，实现如图15-5所示的界面，代码为：

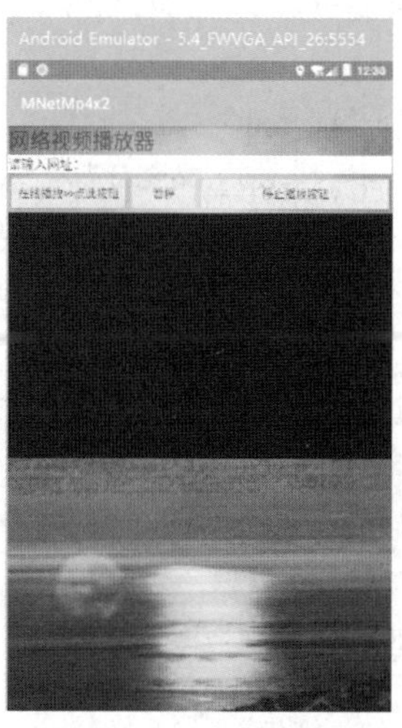

图15-5　在线视频播放器

```
<?xml version = "1.0" encoding = "utf-8"?>
<LinearLayout xmlns:android = "http://schemas.android.com/apk/res/android"
    android:layout_width = "match_parent"
    android:layout_height = "wrap_content"
    android:background = "@drawable/glorious1"
    android:orientation = "vertical">
  <TextView
        android:id = "@ + id/textView"
        android:layout_width = "match_parent"
        android:layout_height = "wrap_content"
        android:text = "网络视频播放器"
        android:textSize = "26sp"/>
  <EditText
        android:id = "@ + id/path"
        android:layout_width = "match_parent"
        android:layout_height = "wrap_content"
        android:background = "@android:color/white"
        android:textSize = "16dp"
        android:text = "请输入网址:"/>
  <LinearLayout
        android:layout_width = "match_parent"
        android:layout_height = "wrap_content"
        android:orientation = "horizontal">
    <Button
            android:id = "@ + id/btn_online_play"
            android:layout_width = "wrap_content"
            android:layout_height = "wrap_content"
            android:onClick = "startMusic"
            android:text = "在线播放>>点此按钮"/>
    <Button
            android:id = "@ + id/btn_pav"
            android:layout_width = "wrap_content"
            android:layout_height = "wrap_content"
            android:text = "暂停"/>
    <Button
            android:id = "@ + id/btn_stop"
            android:layout_width = "match_parent"
            android:layout_height = "wrap_content"
            android:onClick = "stopMusic"
            android:text = "停止播放按钮"/>
    </LinearLayout>
```

```
    <VideoView
        android:id = "@ + id/woview"
        android:layout_width = "match_parent"
        android:layout_height = "300dp"/>
</LinearLayout>
```

步骤 3　修改主程序文件 MainActivity. java，文件代码为：

```
package com. android. mnetmp4x2;
    import android. media. MediaPlayer;
    import android. net. Uri;
    import android. os. Bundle;
    import android. view. View;
    import android. widget. Button;
    import android. widget. TextView;
    import android. widget. VideoView;
     import androidx. appcompat. app. AppCompatActivity;
public class NetMPlayer extends AppCompatActivity {
    private Button mstart;
    private Button mstop;
    private Button mpaus;
    private TextView mypath;
    private VideoView mview;
String murl = "http://ips. ifeng. com/video19. ifeng. com/video09/2014/06/16/1989823-102-086-0009. mp4";
    MediaPlayer mediaPlayer;
    @Override
    protected void onCreate(Bundle savedInstanceState) {
        super. onCreate(savedInstanceState);
        setContentView(R. layout. activity_main);
        mstart = findViewById(R. id. btn_online_play);
        mstop = findViewById(R. id. btn_stop);
        mypath = findViewById(R. id. path);
        mpaus = findViewById(R. id. btn_pav);
        mview = findViewById(R. id. woview);
        mstart. setOnClickListener(new View. OnClickListener() {
            @Override
            public void onClick(View view) {
                startVideo();
            }
        });
```

```
        mpaus.setOnClickListener(new View.OnClickListener() {
            Boolean state = true;
            @Override
            public void onClick(View view) {
              if (state){
                  mview.pause();
                  state = false;
              }
              else {
                  mview.start();
                  state = true;
            }}
        });
        mstop.setOnClickListener(new View.OnClickListener(){
            @Override
            public void onClick(View view){
                mview.pause();
                stopVideo();
            }
        });
    }
public void stopVideo() {
        if(mediaPlayer!= null && mediaPlayer.isPlaying()){
          mview.clearFocus();
        }
        mstart.setEnabled(true);
    }
private void startVideo() {
        //视频网
        mypath.setText(murl);
        mview.setVideoPath(murl);
        mview.setVideoURI(Uri.parse(murl));
        mview.requestFocus();
        mview.start();
    }
}
```

注意:本视频文件的网上地址为:http://ips.ifeng.com/video19.ifeng.com/video09/2014/06/16/1989823-102-086-0009.mp4

步骤 4 修改清单文件,设置权限属性:

<uses-permission android:name="android.permission.INTERNET"/>

```
<uses-permission android:name="android.permission.READ_EXTERNAL_STORAGE"/>
<uses-permission android:name="android.permission.WRITE_EXTERNAL_STORAGE"/>
<uses-permission android:name="android.permission.ACCESS_NETWORK_STATE"/>
```

完成内容后，运行项目程序，得到如图 15－6 所示的结果。

图 15－6　播放网上的视频效果

知识拓展

项目评价

项目学习情况评价如表 15－2 所示。

表 15－2　项目学习情况评价表

项目	方面	等级(分别为 5、4、3、2、1 分)	自我评价	同伴评价	导师评价
态度情感目标	态度认真	1. 认真听导师的讲解； 2. 认真完成导师布置的作业； 3. 积极发言、讨论学习问题。			
	团结合作	1. 善于沟通； 2. 虚心听取别人的意见； 3. 能够团结合作。			
	分析思维	1. 能有条理地表达自己的意见； 2. 解决问题的过程清楚； 3. 能创新思考，做事有计划。			

续 表

项目	方面	等级(分别为 5、4、3、2、1 分)	自我评价	同伴评价	导师评价
知识技能目标	掌握知识	1. 了解常用的视频播放类； 2. 理解播放本地视频资源的操作步骤； 3. 掌握实现网络视频资源的操作方法。			
	职业能力	1. 能简述视频播放类的特点； 2. 能讲述网络视频播放的操作步骤； 3. 能设计网络视频播放器。			
综合评价					

项目十五 习题

一、选择题

1. 关于 android 中播放视频的说法不正确的是(　　)。

A. 可以使用 SurfaceView 组件播视频

B. 可以使用 VideoView 组件播视频

C. VideoView 组件可以控制播放的位置和大小

D. VideoView 播放视频的格式可以是 3gp

2. 下列关于 opencore 说法不正确的是(　　)。

A. Opencore 是 Android 多媒体框架的核心

B. MediaPlayer 是 openCore 中的一个核心类

C. 所有在 Android 平台的音频、视频的采集以及播放等操作都是通过它来实现的

D. 在实现开发中不研究 opencore 的实现，Android 提供了上层的 mediaapi 的开发使用

3. 拖动条组件是(　　)。

A. RatingBar　　B. ProgressBar

C. SeekBar　　D. ScrollBar

4. MediaPlayer 播放视频使用(　　)组件进行显示视频。

A. SurfaceView　　B. VideoView

C. View　　　　　　　　　　　　　　D. ViewHolder

5. MediaPlayer 播放资源之前，需要调用下列(　　)方法完成准备工作。

A. setDataSource()　　　　　　　　B. prepare()

C. begin()　　　　　　　　　　　　D. pause()

6. 在 Android 中，下列关于视频播放的实现描述正确的是(　　)。

A. 使用 VideoView 播放视频时需要 MediaPlayer 配合

B. 使用 SurfaceView 播放视频时需要 MediaPlayer 配合

C. 使用 VideoView 播放视频可以改变播放的位置和大小

D. 使用 SurfaceView 播放视频不可以改变播放的位置和大小

二、填空题

1. Android 播放音频中，使用 MediaPlayer 播放音频时，调用________方法指定播放位置。

2. Android 自带________、MediaPlayer、MediaController 等类，可实现视频播放的功能。

3. Android 的视频播放有 3 种实现方式，________是最基本的实现方式。

4. 视频文件格式主要包括 AVI、MP4、FLV、MOV、3gp 等，VideoView 支持________格式。

三、简答题

1. 简述使用 MediaPlayer 播放视频文件的步骤。

2. 简述实现视频播放的 3 种方式。

答案

项目十六

利用 GPS 功能实现定位功能

项目情景

全球定位系统(global position system，GPS)是诞生于 20 世纪 70 年代的利用空间卫星进行导航和定位的系统。其最大的特点是以“多星、高轨、高频、测量-测距”为支撑，以高精度的原子钟授时为核心，以不同卫星信号接收的时间差为依据，在三维球体坐标中确定用户的位置信息。

在 android 系统中，实现定位方法主要有 3 种方式，分别为：

(1) 卫星定位：也叫 GPS 定位，它是通过智能手机中安装的 GPS 硬件支持(GPS 芯片)，直接和卫星交互来获取当前经纬度坐标。通过 GPS 方式定位准确度是最高的，一般在米级的范围内，但缺点也非常明显：主要是耗电大、定位数据时间长、在室内几乎无法使用。

(2) 基站定位：基站定位一般有两种方法，一是利用手机附近的 3 个基站进行三角定位，由于每个基站的位置是固定的，利用电磁波在这 3 个基站间中转所需的时间来计算手机所在的坐标；二是利用最近基站的信息，其中包括基站 id、位置区码 location area code、移动设备国家代码 mobile country code、移动设备网络代码 mobile network code 和信号强度，将这些数据发送到谷歌的定位 web 服务里，就能拿到当前所在的位置信息，定位的准确性取决于基站的个数，误差一般在几十米到几百米。

(3) WiFi 网络定位：每一个无线访问节点 AP 都有一个全球唯一的 MAC 地址，则根据这个固定的 WiFiMAC 地址，通过收集到的该 Wifi 热点的位置，然后访问网络上的定位服务以获得经纬度坐标。因为它和基站定位其实都需要使用网络，所以在 Android 也统称为 Network 方式。

在移动网络应用开发中，移动定位和导航是非常重要的应用方向。在智能手机中实现定位是实现导航、社区服务等的基础。所以在本项目中，将以在移动网络中获取定位信息作为了解定位与导航应用的入门知识。

在本项目中，小康同学的具体任务是为用户提供位置的坐标以查询定位应用，并通过本项目任务的实践应用，了解智能手机定位的原理，掌握 GPS 技术的基本应用。

学习目标

1. 了解 GPS 定位的基本原理；

2. 了解安卓系统定位的基本方法；
3. 掌握手机定位的简单应用。

任务  创建显示定位坐标的查询功能*（选学）

任务描述

手机定位是通过芯片接收导航卫星或基站的信息实现定位的，在安卓系统中，通过相应的类即可实现信息的处理。由于我们采用 Android Studio 的模拟器来实现程序的调试，暂不具备真实 GPS 定位的应用功能，所以本任务的案例采用命令模拟的方式，实现手机经纬度坐标的变化，程序检测到数据的变化后实现定位的数据显示。

任务分析

android 系统提供强大的定位服务的功能。具体的实现是专门提供有一个 LocationManager 类，用 getLastKnownLocation（String provider）以及 requestLocationUpdates(String provider，long minTime，float minDistance，LocationListener listener)方法可以得到当前位置坐标数据。该类提供有 2 种定位方式：GPS 定位和网络定位（基站＋WIFI），该类基本操作为：

LocationManager lm＝（LocationManager） etActivity（）. getSystemService（Context. LOCATION_SERVICE）；

其中 getSystemService 可以获得系统的多种服务操作，如电源服务、窗口服务、闹钟服务、电话服务、网络服务、定位服务等。

任务目标

1. 创建一个移动定位应用项目，设计应用项目界面；
2. 设置布局有文本显示框及 3 个按钮；
3. 点击按钮可以用指定的方法显示经纬度信息。

具体定位应用界面见图 16－1。

任务实施

由于百度定位和高德定位都需要特别添加插件 jar 包，所以此处仅实现 GPS 一个控件的功能。需要注意的是，对于 Android 6.0 及以上版本，需要再动态地赋予高精度定位和导航定位的权限才可真正获取数据。该应用项目的具体开发操作过程如下：

步骤 1　修改界面布局文件 activity_main. xml，代码为：

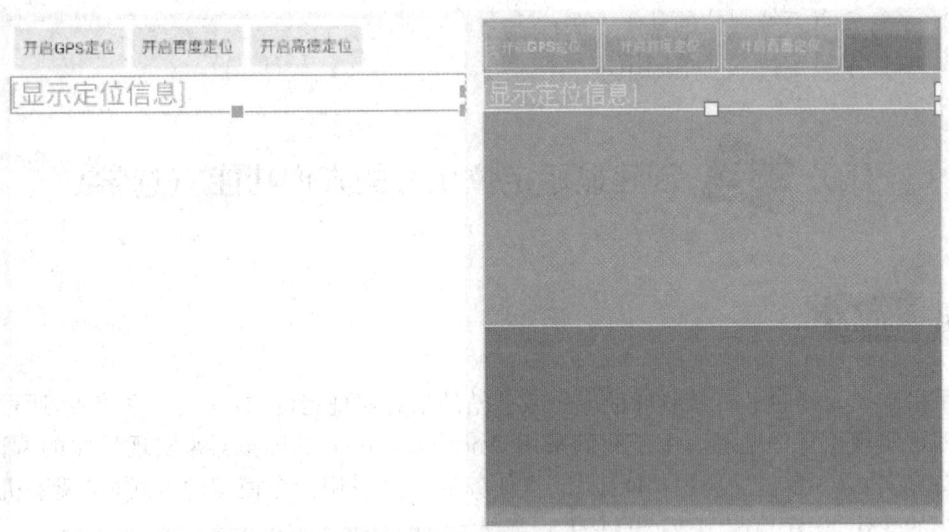

图 16-1　显示 GPS 定位信息

```
<?xml version="1.0" encoding="utf-8"?>
<LinearLayout xmlns:android="http://schemas.android.com/apk/res/android"
    xmlns:tools="http://schemas.android.com/tools"
    android:layout_width="match_parent"
    android:layout_height="match_parent"
    android:orientation="vertical">
    <LinearLayout
        android:layout_width="match_parent"
        android:layout_height="wrap_content"
        android:orientation="horizontal">
        <Button
            android:id="@+id/gps"
            android:layout_width="wrap_content"
            android:layout_height="wrap_content"
            android:gravity="center"
            android:text="开启 GPS 定位"/>
        <Button
            android:id="@+id/baidu"
            android:layout_width="wrap_content"
            android:layout_height="wrap_content"
            android:gravity="center"
            android:text="开启百度定位"/>
        <Button
            android:id="@+id/gode"
            android:layout_width="wrap_content"
```

```
            android:layout_height="wrap_content"
            android:gravity="center"
            android:text="开启高德定位"/>
    </LinearLayout>
    <TextView
        android:id="@+id/textView"
        android:layout_width="match_parent"
        android:layout_height="wrap_content"
        android:text="[显示定位信息]"
        android:textSize="24sp"/>
    <TextView
        android:id="@+id/text"
        android:layout_width="match_parent"
        android:layout_height="190dp"
        android:textSize="18sp"/>
</LinearLayout>
```

步骤 2　修改主程序文件的文件代码为：

```
package com.mobildevelop.mgps2;
    import android.Manifest;
    import android.app.Activity;
    import android.content.pm.PackageManager;
    import android.location.Location;
    import android.location.LocationListener;
    import android.location.LocationManager;
    import android.os.Bundle;
    import android.util.Log;
    import android.view.View;
    import android.view.View.OnClickListener;
    import android.widget.Button;
    import android.widget.TextView;

    import androidx.core.app.ActivityCompat;
    import androidx.core.content.ContextCompat;

    import java.util.Date;

    import static android.Manifest.permission.ACCESS_FINE_LOCATION;
    import static android.location.LocationManager.GPS_PROVIDER;
```

```
public class MainActivity extends Activity implements OnClickListener {
    String[ ]perper;
    private TextView mTextView;
    private Button gpsBtn, baiduBtn, godeBtn;

    //gps
    private LocationManager gpsManager;

    @Override
    protected void onCreate(Bundle savedInstanceState) {
        super.onCreate(savedInstanceState);
        setContentView(R.layout.activity_main);
        mTextView = (TextView) findViewById(R.id.text);
        gpsBtn = (Button) findViewById(R.id.gps);
        baiduBtn = (Button) findViewById(R.id.baidu);
        godeBtn = (Button) findViewById(R.id.gode);

        gpsBtn.setOnClickListener(this);
        baiduBtn.setOnClickListener(this);
        godeBtn.setOnClickListener(this);
        final String PERMISSION_ACCESS_FINE_LOCATION = ACCESS_FINE_LOCATION;
          perper = new String[ ]{ACCESS_FINE_LOCATION};
    }

    @Override
    public void onClick(View v) {
        switch (v.getId()) {
            case R.id.gps:
                if (gpsBtn.getText().toString().equals("开启 GPS 定位")) {
                    startGps();
                    gpsBtn.setText("停止 GPS 定位");
                } else {
                    stopGps();
                    gpsBtn.setText("开启 GPS 定位");
                }
                break;

            default:
                break;
        }
    }
```

```
    private void startGps() {
        //获取到 LocationManager 对象
        if (ContextCompat.checkSelfPermission(this,ACCESS_FINE_LOCATION) != PackageManager.
PERMISSION_GRANTED &&
ContextCompat.checkSelfPermission(this,Manifest.permission.ACCESS_COARSE_LOCATION) !=
PackageManager.PERMISSION_GRANTED) {
        String[]locationPermission = {ACCESS_FINE_LOCATION};
        ActivityCompat.requestPermissions(this,locationPermission,1);
        }
        gpsManager = (LocationManager) getSystemService(LOCATION_SERVICE);
        String provider = gpsManager.getProvider(GPS_PROVIDER).getName();
        gpsManager.requestLocationUpdates(provider,3000,10,gpsListener);
    }

    private void stopGps() {
        gpsManager.removeUpdates(gpsListener);
    }
    //创建位置监听器
    private LocationListener gpsListener = new LocationListener() {
    //位置发生改变时调用
    @Override
    public void onLocationChanged(Location location) {
    double latitude = location.getLatitude();
    double longitude = location.getLongitude();
    float speed = location.getSpeed();
    long time = location.getTime();
    String s = "纬度坐标为:" + latitude + "\n"
        + "经度坐标为:" + longitude + "\n"
        + "移动速度为:" + speed + "\n"
        + "日期时间为:" + new Date(time).toLocaleString() + "\n";
        mTextView.setText("当前最新的 GPS 定位信息为:\n" + s);
    }
    //provider 失效时调用
    @Override
    public void onProviderDisabled(String provider) {
  }

    //provider 启用时调用
    @Override
    public void onProviderEnabled(String provider) {
```

```
    }
    //状态改变时调用
    @Override
    public void onStatusChanged(String provider, int status, Bundle extras) {
    }};

}
```

其中,获取动态权限的代码内容为:

```
    if (ContextCompat.checkSelfPermission(this, ACCESS_FINE_LOCATION) != PackageManager.
PERMISSION_GRANTED && ContextCompat.checkSelfPermission(this, Manifest.permission.ACCESS_
COARSE_LOCATION) != PackageManager.PERMISSION_GRANTED) {
    String[ ]locationPermission = {ACCESS_FINE_LOCATION, ACCESS_COARSE_LOCATION};
    ActivityCompat.requestPermissions(this, locationPermission, 300);
```

获取到定位信息的代码为:

```
    gpsManager = (LocationManager) getSystemService(LOCATION_SERVICE);
    gpsManager.requestLocationUpdates(provider, 3000, 10, gpsListener);
```

其中,getSystemService 用于接收从 LocationManager 的位置发生改变时的通知。当 LocationListener 被注册添加到 LocationManager 对象中时,并且此 LocationManager 对象调用了 requestLocationUpdates(String, long, float, LocationListener)方法,那么接口中的相关方法将会被调用。

步骤 3 设计清单文件的权限,具体内容如下:

```
<uses-permission android:name = "android.permission.ACCESS_COARSE_LOCATION"/>
<uses-permission android:name = "android.permission.ACCESS_FINE_LOCATION"/>
<uses-permission android:name = "android.permission.ACCESS_LOCATION_EXTRA_COMMANDS"/>
<uses-permission android:name = "android.permission.READ_PHONE_STATE"/>
<uses-permission android:name = "android.permission.INTERNET"/>
<uses-permission android:name = "android.permission.RECEIVE_SMS"/>
<uses-permission android:name = "android.permission.RECORD_AUDIO"/>
<uses-permission android:name = "android.permission.MODIFY_AUDIO_SETTINGS"/>
<uses-permission android:name = "android.permission.READ_CONTACTS"/>
<uses-permission android:name = "android.permission.WRITE_CONTACTS"/>
<uses-permission android:name = "android.permission.WRITE_EXTERNAL_STORAGE"/>
<uses-permission android:name = "android.permission.ACCESS_NETWORK_STATE"/>
```

步骤 4 运行程序在虚拟机上,得到显示的效果如图 16 - 2 所示。

图 16－2　显示 GPS 定位信息

步骤 5　手工输入 GPS 新位置，查看屏幕上显示的内容。手工输入命令调整经纬度的方法如下：在开发界面视图中的 Terminal 栏的命令提示符下，输入下条命令，能动态地更改 GPS 信息数据，同时模拟器的界面会同步动态地做出数据的更新显示。

adb -s emulator-5554 emu geo fix 120.313242 20.1243123131

运行后，项目运行后的结果界面与上图相似，只是数据变成了更新后的数据。

任务二　创建显示地图位置的查询功能*（选学）

任务描述

查询地图、确定位置是日常生活中常用到的功能，利用 Android 的定位功能确定位置自然成为智能手机应用领域的重要项目。本任务是通过手工输入经纬度坐标位置，显示出地图上的位置的功能。通过此任务了解掌握地图位置变化的技术功能，本项目的实施需要结合高德地图的功能。

任务分析

实现本任务的思路在高德地图中注册应用，获取对应的密钥，再调用 API 来实现。由于模拟器没有 GPS 功能，在此我们设计了在界面上输入经纬度的方式来模拟位置的变化，实现地图的动态位置的变化。

任务目标

1. 创建一个移动定位应用项目，设计应用项目界面；
2. 设置界面布局有提示显示框、经纬度输入框及定位方式按钮；
3. 输入经纬度坐标可以显示地图位置；
4. 选择标准地图或卫星地图可以在 2 种类型地图之间切换。

具体定位应用界面见图 16-3。

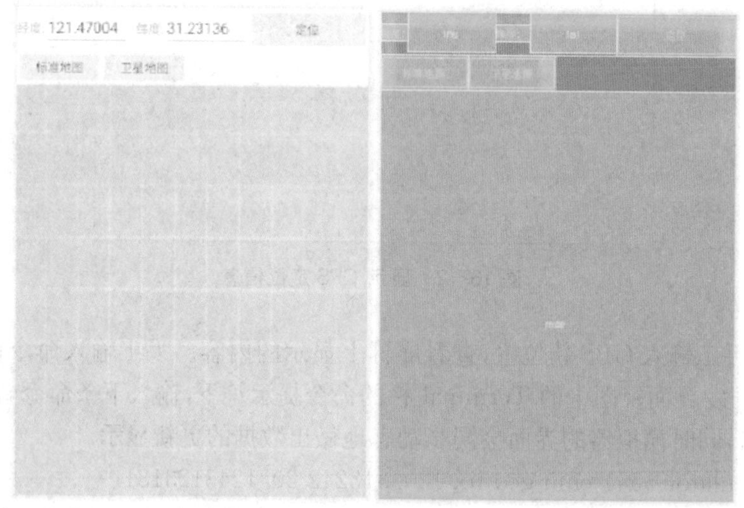

图 16-3　由坐标确定地理位置界面

任务实施

整个任务大体需要 3 个步骤，一是创建新工程应用项目，并注册项目的发行密钥，获得 SHA1 密钥值；二是到高德地图官方网站，注册该应用，生成对应的应用密钥；三是编写主程序实现定位、显示指定位置地图的功能。应用项目的具体开发步骤如下。

步骤 1　新建项目，设置界面布局文件，其文件 activity_main.xml 的代码为：

```
<?xml version = "1.0" encoding = "utf-8"?>
<LinearLayout
    xmlns:android = "http://schemas.android.com/apk/res/android"
    android:layout_width = "match_parent"
    android:layout_height = "match_parent"
    android:orientation = "vertical">
```

```
<LinearLayout
    android:layout_width="match_parent"
    android:layout_height="wrap_content"
    android:gravity="center_horizontal"
    android:orientation="horizontal">
    <TextView
        android:layout_width="wrap_content"
        android:layout_height="wrap_content"
        android:text="经度:"/>
    <!--定义输入经度值的文本框-->
    <EditText
        android:id="@+id/lng"
        android:layout_width="100dp"
        android:layout_height="wrap_content"
        android:inputType="numberDecimal"
        android:text="121.47004"/>
    <TextView
        android:layout_width="wrap_content"
        android:layout_height="wrap_content"
        android:paddingLeft="8dp"
        android:text="纬度:"/>
    <!--定义输入纬度值的文本框-->
    <EditText
        android:id="@+id/lat"
        android:layout_width="100dp"
        android:layout_height="wrap_content"
        android:inputType="numberDecimal"
        android:text="31.23136"/>
    <Button
        android:id="@+id/local"
        android:layout_width="match_parent"
        android:layout_height="wrap_content"
        android:text="定位"/>
</LinearLayout>
<LinearLayout
    android:layout_width="wrap_content"
    android:layout_height="wrap_content"
    android:layout_alignParentRight="true"
    android:orientation="horizontal">
    <Button
```

```
            android:id="@+id/basicmap"
            android:layout_width="100dp"
            android:layout_height="40dp"
            android:gravity="center"
            android:text="标准地图"/>
        <Button
            android:id="@+id/rsmap"
            android:layout_width="100dp"
            android:layout_height="40dp"
            android:gravity="center"
            android:text="卫星地图"/>
    </LinearLayout>
    <com.amap.api.maps2d.MapView
        android:id="@+id/map"
        android:layout_width="match_parent"
        android:layout_height="match_parent"
        android:background="@drawable/ic_launcher_background"/>
</LinearLayout>
```

步骤 2 发布注册项目,获取本项目的产品密钥。

在“构建”或 build 菜单中,选择“Generated Signed Bundle/APK...”项,弹出注册向导界面,如图 16-4 所示,选择 APK 项,选择“Next”。

步骤 3 在密钥参数窗口中,选择“Create new...”,进入新的设置界面,见图 16-5。

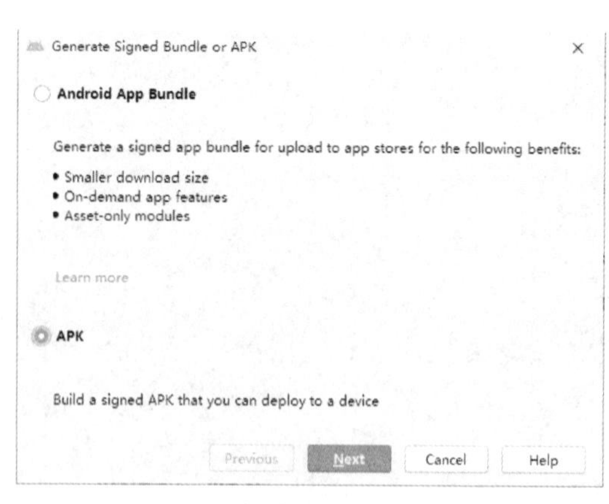

图 16-4 生成注册密钥向导

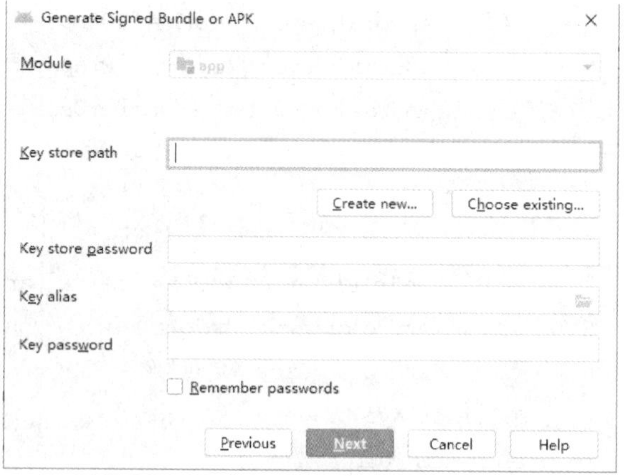

图 16-5 确定密钥存储位置及名称

步骤 4 在新弹出的对话框中,输入相应的路径和文件名,单击“OK”按钮,见图 16-6。

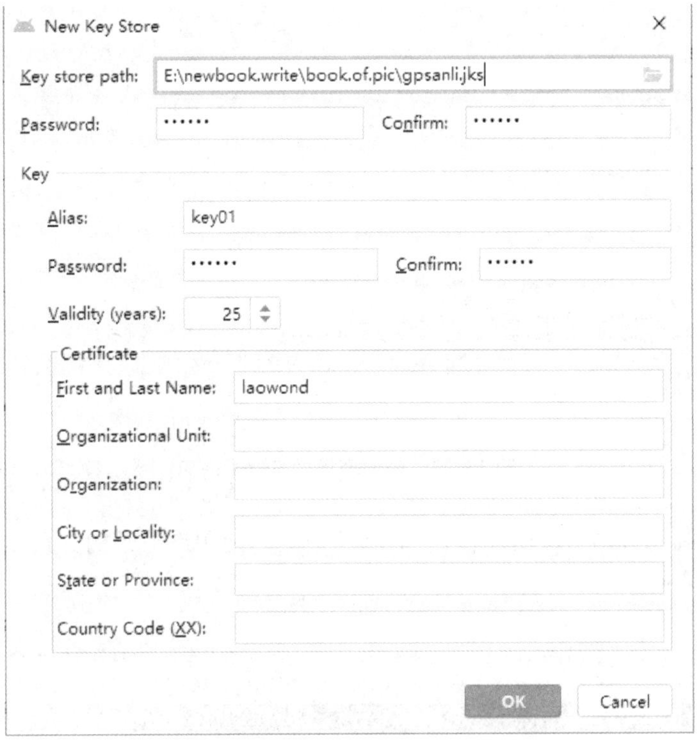

图 16－6　输入密钥位置及名称和密码参数

步骤 5　确定好的参数见图 16－7,确定后完成产品密钥的注册。

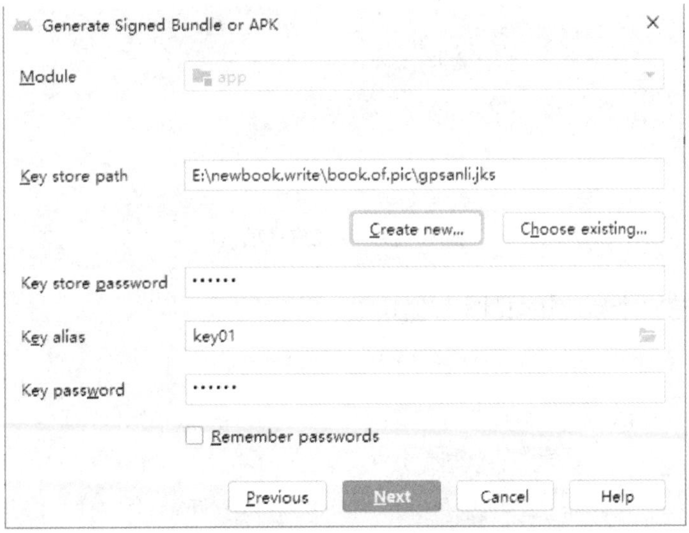

图 16－7　完成参数设置

步骤 6　继续在终端命令栏中输入命令查询 SHA1 密码,见图 16－8。
命令格式:keytool-v-list-keystore keystore 的路径＋名称

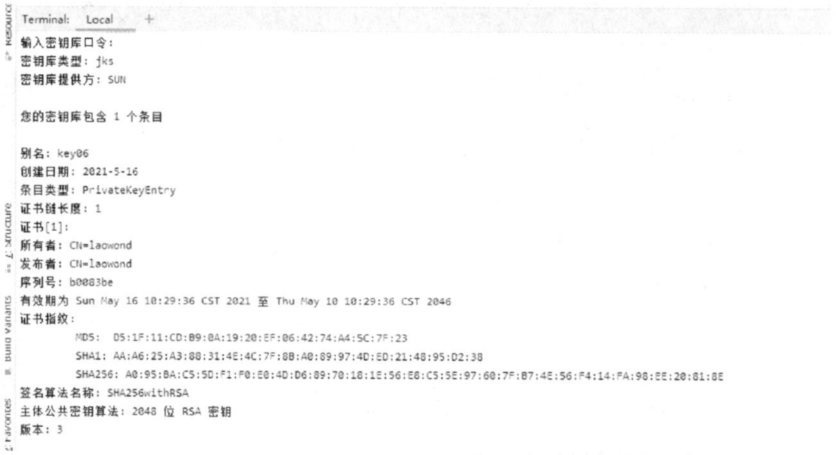

```
Terminal: Local
输入密钥库口令:
密钥库类型: jks
密钥库提供方: SUN

您的密钥库包含 1 个条目

别名: key06
创建日期: 2021-5-16
条目类型: PrivateKeyEntry
证书链长度: 1
证书[1]:
所有者: CN=laowond
发布者: CN=laowond
序列号: b0083be
有效期为 Sun May 16 10:29:36 CST 2021 至 Thu May 10 10:29:36 CST 2046
证书指纹:
         MD5:  D5:1F:11:CD:B9:0A:19:20:EF:06:42:74:A4:5C:7F:23
         SHA1: AA:A6:25:A3:88:31:4E:4C:7F:8B:A0:89:97:4D:ED:21:48:95:D2:38
         SHA256: A0:95:BA:C5:5D:F1:F0:E0:4D:D6:89:70:18:1E:56:E8:C5:5E:97:60:7F:B7:4E:56:F4:14:FA:98:EE:20:81:8E
签名算法名称: SHA256withRSA
主体公共密钥算法: 2048 位 RSA 密钥
版本: 3
```

图 16-8　查询项目的 SHA1 密码

步骤 7　在高德官网中注册项目,获取高德地图的使用许可密钥。具体操作为在高德官网中创建应用,见图 16-9。

图 16-9　创建应用项目

步骤 8　创建一个新应用,见图 16-10。

图 16-10　创建新应用

步骤 9　在应用窗口中选择“添加”，添加一个应用密钥的关键参数，见图 16－11。

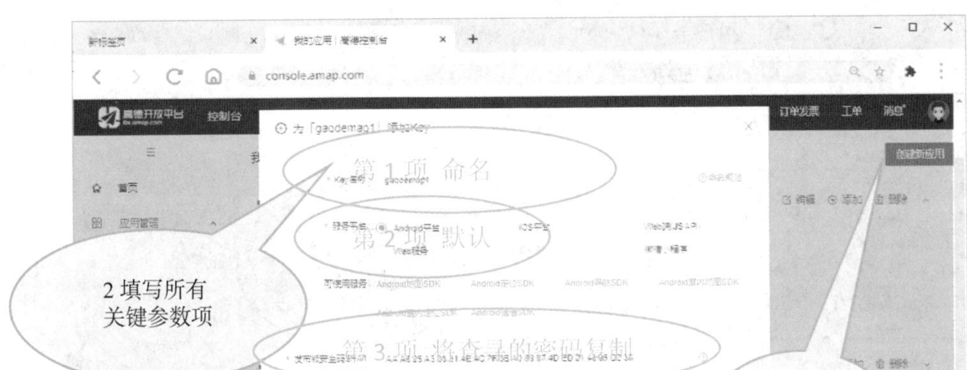

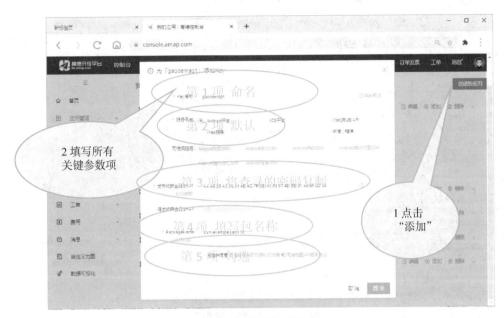

图 16－11　填写参数　完成注册

步骤 10　在返回的主界面上可查看到所创建项目的密钥，见图 16－12。

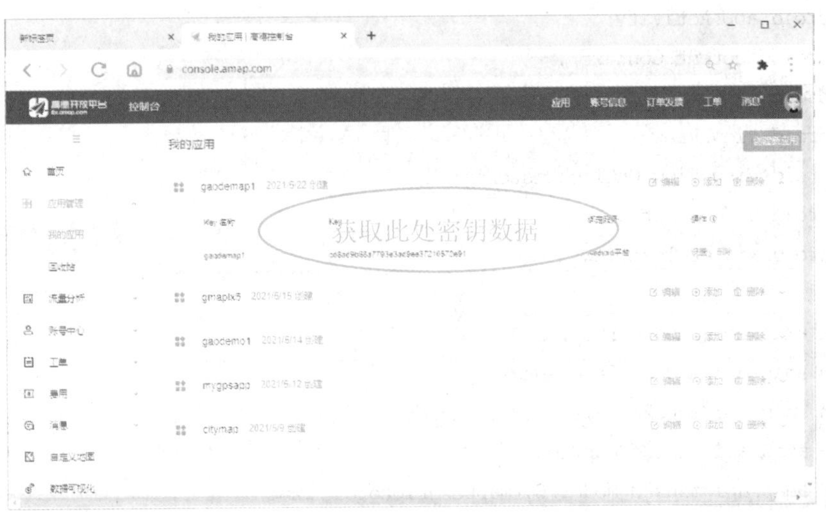

图 16－12　获取项目的许可密钥

步骤 11　在导航区选择开发支持项，选择左侧栏中的最下方找到“相关下载”项，见图 16－13。

图 16-13　下载地图插件

步骤 12　将下载完的插件包导入 lib 文件夹中，并修改完善主程序文件 MainActivity. java，文件代码为：

```
import android.app.Activity;
import android.content.Context;
import android.os.Bundle;
import android.view.View;
import android.view.View.OnClickListener;
import android.widget.Button;
import android.widget.TextView;

import com.amap.api.maps2d.AMap;
import com.amap.api.maps2d.CameraUpdate;
import com.amap.api.maps2d.CameraUpdateFactory;
import com.amap.api.maps2d.MapView;
import com.amap.api.maps2d.model.BitmapDescriptorFactory;
import com.amap.api.maps2d.model.CameraPosition;
import com.amap.api.maps2d.model.LatLng;
import com.amap.api.maps2d.model.Marker;
import com.amap.api.maps2d.model.MarkerOptions;

/**
```

```
 * AMapV1 地图中介绍如何显示世界图
 */
public class MainActivity extends Activity implements OnClickListener {
    public static final LatLng SHANGHAI = new LatLng(31.238068,121.501654);//上海市经纬度

    private MapView mapView;
    private AMap aMap;
    private Button basicmap;
    private Button rsmap;
    private TextView latTv;
    private TextView lngTv;
    private Marker marker;
    private Button locala;
    @Override
    protected void onCreate(Bundle savedInstanceState) {
        super.onCreate(savedInstanceState);
        setContentView(R.layout.basicmap_activity);
        mapView = (MapView) findViewById(R.id.map);
        mapView.onCreate(savedInstanceState);//此方法必须重写
        init();
    }

    /** =
     * 初始化 AMap 对象
     */
    private void init() {

        if (aMap = = null) {
            aMap = mapView.getMap();
        }
        LatLng myLatLng = new LatLng(31.22,121.44);
        aMap.moveCamera(CameraUpdateFactory.newLatLngZoom(myLatLng,10));
        basicmap = (Button)findViewById(R.id.basicmap);
        basicmap.setOnClickListener(this);
        rsmap = (Button)findViewById(R.id.rsmap);
        rsmap.setOnClickListener(this);
        locala = (Button) findViewById(R.id.local);
        locala.setOnClickListener(this);

    }
    /**
```

```
     * 方法必须重写
     */
    @Override
    protected void onResume() {
        super.onResume();
        mapView.onResume();
    }
    @Override
    protected void onPause() {
        super.onPause();
        mapView.onPause();
    }

    @Override
    protected void onSaveInstanceState(Bundle outState) {
        super.onSaveInstanceState(outState);
        mapView.onSaveInstanceState(outState);
    }

    @Override
    protected void onDestroy() {
        super.onDestroy();
        mapView.onDestroy();
    }

    @Override
    public void onClick(View v) {
        switch (v.getId()) {
        case R.id.basicmap:
            aMap.setMapType(AMap.MAP_TYPE_NORMAL);//矢量地图模式
            break;
        case R.id.rsmap:
            aMap.setMapType(AMap.MAP_TYPE_SATELLITE);//卫星地图模式
            break;
        case R.id.local:
        latTv = (TextView) findViewById(R.id.lat);
        lngTv = (TextView) findViewById(R.id.lng);
        double dLng = Double.parseDouble(lngTv.getText().toString().trim());
        double dLat = Double.parseDouble(latTv.getText().toString().trim());
            LatLng localLatLng = new LatLng(dLat,dLng);
```

```
            changeCamera ( CameraUpdateFactory. newCameraPosition ( new CameraPosition
(localLatLng,10,20,0)));
            aMap.clear();
            aMap.addMarker(new MarkerOptions().position(localLatLng)
                    .icon(BitmapDescriptorFactory
                    .defaultMarker(BitmapDescriptorFactory.HUE_ROSE)));
            break;
        default:
            break;
        }
    }

    private void changeCamera(CameraUpdate update) {
        aMap.moveCamera(update);
    }
}
```

步骤 13　修改完善清单文件,加入权限和密钥说明段内容,

```
<uses-permission android:name="android.permission.ACCESS_COARSE_LOCATION"/>
<uses-permission android:name="android.permission.ACCESS_FINE_LOCATION"/>
<uses-permission android:name="android.permission.ACCESS_LOCATION_EXTRA_COMMANDS"/>
<uses-permission android:name="android.permission.READ_PHONE_STATE"/>
<uses-permission android:name="android.permission.INTERNET"/>
<uses-permission android:name="android.permission.RECEIVE_SMS"/>
<uses-permission android:name="android.permission.RECORD_AUDIO"/>
<uses-permission android:name="android.permission.MODIFY_AUDIO_SETTINGS"/>
<uses-permission android:name="android.permission.READ_CONTACTS"/>
<uses-permission android:name="android.permission.WRITE_CONTACTS"/>
<uses-permission android:name="android.permission.WRITE_EXTERNAL_STORAGE"/>
<uses-permission android:name="android.permission.ACCESS_NETWORK_STATE"/>
```

在 application 节中加入密钥说明段内容。

```
<meta-data android:name="com.amap.api.v2.apikey" android:value="
cd8ad9b68a7793e3ad9ee37210572e91">
</meta-data>
```

步骤 14　完成项目的全部编辑任务,运行后的初始显示效果见图 16－14。

步骤 15　检验运行效果,在文本框中输入新的经纬度,如海南岛海口市的经纬度:北纬 N20°02′45.97,东经 E110°11′38.39,写成双精度形式为 20.024 597 和 110.113 839,点击运行按钮后的显示效果见图 16－15。

到此,关于 GPS 的项目内容全部完成了。

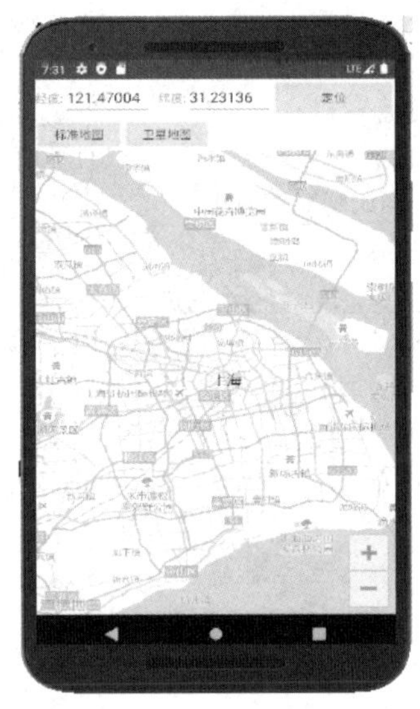

图 16－14　查询地理位置效果图

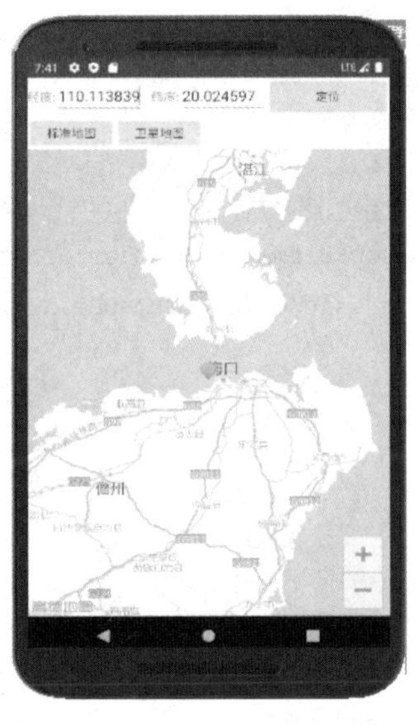

图 16－15　海口地区的地图定位

知识拓展

项目评价

项目学习情况评价如表 16－1 所示。

表 16－1　项目学习情况评价表

项目	方面	等级(分别为 5、4、3、2、1 分)	自我评价	同伴评价	导师评价
态度情感目标	态度认真	1. 认真听导师的讲解； 2. 认真完成导师布置的作业； 3. 积极发言、讨论学习问题。			
	团结合作	1. 善于沟通； 2. 虚心听取别人的意见； 3. 能够团结合作。			
	分析思维	1. 能有条理地表达自己的意见； 2. 解决问题的过程清楚； 3. 能创新思考，做事有计划。			
知识技能目标	掌握知识	1. 了解 GPS 的定义及实现方法； 2. 熟悉 GPS 的常用系统； 3. 掌握利用北斗数据实现定位操作； 4. 了解 GPS 的应用开发。			
	职业能力	1. 能简述 GPS 的定义及实现原理； 2. 能讲述实现 GPS 定位的操作过程； 3. 能编写 GPS 的简单应用。			

续　表

项目	方面	等级(分别为 5、4、3、2、1 分)	自我评价	同伴评价	导师评价
综合评价					

项目十六 习题

一、单选题

1. 实现定位方法主要有 3 种方式,以下哪种不属于 GPS 定位方法?(　　)

A. GPS 定位　　B. 基站定位

C. wifi 网络定位　　C. 导航定位

2. 在 Android 应用程序中图片应放在(　　)目录下。

A. raw　　B. values　　C. layout　　D. drawable

3. 处理菜单项单击事件的方法不包含(　　)。

A. 使用 onOptionsItemSelected(MenuItem item)响应

B. 使用 onMenuItemSelected(int featureId,MenuItem item)响应

C. 使用 onMenuItemClick(MenuItem item)响应

D. 使用 onCreateOptionsMenu(Menu menu)响应

4. 关于远程服务和本地服务说法正确的是(　　)。

A. 远程服务是在 Tomcat 服务器上的服务

B. 本地服务和远程服务一样

C. AIDL 是用来解决进程间通信的语言

D. 以上说法都不正确

5. 关于 IPC 说法正确的是(　　)。

A. IPC 全称是 Inner process communication 指进程间通信

B. IPC 全称是 Interface process communication

C. 进程间通信指的是在一个应用内进行通信

D. 以上说法都不正确

6. 实现 GPS 系统,从原理上分析得知,需要保证定位物体上方至少有(　　)颗卫星。

A. 2　　B. 3　　C. 4　　D. 5

二、填空题

1. 在 LocationManager 类中，通过用 getLastKnownLocation(String provider)以及 requestLocationUpdates(String provider, long minTime, float minDistance, LocationListener listener)方法可以获取________数据。

2. GPS 定位系统由 3 个部分组成，即________部分、若干地面组成的控制部分和普通用户手中的接收机这 3 个部分。

3. Android 的定位信息由________来提供，该对象代表一个抽象的定位组件。在编程之前需要先获取 LocationProvider 对象。

4. 安装有 GPS 的手机可实时获取定位信息，包括用户所在的经度、纬度、________、移动速度等。

5. 辅助全球卫星定位系统(AGPS)结合________与传统卫星定位，利用基站代送辅助卫星信息，以缩减 GPS 芯片获取卫星信号的延迟时间，弥补信号不足，减轻 GPS 芯片对卫星的依赖度。

6. 实现连网 GPS 定位，需要设置 4 种权限，包括互联网访问权限、定位访问权限、精确定准访问权限、________。

三、简答题

1. 什么是 GPS?
2. 通过 GPS 实现定位的基本实现步骤有哪些?
3. 实现连网 GPS 定位，需要设置哪些权限?

答案

图书在版编目(CIP)数据

移动应用开发基础与实践/王忠润，钱亮于，周艳萍主编. —上海：复旦大学出版社，2021.12
ISBN 978-7-309-15791-8

Ⅰ. ①移… Ⅱ. ①王…②钱…③周… Ⅲ. ①移动终端-应用程序-程序设计-职业教育-教材 Ⅳ. ①TN929.53

中国版本图书馆 CIP 数据核字(2021)第 127456 号

移动应用开发基础与实践
王忠润　钱亮于　周艳萍　主编
责任编辑/王　珍

复旦大学出版社有限公司出版发行
上海市国权路 579 号　邮编：200433
网址：fupnet@fudanpress.com　http://www.fudanpress.com
门市零售：86-21-65102580　团体订购：86-21-65104505
出版部电话：86-21-65642845
上海四维数字图文有限公司

开本 787×1092　1/16　印张 22.75　字数 554 千
2021 年 12 月第 1 版第 1 次印刷

ISBN 978-7-309-15791-8/T・700
定价：52.00 元